“十二五”职业教育国家规划教材

焊接实训

HANJIE SHIXUN

主　编　吴志亚

副主编　张宏伟　黄凤虎

参　编　周　康　滕玮晔　张　瑜　何旭丹　陆　琪

第 3 版

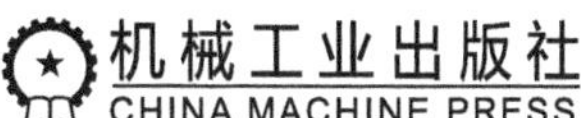

本书为“十四五”和“十二五”职业教育国家规划教材，是根据教育部《中等职业学校焊接技术应用专业教学标准》《中等职业学校焊接技术应用专业实训教学条件建设标准》，同时参考现行焊工职业资格标准，在第 2 版的基础上修订而成的。

本书共分 7 个单元，主要讲述了气焊与气割、焊条电弧焊、CO_2 气体保护焊、埋弧焊、钨极氩弧焊等焊接方法的基本操作技术，并结合实例按项目讲解。

本书具有以下特点：采用活页式编写模式，引入了企业场景，增加了焊接在工程上的应用及焊接人物介绍，展现行业新业态、新水平、新技术，培养学生综合职业素养；本着基本操作技能的传授和动手能力的培养，结合实际考核项目的要求进行技能操作训练；编写模式新颖，以单元、项目作为层次安排编写，每个项目安排有“学习目标”“想一想”，并紧密结合焊工考证的考核要求，在每个项目后设“评分标准”“实训任务书”；内容丰富，书中植入二维码，通过手机扫描二维码，即可获取相关视频内容。

本书可作为中职、中专、各类成人教育焊接技术应用专业的教材或培训用书，也可供有关技术人员参考。

为便于教学，本书配套有电子教案、助教课件等教学资源，选择本书作为教材的教师可来电（010-88379375）索取，或登录 www.cmpedu.com 网站，注册、免费下载。

图书在版编目（CIP）数据

焊接实训/吴志亚主编. —3 版. —北京：机械工业出版社，2021.5（2024.8 重印）
“十二五”职业教育国家规划教材：修订版
ISBN 978-7-111-68239-4

Ⅰ.①焊… Ⅱ.①吴… Ⅲ.①焊接-中等专业学校-教材 Ⅳ.①TG4

中国版本图书馆 CIP 数据核字（2021）第 091367 号

机械工业出版社（北京市百万庄大街 22 号 邮政编码 100037）
策划编辑：王海峰 责任编辑：王海峰
责任校对：郑 婕 封面设计：张 静
责任印制：张 博
北京建宏印刷有限公司印刷
2024 年 8 月第 3 版第 7 次印刷
184mm×260mm · 17.25 印张 · 296 千字
标准书号：ISBN 978-7-111-68239-4
定价：49.90 元

电话服务
客服电话：010-88361066
010-88379833
010-68326294

网络服务
机 工 官 网：www.cmpbook.com
机 工 官 博：weibo.com/cmp1952
金 书 网：www.golden-book.com
机工教育服务网：www.cmpedu.com

关于“十四五”职业教育国家规划教材的出版说明

为贯彻落实《中共中央关于认真学习宣传贯彻党的二十大精神的决定》《习近平新时代中国特色社会主义思想进课程教材指南》《职业院校教材管理办法》等文件精神，机械工业出版社与教材编写团队一道，认真执行思政内容进教材、进课堂、进头脑要求，尊重教育规律，遵循学科特点，对教材内容进行了更新，着力落实以下要求：

1. 提升教材铸魂育人功能，培育、践行社会主义核心价值观，教育引导学生树立共产主义远大理想和中国特色社会主义共同理想，坚定“四个自信”，厚植爱国主义情怀，把爱国情、强国志、报国行自觉融入建设社会主义现代化强国、实现中华民族伟大复兴的奋斗之中。同时，弘扬中华优秀传统文化，深入开展宪法法治教育。

2. 注重科学思维方法训练和科学伦理教育，培养学生探索未知、追求真理、勇攀科学高峰的责任感和使命感；强化学生工程伦理教育，培养学生精益求精的大国工匠精神，激发学生科技报国的家国情怀和使命担当。加快构建中国特色哲学社会科学学科体系、学术体系、话语体系。帮助学生了解相关专业和行业领域的国家战略、法律法规和相关政策，引导学生深入社会实践、关注现实问题，培育学生经世济民、诚信服务、德法兼修的职业素养。

3. 教育引导学生深刻理解并自觉实践各行业的职业精神、职业规范，增强职业责任感，培养遵纪守法、爱岗敬业、无私奉献、诚实守信、公道办事、开拓创新的职业品格和行为习惯。

在此基础上，及时更新教材知识内容，体现产业发展的新技术、新工艺、新规范、新标准。加强教材数字化建设，丰富配套资源，形成可听、可视、可练、可互动的融媒体教材。

教材建设需要各方的共同努力，也欢迎相关教材使用院校的师生及时反馈意见和建议，我们将认真组织力量进行研究，在后续重印及再版时吸纳改进，不断推动高质量教材出版。

机械工业出版社

第3版前言

本书为“十四五”职业教育国家规划教材，是经全国职业教育教材审定委员会审定的“十二五”职业教育国家规划教材的修订版，是参考教育部《中等职业学校焊接技术应用专业教学标准》《中等职业学校焊接技术应用专业实训教学条件建设标准》，贯彻落实《中共中央关于认真学习宣传贯彻党的二十大精神的决定》精神，同时参考最新焊工职业资格标准，动态修订而成的。

本书主要介绍了气焊与气割、焊条电弧焊、CO_2 气体保护焊、埋弧焊、钨极氩弧焊等焊接方法的基本操作技术及其应用，并结合企业生产实例及技能等级认定要求，以国家战略需求为导向，以培养高技能工匠型人才为宗旨来分解项目，构建课程思政体系，实现为党育人、为国育才的教学目标。

本书在动态修订过程中得到了扬子江船业集团的大力支持，在校企编写人员及技术人员的通力合作下，系统梳理了焊接专业发展的新技术、新工艺、新规范、新标准，引入企业生产场景，采用活页式编写模式，增加了焊接在建设现代化产业体系中的应用及人才强国战略，培养学生综合职业素养，实现用社会主义核心价值观铸魂育人的目的；教材以基本操作技能的传授和个人专业能力的培养为抓手，以技能认定要求及企业生产要求为方向进行层次编排，编写模式新颖，内容丰富，理实结合，学生通过二维码扫码，可获取相关内容课件和视频，实现了“绿色化”“智能化”“数字化”“可视化”的教材发展趋势。

本书在内容处理和教学设定上更加突出技能训练，以培养高技能人才为侧重点，理论知识以必要、必需、够用为原则；本书每个单元各项项目技能训练内容由易至难，不同层次学生根据实际情况或考核要求，选择相应的单元和项目开展教学与实践，教学课时可由任课教师根据具体需要，自行安排课时。

全书共七个单元，由江苏省无锡交通高等职业技术学校吴志亚主编。具体分

工如下：江苏省无锡交通高等职业技术学校黄凤虎编写第一单元，吴志亚、何旭丹、陆琪编写第四及第七单元，常州铁道高等职业技术学校周康编写第二、三单元，江苏省无锡交通高等职业技术学校滕玮晔编写第五单元，江苏省无锡交通高等职业技术学校张瑜、张宏伟编写第六单元。

在本书编写过程中，编者参阅了国内外出版的有关教材和资料，得到了杨子江船业集团的素材支持以及陆琪等能工巧匠的支持和帮助，在此一并表示衷心感谢！

由于编者水平有限，书中不妥之处在所难免，恳请读者批评指正。

编　者

第2版前言

本书是经全国职业教育教材审定委员会审定的“十二五”职业教育国家规划教材，是根据教育部《关于中等职业教育专业技能课教材选题立项的函》（教职成司〔2012〕95号），由全国机械职业教育教学指导委员会和机械工业出版社联合组织，参考教育部于2014年公布的《中等职业学校焊接技术应用专业教学标准》和现行焊工职业资格标准，在第1版的基础上修订而成的。

本书主要介绍了焊工安全文明生产知识、气焊与气割、焊条电弧焊、CO_2气体保护焊、埋弧焊、钨极氩弧焊、组合焊的基本操作技术，对焊接操作中的不同位置、不同材料的焊接要点进行了细致的阐述，并配以与技能相关联的必要的理论知识。本书编写模式新颖，以单元、项目作为层次安排编写，力求体现在基本操作技能的传授与动手能力培养的基础上结合实际考工项目开展技能操作训练、以项目的形式按实际操作课题展开教学这一特色。每个项目安排有“学习目标”和“想一想”栏目，并紧密结合焊工考证的考核要求，在每个项目后设“评分标准”，作为每一课题实践教学完成后的评价标准。

本书在第1版的基础上，主要从以下几方面进行了修订：①增加了部分焊接方法、焊接课题的操作实图，便于读者理解和掌握；②修改了各项目“知识的准备”部分，使内容更加完整、准确；③对第1版中用词、配图不规范的地方，进行了纠正。

本书在内容处理和教学设定上主要有以下几点说明。

1）突出技能训练，摒弃现有教材中与职业能力关系不大的内容，以培养学生较强的动手能力。

2）紧密结合最新的焊工考证要求。

3）理论知识以必要、必需、够用为原则。

4）采用现行的国家标准，使教材内容更加规范。

5）每个单元各项目技能训练内容由易至难，各个年级可根据实际情况、考核要求和考工等级，选择相应的单元和项目进行训练和考核。

6）由于技能训练的特殊性，各学校考工项目和考工等级不同，企业对技能的要求也不一样，本书的教学学时数可由任课教师根据考工项目和考工等级自行确定。

全书共七个单元，由江苏省无锡交通高等职业技术学校张依莉、吴志亚主编。编写人员及具体分工如下：江苏省无锡交通高等职业技术学校张依莉、黄凤虎编写第一单元，吴志亚编写第四、七单元，常州铁道高等职业技术学校周康编写第二、三单元，江苏省无锡交通高等职业技术学校滕玮晔编写第五单元，江苏省无锡交通高等职业技术学校张瑜、张宏伟编写第六单元，全书由吴志亚统稿。本书经全国职业教育教材审定委员会审定，由吕一中、牛小铁审阅，在此对他们表示衷心的感谢！

编写过程中，编者参阅了国内外出版的有关教材和资料，得到了同行陆琪等的支持和帮助，在此一并表示衷心感谢！

由于编者水平有限，书中不妥之处在所难免，恳请读者批评指正。

编　者

第1版前言

为了进一步贯彻《国务院关于大力推进职业教育改革与发展的决定》的文件精神，加强推进校企合作、工学结合的一体化办学模式，对接职业岗位和企业用人需求，满足职业院校深化教学改革对教材建设的要求，全国机械职业教育教学指导委员会与机械工业出版社于 2006 年 11 月在北京召开了“职业教育焊接专业教材建设研讨会”。在会上，来自全国十多所院校的焊接专业专家、一线骨干教师及特邀企业专家共同研讨了新的职业教育形势下焊接专业的课程体系，确定了面向中职、高职层次两个系列教材的编写计划。本书是根据会议所确定的教学大纲和中等职业教育培养目标组织编写的。

本书主要讲授了焊工安全文明生产知识、气焊与气割、焊条电弧焊、CO_2 气体保护焊、埋弧焊、钨极氩弧焊、组合焊等焊接方法的基本操作技术，并结合实例按项目讲解。本书具有以下特点：本着基本操作技能的传授和动手能力的培养，结合实际考核项目的要求进行技能操作训练；编写模式新颖，以单元、项目作为层次安排编写，每个项目安排有“学习目标”“想一想”，并紧密结合焊工考证的考核要求，在每个项目后设“评分表”。

本书在内容处理上注意做到以下方面：①突出技能训练，摒弃现有教材中与职业能力关系不大的内容，而选择目前企业中应用最为频繁、产品生产中接触较多的方法作为项目，由浅入深，逐步将技能操作要点及相关的专业知识引出；②紧密结合焊工考证的考核要求；③增加了与高新技术或产业有关的新方法、新技能，力求反映科学技术的最新成果；④采用现行的国家标准，使教材内容更加规范。

全书共分七个单元，由张依莉编写第一单元，周康编写第二、三单元，吴志亚编写第四、七单元，滕玮晔编写第五单元，张瑜编写第六单元，无锡太湖锅炉厂郁晓忠高级工程师对教材的编写给予了很多指导。全书由张依莉主编，沈辉主审。

在本书编写过程中，参阅了国内外出版的有关教材和资料，在此向有关作者表示衷心感谢！

由于编者水平有限，书中不妥之处在所难免，恳请读者批评指正。

编　者

二维码索引

序号	二维码名称	图　形	页码	序号	二维码名称	图　形	页码
1	焊接安全基本操作		2	7	装配及定位焊		138
2	气焊点火、操作及安全		17	8	CO_2 气体保护焊平板对接立焊		147
3	便携式焊炬的使用		19	9	CO_2 气体保护焊平板对接横焊		153
4	焊条电弧焊基本知识		50	10	埋弧焊		197
5	焊条电弧焊立焊对接操作		74	11	氩弧焊		218
6	CO_2 气体保护焊平板对接焊		137				

目　录

第一单元 焊工安全文明生产知识

知识目标

1）深刻认识安全生产的重要性。

2）掌握预防触电、防火、防爆、防毒、防辐射的安全知识。

3）掌握焊接、切割现场的安全检查、安全措施知识。

能力目标

1）能正确穿戴防护服装，正确使用防护用品。

2）培养安全、文明意识。

3）严格遵守安全操作规程。

素养目标

1）树立安全为了生产、安全重于泰山、安全第一的观念。

2）养成安全生产、文明生产习惯。

3）自觉履行安全职责。

❖ 2000 年 12 月 25 日晚，圣诞之夜。位于洛阳市老城区的东都商厦楼前五光十色，灯火通明。台商新近租用东都商厦的一层和地下一层开设郑州丹尼斯百货商场洛阳分店，计划于 12 月 26 日试营业，正紧张忙碌地为店貌装修。与此同时，商厦顶层开设的一个歌舞厅正举办圣诞狂欢舞会。就在大家沉浸于圣诞节的欢乐之时，楼下几簇小小的电焊火花将正在装修的地下室点燃，火势和浓烟顺着楼梯直逼顶层歌舞厅，酿成了特大灾难，夺走了 309 人的生命。

❖ 2010年11月15日14时，上海余姚路胶州路一栋高层公寓起火，大火导致58人遇难，另有70余人因受伤接受治疗。事故原因为无证电焊工违章操作引起。图1-1所示为上海高层公寓火灾。

图1-1　上海高层公寓火灾

焊接安全基本操作

一、概述

1. 焊工安全生产的重要性

焊工在工作时要与电、可燃及易爆的气体、易燃液体、压力容器等接触，在焊接过程中还会产生一些有害气体、金属蒸气和烟尘、电弧光的辐射、焊接热源（电弧、气体火焰）的高温等，如果焊工不遵守安全操作规程，就可能引起触电、灼伤、火灾、爆炸、中毒等事故。这不仅给国家财产造成经济损失，而且直接影响焊工其他工作人员的人身安全。

想一想　为什么说焊接气割安全技术特别重要？

党和政府对焊工的安全健康是非常重视的。焊工工作要有必需的安全防护用品，以保证焊工的安全生产，图1-2所示为常用的焊接防护用品。为了进一步贯彻执行安全生产的方针，加强企业生产中安全工作的管理与领导，以保证职工的安全和健康，促进生产，国务院“关于加强企业生产中安全工作的几项规定”以及全国安全生产会议决议都明确指出：“对于电气、起重、锅炉、受压容器、焊接等特殊工种的工人，必须进行专门的安全操作技能训练，经过考试合格后，才能允许现场操作。”2019年，国家人力资源和社会保障部颁布的最新国家职业资格目录中，焊工为准入类职业资格，必须持证上岗。经常对焊工进行安全技术教育和训练，使焊工从思想上重视安全生产，明确安全生产的重要性，增强责任感，了解安全生产的规章制度，熟悉并掌握安全生产的有效措施，对于避免和杜绝事故的发生是十分必要又具有重要意义的。

2. 预防触电的安全知识

通过人体的电流大小，决定于线路中的电压和人体的电阻。人体的电阻除人的自身电阻外，还包括人身所穿的衣服和鞋等的电阻。干燥的衣服、鞋及工作场地，能使人体的电阻增大。通过人体的电流大小不同，对人体伤害的轻重程度也不同。

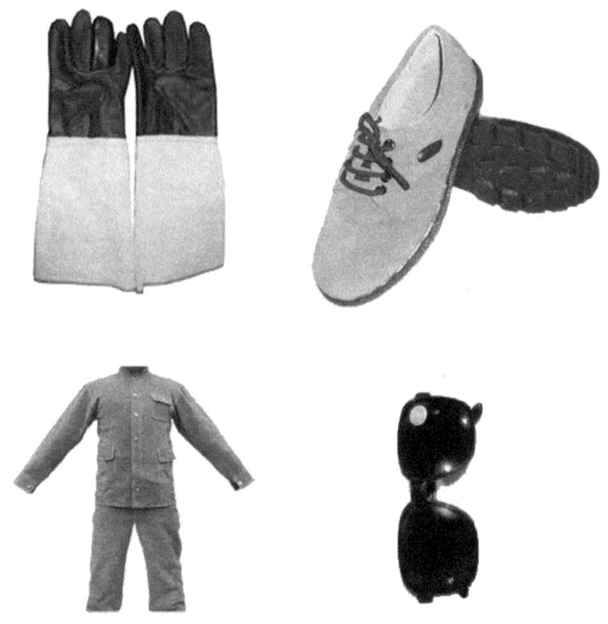

图 1-2　常用的焊接防护用品

当通过人体的电流超过 0.05A 时，生命就有危险；当通过的电流达到 0.1A 时，足以使人致命。在不同的环境或身体状况下，人体的电阻由 50000Ω 可以降至 800Ω，根据欧姆定律，40V 的电压就对人身有危险。而焊接工作场地所提供的电压为 380V 或 220V，焊机的空载电压一般都在 60V 以上，因此，焊工在工作时必须注意防止触电。图 1-3 所示为穿戴工作服鞋帽等标志。焊接时，为防止触电，应采取下列措施。

图 1-3　穿戴工作服鞋帽等标志

1）弧焊设备的外壳必须接零或接地，而且接线应牢靠，以免由于漏电而造成触电事故，如图1-4所示。

2）弧焊设备的一次侧接线、修理和检查应由电工进行，焊工不可私自随便拆修。二次侧接线由焊工进行连接。

3）推拉电源开关时，应戴好干燥的皮革手套，面部不要对着开关，以免推拉开关时发生电弧火花造成伤害。

图1-4 设备接地线不牢引起的触电事故

4）焊钳应有可靠的绝缘。中断工作时，焊钳要放在安全的地方，防止焊钳与焊件之间产生短路而烧坏弧焊机。

5）焊工的工作服、手套、绝缘鞋应保持干燥。

6）在容器、船舱内或其他狭小工作场所焊接时，须两人轮换操作，其中一人留守在外面监护，当发生意外时，立即切断电源，便于急救。

7）在潮湿的地方工作时，应用干燥的木板或橡胶片等绝缘物作垫板。

8）在光线暗的地方、容器内操作或夜间工作时，使用的工作照明灯的电压应不大于36V。

9）更换焊条时，不仅应戴好手套，而且应避免身体与焊件接触。

10）焊接电源必须保证绝缘，不可将电缆放在焊接电弧的附近或炽热的焊缝金属上，以免高温烧坏绝缘层；同时，也要避免碰撞磨损。焊接电缆如有破损，应立即进行修理或调换。

11）遇到焊工触电时，切不可赤手去拉触电者，应先迅速将电源切断。如果切断电源后触电者呈现昏迷状态，应立即施行人工呼吸法，直至送到医院为止。

12）焊工要熟悉和掌握有关电的基本知识、预防触电及触电后急救方法等知识，严格遵守有关部门规定的安全措施，防止触电事故发生。

电焊事故案例一：焊工擅自接通焊机电源，遭电击

（1）事故经过 某厂有位焊工到室外临时施工点焊接，给焊机接线时因无电源闸盒，便自己将每股电缆导线头部的绝缘皮去掉，分别接在露天的电网线上。后由于错将零线接在相线上，当他调节焊接电流用手触及外壳时，即遭电击身亡。

（2）主要原因分析　由于焊工不熟悉有关电气安全知识，将零线和相线接错，导致焊机外壳带电，酿成触电死亡事故。

（3）主要预防措施　焊接设备接线必须由电工进行，焊工不得擅自进行。

3. 正确执行安全技术操作规程

为了保障焊工的安全和健康，从事焊接生产的焊工，必须遵守有关焊接安全的操作规程。在这方面国家已制定相应的国家标准，如 GB 9448—1999《焊接与切割安全》，它主要包括以下内容。

（1）气焊与气割的安全操作规程

1）氧气瓶与乙炔瓶的安全使用。

2）乙炔发生器与电石的安全使用。

3）减压阀与回火保险器的安全使用。

4）焊炬与割炬的安全使用。

5）气焊与气割用胶管的安全使用。

6）气焊与气割中的劳动保护技术。

（2）电焊安全操作规程

1）电焊设备的安全使用。

2）焊钳与焊接电缆的安全使用。

3）各种焊接方法的安全技术。

4）电焊作业中的劳动保护技术。

（3）特殊条件与材料的安全操作规程　各生产单位还就特殊的材料和特殊的生产条件制订有相应的安全操作技术规程，如：

1）钎焊安全操作技术规程。

2）黄铜焊接安全操作技术规程。

3）塑料焊接安全操作技术规程。

4）登高焊割作业安全技术规程[一]。

5）水下焊割作业安全技术规程。

6）化工、燃料容器及管道焊割作业安全技术规程。

[一] 焊工在离地面 2m 以上的地点进行焊割作业称高空焊接作业。

二、防火、防爆、防毒、防辐射的安全知识

1. 预防火灾和爆炸的安全知识

焊接时，由于电弧及气体火焰的温度很高，而且在焊接过程中有大量的金属火花飞溅物，如稍有疏忽大意，就会引起火灾甚至爆炸。因此焊工在工作时，为了防止火灾及爆炸事故的发生，必须采取下列安全措施。

1）焊接前要认真检查工作场地周围是否有易燃、易爆物品（如棉纱、油漆、汽油、煤油、木屑、乙炔发生器等）。如有易燃、易爆物品，应将这些物品搬离焊接工作点5m以外，如图1-5所示。

2）在高空作业时，更应注意防止金属火花飞溅而引起火灾。

3）严禁在有压力的容器和管道上进行焊接。

4）补焊储存过易燃物的容器（如汽油箱等）时，焊前必须将容器内的介质放净，并用碱水清洗内壁，再用压缩空气吹干，并应将所有孔盖完全打开，确认安全可靠方可焊接。

图1-5　作业区周围有易燃物引起的火灾

5）在进入容器内工作时，焊、割炬应随焊工同时进出，严禁将焊、割炬放在容器内而擅自离去，以防混合气体燃烧或爆炸。

6）焊条头及焊后的焊件不能随便乱扔，要妥善管理，更不能扔在易燃、易爆物品的附近，以免发生火灾。

7）每天下班时，应检查工作场地附近是否有引起火灾的隐患，确认安全后，才可离开。

2. 预防有害气体和烟尘中毒的安全知识

焊接时，焊工周围的空气常被一些有害气体及粉尘所污染，如氧化锰、氧化锌、氟化氢、一氧化碳和金属蒸气等，焊工长期呼吸这些烟尘和气体，对身体健康是不利的，因此应采取下列措施。

1）焊接场地应有良好的通风。焊接区的通风是排出烟尘和有毒气体的有效措施，通风的方式有以下几种：

① 全面机械通风。在焊接车间内安装数台轴流式风机向外排风，使车间内经

常更换新鲜空气。

② 局部机械通风。在焊接工位安装小型通风机械，进行送风或排气。

③ 充分利用自然通风。正确调节车间的侧窗和天窗，加强自然通风。

2）在容器内或双层底舱等狭小的地方焊接时，应注意通风排气工作。通风应用压缩空气，严禁使用氧气。

3）合理组织劳动布局，避免多名焊工拥挤在一起操作。

4）尽量扩大埋弧焊的使用范围，以代替焊条电弧焊。

3. 预防弧光辐射的安全知识

电弧辐射主要产生可见光、红外线、紫外线三种射线。过强的可见光耀眼眩目；紫外线对眼睛和皮肤有较大的刺激性，能引起电光性眼炎。电光性眼炎的症状是眼睛疼痛、有沙粒感、多泪、畏光、怕风吹等，一般不会有任何后遗症。皮肤受到紫外线照射时，先是痒、发红、触痛，以后变黑、脱皮。因此，工作时需注意防护。为预防弧光辐射，应采取下列措施：

1）焊工必须使用有电焊防护玻璃的面罩。

2）面罩应该轻便、成形合适、耐热、不导电、不导热、不漏光。

3）焊工工作时，应穿白色帆布工作服，防止弧光灼伤皮肤。

4）操作引弧时，焊工应该注意周围工人，以免强烈弧光伤害他人眼睛。

5）在厂房内和人多的区域进行焊接时，应尽可能地使用屏风板，避免周围人受弧光伤害。

6）重力焊或装配定位焊，要特别注意弧光的伤害，焊工或装配工应戴防光眼镜。

电焊事故案例二：补焊空汽油桶爆炸

（1）事故经过　某厂汽车队一个有裂缝的空汽油桶需补焊，焊工班提出未采取措施直接补焊有危险，但汽车队说这个空桶是干的，无危险。结果在未采取任何安全措施的情况下，甚至连加油口盖子也没打开，就进行补焊。现场的情况是一位焊工蹲在地上进行气焊，另一位工人用手扶着汽油桶。刚开始焊接时汽油桶就发生了爆炸，两端封头飞出，桶体被炸成一块铁板，正在操作的气焊工被炸死。

（2）主要原因分析　车用汽油的爆炸极限为0.89%～5.16%，爆炸下限非常低。因此，尽管空桶是干的，但只要油桶内壁的铁锈表面微孔吸附少量残油，或桶内卷缝里有残油甚至油泥挥发扩散的汽油蒸气，都很容易达到和超过爆炸下限，遇焊接火焰或电弧就会发生爆炸，加上能打开的孔洞盖子没有打开，使爆炸时威力更大。

（3）主要预防措施

1）严禁补焊、切割未经安全处理的燃料容器和管道。

2）严禁补焊、切割未开孔洞的密封容器。

3）燃料容器的补焊需按规定采取有关安全组织措施。

三、焊接、切割现场安全作业

焊工除了进行正常的结构产品的焊接工作外，还需要经常进行现场检修、抢修工作。由于检修、抢修的焊接工作不同于产品的焊接，而具有一定的特殊性、复杂性，如果忽视现场安全作业，则造成的事故的破坏性和危害性更大，因此在现场进行检修和抢修工作时，焊工必须遵循下列安全作业。

1. 焊接切割作业前的准备工作

（1）弄清情况、保持联系　无论工程大小，焊工在检修前必须弄清楚设备的结构及设备内贮存物品的性能，明确检修要求和安全注意事项。对于需要焊接、切割的部位，除了在有关通知上详细说明外，还应同有关人员到现场交代清楚，防止弄错。特别是在复杂的管道结构中或在边生产边检修的情况下，更应注意。在参加大检修之前，还要细心听取现场指挥人员介绍情况，随时保持联系，了解现场变化情况和其他工种相互协作等事项。

（2）观察环境、加强防范　明确任务后，要进一步观察环境，估计可能出现的不安全因素，加强防范。如果需要焊接、切割的设备处于禁火区内，必须按禁火区的焊接或切割管理规定申请动火证。操作人员按动火证上规定的部位、时间动火，不准许超越规定的范围和时间，发现问题，应停止操作，研究处理。

2. 焊接、切割作业前的检查和安全措施

（1）检查污染物　凡被化学物质或油脂污染的设备都应清洗后再焊接或切割。如果是易燃、易爆或者有毒的污染物，更应彻底清洗，并经有关部门检查，填写动火证后，才能焊接、切割。图 1-6 所示为由于焊接未清洗干净、装过易燃易爆物的容器引起的爆炸。

一般在焊接、切割前采用一嗅、二看、三测爆的检查方法。

一嗅，就是嗅气味。危险物品大部分有气味，这要从实际工作经验中加以总结。在嗅到有气味的物品时，应重新清洗。

二看，就是查看清洁程度如何，特别是塑料。如四氟乙烯等类物质必须清除干净，因为塑料不但易燃，而且遇高温会裂解产生剧毒气体。

三测爆，就是在容器内部抽取试样用测爆仪测定爆炸极限。大型容器的抽样应从上、中、下容易积聚的部位进行，确认没有危险时，方可进行焊接、切割作业。

图 1-6　焊接未清洗干净、装过易燃易爆物的容器引起的爆炸

应该指出："一嗅、二看、三测爆"是常用的检查方法，虽然不是最完善的检查方法，但比起盲目操作，安全性更好些。

（2）严防三种类型的爆炸

1）严禁设备在带压时焊接或切割。带压设备焊接或切割前一定要先解除压力（卸压），并且必须打开所有孔盖。未卸压的设备严禁操作，常压而密闭的设备也不许进行焊接或切割。

2）设备零件内部污染了爆炸物，外面不易检查到，虽然数量不多，但遇到焊接或切割火焰而发生的爆炸威力却不小，因此进行清洗工作时对无把握的设备，不要随便进行焊接、切割操作。

3）混合气体或粉尘的爆炸。即操作时遇到了易燃气体（如乙炔、煤气等）和空气的混合物，或遇到可燃粉尘（如铝尘、锌尘）和空气的混合物，在一定的混合比例内也会发生爆炸。

上述三种类型爆炸的发生均在瞬息间，且有很大的破坏力。

（3）一般检修的安全措施

1）拆迁。在有易燃、易爆物质的场所，尽量将焊割件拆下来迁到安全地带进行检修。

2）隔离。就是把需要检修的设备和其他易燃、易爆的物质及设备隔离开。

3）置换。就是把化学性质不活泼气体（如氮气、二氧化碳）或水注入有可燃气体的设备或管道中，把里面的可燃气体置换出来，以达到驱除管道中可燃气体的目的。

4）清洗。就是用热水、蒸汽或酸液、碱液及溶剂清洗设备中的污染物。

5）移去危险物品。将可能引起火灾的物质移至安全处。

6）敞开设备、卸压通风。开启全部人孔阀门。

7）加强通风。在有易燃、易爆气体或有毒气体的室内焊接时，应加强室内通风，并戴好防毒面具。在焊接、切割时可能放出有毒、有害气体和烟尘，要采取局部抽风。

8）准备灭火器材。按要求选取灭火器，并了解灭火器的使用方法及使用范围。

3. 焊接、切割时的安全作业

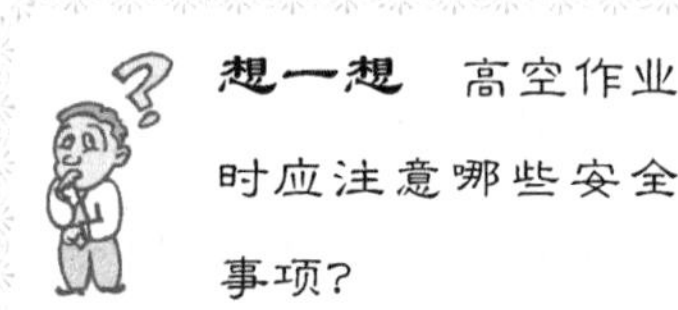

（1）登高作业注意事项

1）患有高血压、心脏病等疾病或酒后人员，不得登高作业，如图1-7所示。

2）必须使用标准的安全带，使用前应仔细检查，并将安全带紧固牢靠。

3）在高空作业时，登高工具（如脚手架等）要安全、牢固、可靠，焊接电缆线等应扎紧在固定地方，不应缠绕在身上或搭在背上工作。不应采取可燃物（如麻绳等）作固定脚手板焊接电缆线和气割用气皮管的材料。

图1-7　高空作业

4）乙炔发生器、氧气瓶、弧焊机等焊接设备、器具尽量留在地面上。

5）注意火星的飞溅。

（2）进入设备内部焊接、切割的安全措施

1）进入设备内部前，先要弄清设备内部的情况。

2）该设备和外界联系的所有部位，都要进行隔离和切断，如电源和附带在设备上的水管、料管、蒸气管、压力管等均要切断并挂牌。如有污染物的设备，应按前述要求进行清洗后才能进行内部焊接、切割。

3）进入容器内部焊接、切割要实行监护制，派专人进行监护。监护人员不能随便离开现场，并与容器内部的人员经常联系。

4）设备内部要通风良好，不仅要驱除设备内部的有害气体，而且要向设备内部送入新鲜空气。但是，严禁使用氧气作为通风气源，以防止燃烧或爆炸。图1-8所示为在容器内工作由于通风不良引发的事故。

图 1-8 在容器内工作由于通风不良引发的事故

5）氧乙炔焊、割炬要随人进出，不得放在容器内。

6）在内部作业时，做好绝缘防护工作，防止触电等事故。

7）做好人体防护，减少烟尘等对人体的侵害，目前多采用静电口罩。

（3）焊修燃料容器的安全措施 燃料容器内即使有极少量的残液，在焊接、切割过程中也会蒸发成蒸气。这些蒸气与空气混合后能引起强烈爆炸，因此必须进行彻底清洗。清洗方法有以下几种。

1）一般燃料容器，可以用1L水加100g苛性钠或磷酸钠水溶液仔细清洗，时间视容器的大小而定，一般为15～30min，洗后再用高温水蒸气吹刷一遍方可施焊。

2）当洗刷装有不溶于碱液的矿物油的容器时，可采用1L水加2～3g水玻璃或肥皂。

3）汽油容器的清洗可采用水蒸气吹刷，吹刷时间视容器大小而定，一般为2～24h。

想一想 如何做好焊割作业前的准备工作和作业后的安全检查?

如清洗不易进行时，可采用下述方法：把容器装满水，以减少可能产生爆炸混合气体的空间，但必须使容器上部的口敞开，防止容器内部压力增高。

4. 焊接、切割作业后的安全检查

1）仔细检查漏焊、假焊，并立即补焊。

2）对加热的结构部分，必须待完全冷却后，才能进料或进气。因为焊后炽热处遇到易燃物质也能引起燃烧或爆炸。

3）检查火种。对整个作业及邻近地带进行检查。凡是经过加热、烘烤、发生烟雾或蒸气的低凹处，应彻底检查，确保安全。

4）彻底清理场地。为了防止意外事故的发生，焊接、切割作业结束后，要彻底清理现场。

电焊事故案例三：高空焊接作业坠落

（1）事故经过　某单位基建科副科长甲未用安全带，也未采取其他安全措施便攀上屋架，替换焊工乙焊接车间屋架角钢与钢筋支撑。工作1h后，辅助工丙下去取角钢料，由于无助手，甲便左手扶持待焊的钢筋，右手拿着焊钳，闭着眼睛操作。甲先把一端点固上，然后左手把着只点固一端的钢筋探身向前去焊另一端。甲刚一闭眼，左手把着的钢筋因点固不牢，支持不住人体重量，突然脱焊，甲与钢筋一起从12.4m的屋架上跌落下来，当即死亡。

（2）主要原因分析

1）基建科副科长不是专业焊工。

2）事故发生时无监护人。

3）登高作业者未用安全带，也无其他安全设施。

（3）主要预防措施

1）非专业焊工不能从事焊割作业。

2）登高作业要有监护人。

3）登高作业一定要用标准的防坠落安全带，采取架设安全网等安全设施。

实训任务书

一、实训课题

安全防护

二、实训目的

了解常用的防护用品和装备；在焊件装配、焊接过程中，能正确穿戴防护服装，正确使用防护装备。树立安全为了生产、安全重于泰山、安全第一的观念。

三、实训学时

3 学时。

四、实训准备

1）防护服装：衣服、鞋帽。

2）防护装备：面罩、布手套、电焊手套、脚盖、防护眼镜、皮质围裙（若有）。

3）防护用品：口罩、耳塞。

五、实训步骤与内容

1. 实训前的服装穿戴

（1）要求

1）衣服的着装：正确穿着服装，并注意领口、袖口扣紧，裤口的束紧。

2）帽子的反扣：帽檐向后，护住后脖。

3）鞋子的穿着：扣紧鞋盖，系好鞋带。

（2）学生训练　学生自查、互查，教师检查，讲评。

2. 焊件打磨前的准备

（1）要求

1）戴上口罩、耳塞。

2）戴好防护眼镜、布手套。

3）正确掌握焊件打磨程序和注意事项。

（2）学生训练

1）防护是否符合要求。

2）打磨过程是否符合要求。

3. 焊件装配、焊接的准备

（1）要求

1）焊接操作必须使用面罩、穿好皮质围裙（若有）。

2）装配时，协助者必须戴好防护眼镜。

3）戴好电焊手套。

4）正确掌握焊接操作要领和注意事项。

（2）学生训练

1）防护是否符合要求。

2）装配定位焊、焊件焊接是否符合要求。

六、训练要点

1）实训前必须仔细阅读实训指导书，熟悉实训目的和实训内容。实训时必须携带实训指导书。

2）实训时各组应明确分工，认真做好自查、互查，并及时做好总结。

3）实际操作时认真对待，做好每一步工作，教师及时做好指导。

七、完成情况总结分析

第二单元 气焊与气割

知识目标

1）掌握气焊气割设备的构造、原理。

2）掌握气焊火焰的火焰种类与用途、焊丝与焊剂的作用。

能力目标

1）熟练掌握气焊气割的点火、灭火、火焰调节及选择方法。

2）熟练掌握板对接、管对接技术和气割技术。

素养目标

在实践操作中，要帮助学生通过动手操作克服恐惧心理，建立敢于独立工作的信心和能力。

项目一 平敷焊

企业场景

空调的铜管如图 2-1 所示，它是一种柔软易延展的金属，具有很高的导热性和导电性。铜常用作热导体、电导体、建筑材料以及金属合金。铜合金力学性能优异，电阻率很低，常用的有青铜和黄铜。本项目介绍气焊，是利用火焰对金属焊件连接处的金属和焊丝进行加热，使其熔化，达到焊接的目的。常用的可燃气体主要是乙炔、液化石油气和氢气等，常用的助燃气体为氧气。气焊虽然也能够焊接合金钢、铸铁和有色金属，但主要还是适合焊接低碳钢材料。

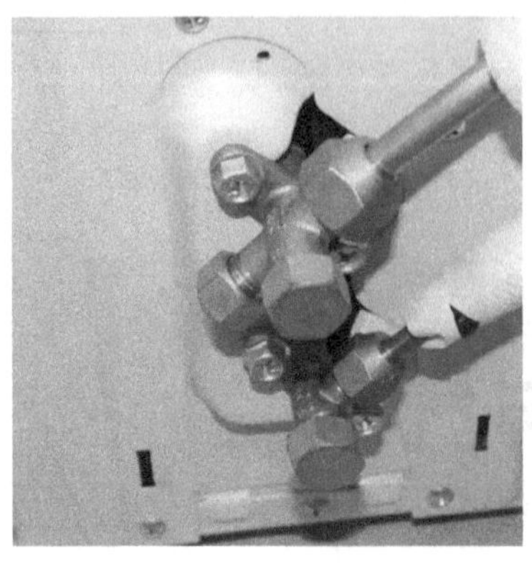
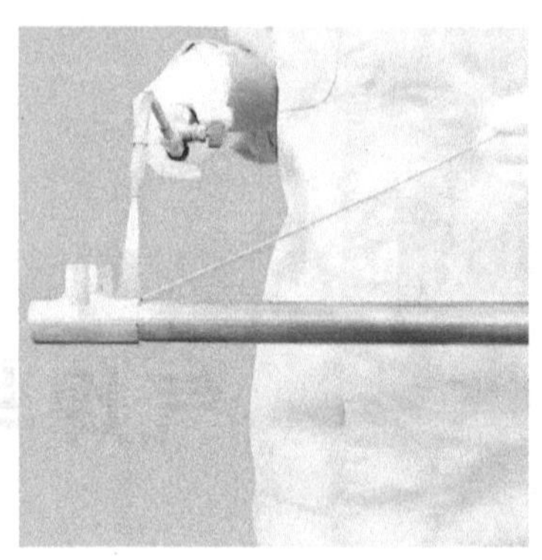

图 2-1　空调的铜管

一、学习目标

本项目主要讨论中性焰、碳化焰、氧化焰的调节方法。在学习过程中要求掌握气焊平敷焊的操作技术，并能够进行平敷焊。

二、准备

知识的准备

气焊是利用可燃气体与氧气混合燃烧的火焰所产生的热量，将被焊材料局部加热到熔化状态，另加填充金属进行金属连接的一种焊接方法。其工作过程如图 2-2 所示。

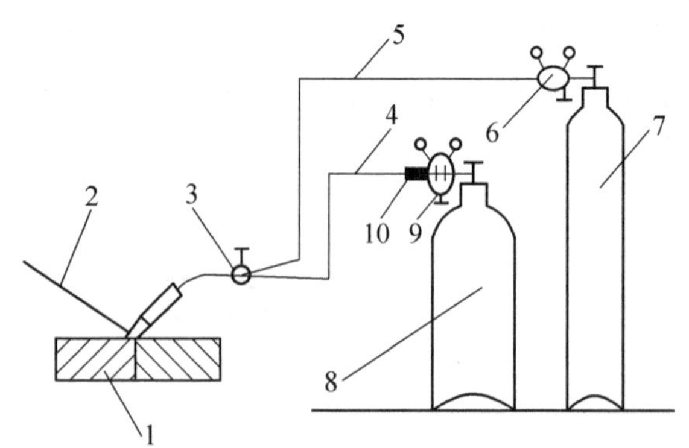

图 2-2　气焊工作过程示意图

1—焊件　2—焊丝　3—焊炬　4—乙炔胶管　5—氧气胶管　6—氧气减压器　7—氧气瓶　8—乙炔瓶　9—乙炔减压器　10—回火保护器

气焊比其他焊接方法加热温度低、速度慢，特别适用于板厚为 0.5 ~ 3.5mm 的薄钢板、薄壁管、熔点较低的非铁金属合金、铸铁件的焊接及硬质合金的堆焊，并广泛用于被磨损零件的补焊。同时，气焊设备简单轻便，不需要电源，适用于野外施工及修理工作，因此气焊技术在现代工业上仍有一定的应用。

气割则是利用可燃气体与氧气燃烧时所产生的热量将金属预热到燃点，使其

在纯氧气流中燃烧，并利用高压氧流将燃烧的氧化熔渣从切口中吹掉，从而达到分离金属的目的。作为一种切割方法，气割具有设备简单、方法灵活、基本不受切割厚度与零件形状限制，而且容易实现机械化、自动化等优点，因而在切割低碳钢和低合金钢零件中获得了广泛的应用。

气焊与气割尽管目的不同，但热源相同，所用设备大同小异。

操作的准备

1. 焊件的准备

1）钢板 Q235A，厚 1.6 ~ 5mm，长 200mm，宽 100mm。

2）对焊件表面的氧化皮、铁锈、油污、脏物用钢丝刷、砂布或砂纸进行清理，使焊件露出金属光泽。

2. 焊接材料

焊丝牌号 H08A，直径 1.6 ~ 2mm。

3. 焊接设备

（1）设备和工具　乙炔瓶、氧气瓶、射吸式焊炬。

（2）辅助器具　通针、火柴或打火枪、小锤、钢丝钳等。

（3）劳动保护　气焊眼镜、工作服、手套、胶鞋。

三、操作过程

气焊点火、操作及安全

1. 火焰点燃和调节

（1）调节气体工作压力　通过减压阀调节气体工作压力，氧气为 0.2 ~ 0.3MPa，乙炔为 0.001 ~ 0.1MPa。

（2）点燃火焰　先逆时针方向旋转乙炔阀门放出乙炔，稍后再逆时针微打开氧气阀门，用点火枪点燃火焰，如图 2-3 所示。

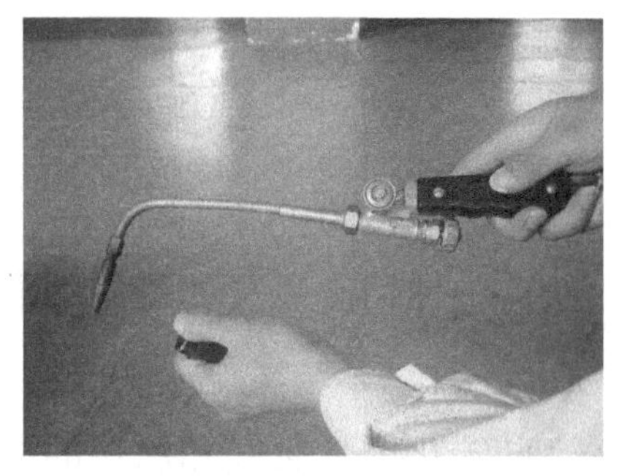

图 2-3　点燃火焰的姿势

（3）火焰的调节　点燃火焰后右手握住焊炬的手柄，左手操作焊炬上的乙炔阀手轮，如图 2-4a 所示，右手的拇指和食指操作氧气阀手轮，如图 2-4b 所示，逐渐增加氧气的供给量，直到火焰的内、外焰无明显的界限，即为中性焰，此时就可以进行焊接了。

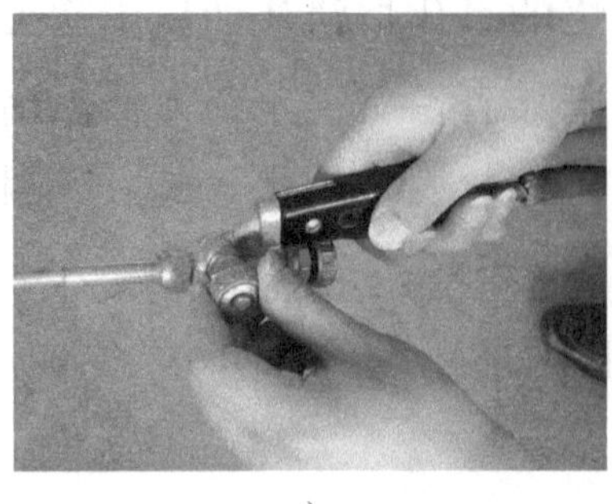
a)

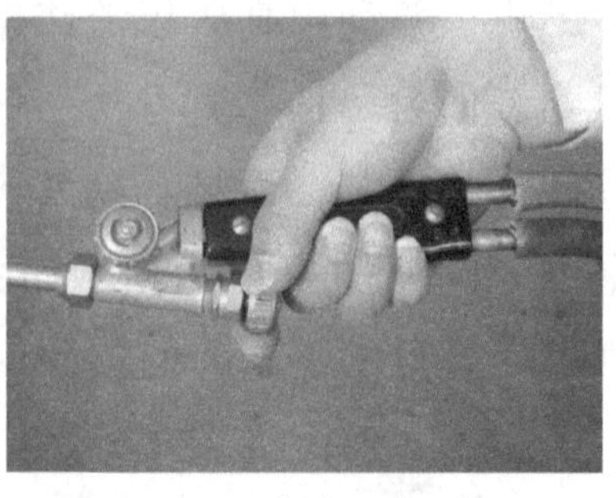
b)

图 2-4　火焰的调节

a）调节乙炔　b）调节氧气

（4）火焰的熄灭　先顺时针方向旋转乙炔阀门，直至关闭乙炔，再顺时针方向旋转氧气阀门关闭氧气。

（5）各种火焰的使用范围　通常所用的氧乙炔焰可分为中性焰、碳化焰、氧化焰三种，其形状如图 2-5 所示。

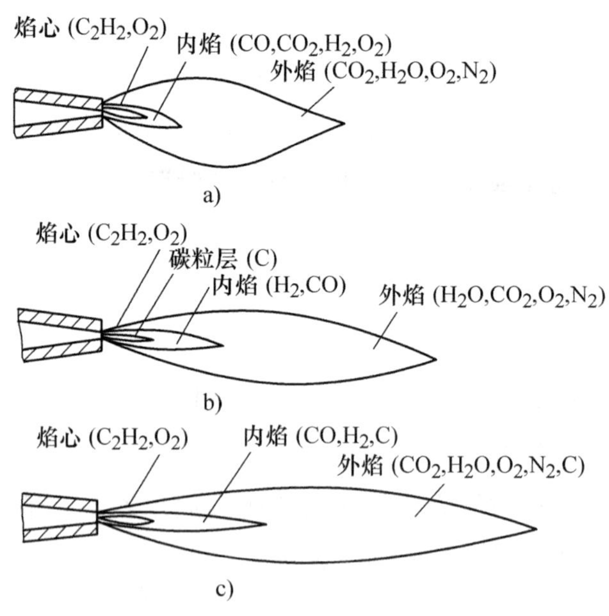

图 2-5　氧乙炔焰的种类、外形及构造

a）氧化焰　b）中性焰　c）碳化焰

1）中性焰。氧气和乙炔的混合比为 1～1.2 时燃烧所形成的火焰称为中性焰，又称正常焰。

2）碳化焰。氧气和乙炔的混合比小于 1.0 时燃烧所形成的火焰称为碳化焰。

3）氧化焰。氧气和乙炔的混合比大于 1.2 时燃烧所形成的火焰称为氧化焰。

以上各种火焰，因其性质不同，适用焊接不同的材料。各种金属材料气焊时火焰种类的选择见表 2-1。

表 2-1 各种金属材料气焊时火焰种类的选择

焊件材料	火焰种类	焊件材料	火焰种类
低碳钢、低合金钢、纯铜、铝及铝合金、铅、锡	中性焰	黄铜 锰铜 镀锌钢板	氧化焰
青铜	中性焰及轻微氧化焰	高速工具钢、硬质合金、铸铁	碳化焰
不锈钢及铬镍钢	中性焰及乙炔稍多的中性焰	镍	氧化焰或碳化焰

2. 气焊

便携式焊炬的使用

（1）焊缝起头　焊缝起头时用中性焰、左向焊法，即将焊炬由右向左移动，使火焰指向待焊部分，填充焊丝，使焊丝的端部位于火焰的前下方距焰心 3mm 左右的位置。

焊缝起头时，由于刚开始加热，焊件的温度低，焊炬倾斜角应大些。这样有利于对焊件进行预热，同时在起焊处应使火焰往复移动，保证焊接处加热均匀。在熔池未形成前，操作者不但要密切观察熔池的形成情况，而且要将焊丝端部置于火焰中进行预热，待焊件由红色熔化成白亮而清晰的熔池时，便可熔化焊丝，将焊丝熔滴滴入熔池，而后立即将焊丝抬起，使火焰向前移动，形成新的熔池。

（2）焊炬和焊丝的运动　为了获得优质、美观的焊缝并控制熔池的热量，焊炬和焊丝应做均匀协调的摆动。这样既能使焊缝边缘良好熔透，并控制液体金属的流动，使焊缝成形良好，同时又不至于使焊缝产生过热的现象。

焊炬和焊丝的运动包括三个动作，即沿焊件接缝的纵向移动，以便不间断地熔化焊件和焊丝，形成焊缝；焊炬沿焊缝做横向摆动，充分地加热焊件，并借混合气体的冲击力，把液体金属搅拌均匀，使熔渣浮起，得到致密性好的焊缝；焊丝在垂直焊缝方向送进并做上下移动，以调节熔池热量和焊丝的填充量。

在操作时，焊炬和焊丝的摆动方法和幅度，要根据焊件材料的性质、焊缝位置、接头形式及板厚等进行选择。焊炬与焊丝的摆动方法如图 2-6 所示。

（3）焊缝接头　在焊接过程中，当中途停顿后继续施焊时，应用火焰把原熔

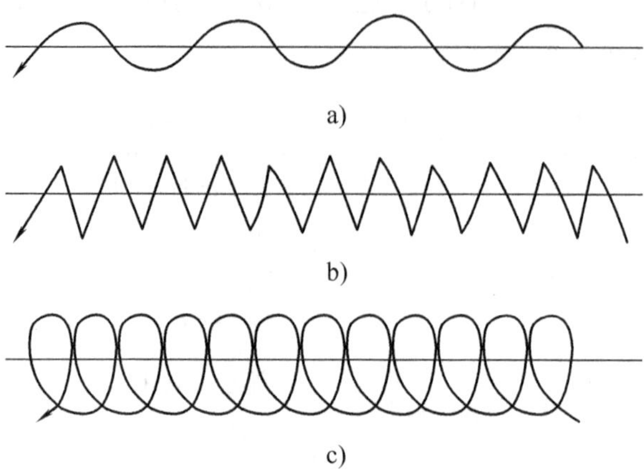

图 2-6　焊炬与焊丝的摆动方法
a）焊薄板　b）焊较厚板　c）焊厚板

池重新加热熔化形成新的熔池后再加焊丝，重新开始焊接，每次续焊应与前焊缝重叠 5 ~ 10mm，重叠焊缝要少加或不加焊丝，才能保证焊缝高度合适及圆滑过渡。

（4）焊缝的收尾　当焊到焊件的终点时，由于端部散热条件差，应减少焊炬与焊件的夹角，同时要增加焊接速度并多加一些焊丝，以防止熔池扩大，出现烧穿现象。收尾时为了不使空气中的氧气和氮气侵入熔池，可用温度较低的外火焰保护熔池，直至终点熔池填满，火焰才可缓慢地离开熔池。

在焊接过程中，焊嘴倾斜角是不断变化的。在预热阶段，为了较快地加热焊件，迅速形成熔池，采用焊炬倾斜角为 50° ~ 70°；在正常焊接阶段，通常采用焊炬倾斜角为 30° ~ 50°；在结尾阶段，采用焊炬倾斜角为 20° ~ 30°，如图 2-7 所示。

（5）注意事项

1）在焊件上进行平行多条多道练习时，各条焊缝间隔以 20mm 左右为宜。

2）在正常的焊接中，必须使焰心的焰尖始终处于熔池表面及熔池中心的位置，以保持熔池的存在，否则不得送丝。

3）注意力必须集中，在观察熔池上，而不是看焊丝头；送焊丝要自如轻松地靠近熔池和焰尖。

4）要保持熔池形状是圆形的。操作中一定要注意焊嘴的倾角必须在 40° ~ 50°范围内。焊丝与焊嘴的夹角在 100° ~ 110°范围内。在保持相对位置的前提下，焊嘴与焊丝向前移动的速度一定要稳定、均匀、准确。

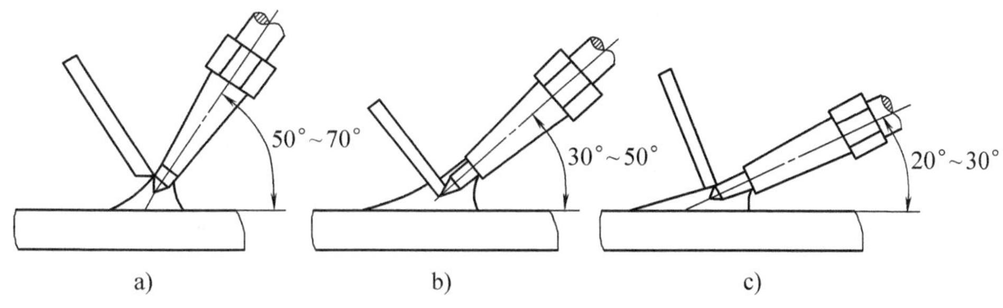

图 2-7　焊嘴倾斜角在焊接过程中的变化
a）焊前预热　b）焊接过程中　c）结尾时

5）如发现火焰形状不规则或焊嘴粘污较多时，应及时刮除，并用专用通针对焊嘴进行通透处理。

6）用左焊法练习焊缝达到要求后，可进行右焊法练习，直至达到技术熟练、焊缝笔直、成形美观为止。

3. 安全技术要求

1）在检查气路时，严禁在开启氧气阀和乙炔阀的同时用手堵塞焊嘴，这样会使高压的氧气倒流至乙炔管中，一经点火就会爆炸。

2）点火时拿火源的手不要正对焊嘴，也不要将焊嘴指向他人，以防烧伤。

3）在开始练习时，可能出现不易点燃或连续的“放炮”声，不要紧张失措，这是氧气量过大或乙炔不纯引起的，应微关氧气阀门或放出不纯的乙炔后重新点燃。

4）在气焊中遇到回火现象时，不要惊慌，首先关闭焊炬的氧气阀，再快速关闭乙炔阀，稍后重新点火。

5）关闭阀门时以不漏气为准，不要关得太紧，以防焊炬磨损太快，降低使用寿命。

图 2-8　气焊平敷焊实际操作

4. 操作示意图

气焊平敷焊实际操作如图 2-8 所示。

四、气焊平敷焊的评分标准

气焊平敷焊的评分标准见表 2-2。

表 2-2 气焊平敷焊的评分标准

考核项目	考核内容	考核要求	配分	评分标准
安全文明生产	能正确执行安全技术操作规程	按达到规定的标准程度评定	5	根据现场纪律，视违反规定程度扣 1～5 分
	按有关文明生产的规定，做到工作地面整洁、焊件和工具摆放整齐	按达到规定的标准程度评定	5	根据现场纪律，视违反规定程度扣 1～5 分
主要项目	焊缝的外形尺寸	焊缝余高 1～2mm	15	超差 0.5mm 扣 2 分
		焊缝余高差 0～1mm	15	超差 0.5mm 扣 2 分
	焊缝的外观质量	焊缝表面无气孔、夹渣、焊瘤	15	焊缝表面有气孔、夹渣、焊瘤中任意一项扣 5 分
		焊缝表面无咬边	15	咬边深度≤0.5mm，每长 2mm 扣 1 分；咬边深度＞0.5mm，此项不得分
		背面焊缝无凹坑	15	凹坑深度≤2mm，每长 5mm 扣 2 分；凹坑深度＞2mm，扣 5 分
		焊缝表面成形：波纹均匀、焊缝笔直	15	视波纹不均匀、焊缝不直度扣1～15分

五、想一想

1. 气焊前焊丝和焊接接头怎样处理？
2. 气焊过程中焊嘴的倾斜角度应怎样变化？
3. 焊缝起头和收尾时，焊嘴倾斜角如何变化？为什么要有这些变化？
4. 在焊接过程中焊炬和焊丝为什么要摆动？根据什么选择摆动的方法和幅度？
5. 在平敷焊练习中，应怎样判别焊道的好坏？

项目二 平对接焊

一、学习目标

本项目主要要求在学习过程中正确选择平对接气焊焊接参数，实现平对接焊接操作。

二、准备

知识的准备

气焊主要用于薄板、铸铁及铜合金的焊接，焊接热量相对低，可减少变形量。另外，气焊设备简单轻便，不需要电源，因此在船舶、飞机、车辆及管道、容器等制造及维修工作中都采用气焊方法。此外，由微型氧气瓶和微型熔解乙炔瓶组成的手提式或肩背式气焊气割装置，在旷野、山顶、高空作业中应用更是十分简便。

平对接焊是最常用的一种气焊焊接方法，其操作方便，焊接质量可靠。操作时要注意以下几点。

1）定位焊产生缺陷时，必须进行铲除或打磨修补，以保证质量。

2）焊缝不要过高、过低、过宽、过窄。

3）焊缝边缘与基体金属要圆滑过渡，无过深、过长的咬边。

4）焊缝背面必须均匀焊透。

5）焊缝不允许有粗大的焊瘤和凹坑。

6）焊缝笔直度要好。

操作的准备

1. 焊件的准备

1）钢板 Q235，厚度 1.5mm，长 200mm，宽 50mm。

2）对焊件表面的氧化皮、铁锈、油污、脏物用钢丝刷、砂布或砂纸进行清理，使焊件露出金属光泽。

2. 焊件装配技术要求

1）装配平整。

2）预留反变形。

3）单面焊双面成形。

3. 焊接材料

焊丝牌号 H08A，直径 2mm。

4. 焊接设备

（1）设备和工具　乙炔瓶、氧气瓶、射吸式焊炬。

（2）辅助器具 通针、火柴或打火枪、小锤、钢丝钳等。

（3）劳动保护 气焊眼镜、工作服、手套、胶鞋。

三、操作过程

将厚度和尺寸相同的两块钢板水平放置到耐火砖上（目的是不让热量传走），并摆放整齐，为了使背面焊透，需要留约0.5mm的间隙。

1. 定位焊

定位焊的作用是装配和固定焊件接头的位置。定位焊缝的长度和间距视焊件的厚度而定。焊件越薄，定位焊缝的长度和间距应越小。焊件定位焊可由焊件中间开始向两头进行，如图2-9所示。定位焊缝长度为5～7mm，间隔为50～100mm。

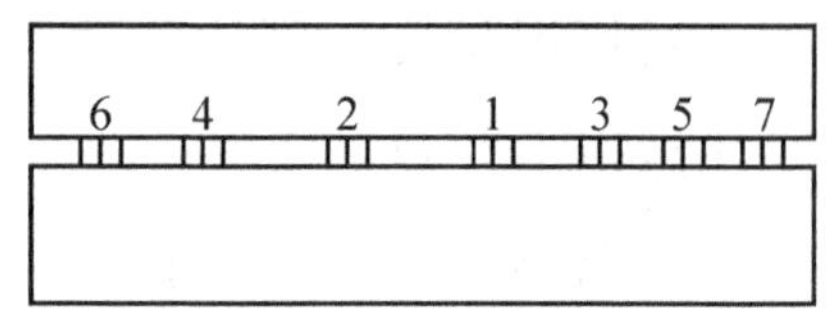

图2-9 薄焊件定位焊的顺序

定位焊点的横截面由焊件厚度来决定，随厚度的增加而增大。定位焊点不宜过长，更不宜过宽或过高，但要保证熔透，以避免正式焊缝出现高低不平、宽窄不一及熔合不良等缺陷。定位焊缝横截面形状的要求如图2-10所示。

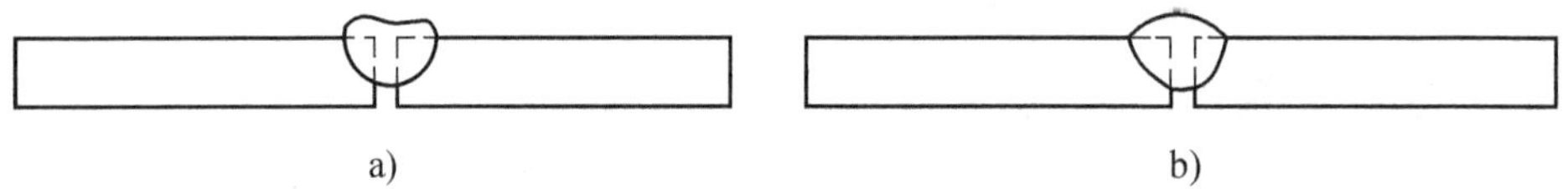

图2-10 定位焊缝横截面形状的要求

a）不好 b）好

定位焊后，为了防止角变形，并使焊缝背面均匀焊透，可采用焊件预先反变形法，即将焊件沿接缝向下折成160°左右（图2-11），然后用胶木锤将接缝处校正齐平。

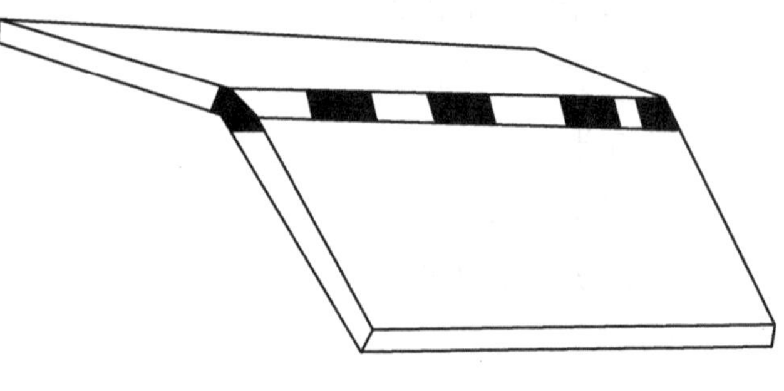

图2-11 预先反变形法

2. 焊接

平焊是最常用的一种气焊焊接方法，其操作方便，焊接质量可靠。平焊时，多采用左向焊法，焊丝、焊炬与焊件的相对位置如图2-12所示，火焰焰心的末端与焊件表面保持2～4mm。

从接缝一端预留 30mm 处施焊。其目的是使焊缝处于板内，传热面积大，基体金属熔化时，周围温度已升高，冷凝时不易出现裂纹，施焊到终点，整个板材温度已升高，再焊预留的一段焊缝，接头应重叠 5mm 左右，如图 2-13 所示。

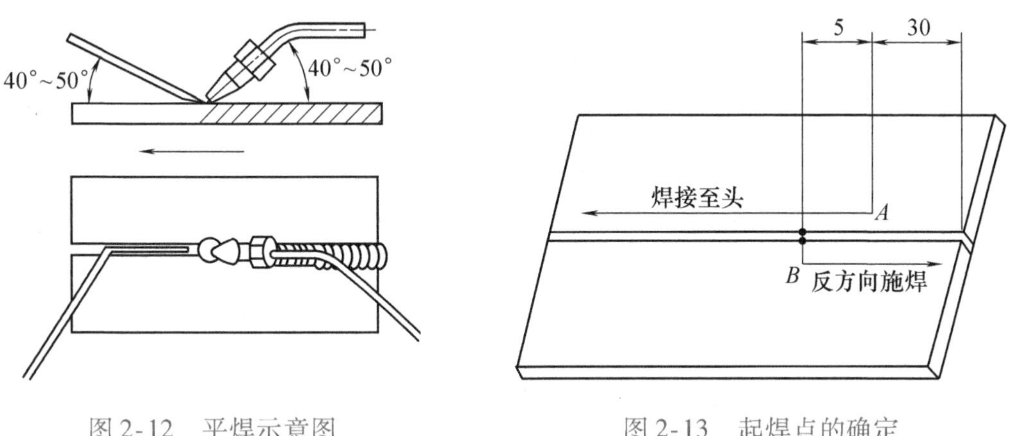

图 2-12　平焊示意图　　图 2-13　起焊点的确定

采用左焊法时，焊接速度要随焊件熔化情况而变化，要采用中性焰，否则易出现熔池不清晰、有气泡、火花飞溅或熔池沸腾等现象；并对准接缝的中心线，使焊缝两边缘熔合均匀，背面焊透要均匀。焊丝位于焰心前下方 2 ~ 4mm 处，若在熔池边缘上被黏住，不要用力拔焊丝，可用火焰加热焊丝与焊件接触处，焊丝即可自然脱离。

在焊接过程中，焊炬和焊丝要做上下往复相对运动，其目的是调节熔池温度，使焊缝熔化良好，并控制液体金属的流动，使焊缝成形美观。

在焊接过程中，如果出现熔池不清晰，有气泡、火花飞溅或熔池沸腾现象，这主要是因为火焰性质发生了变化，应及时将火焰调节为中性焰，然后进行焊接。始终保持熔池大小一致，才能焊出均匀的焊缝，可通过改变焊炬角度、高度和焊接速度控制熔池大小。如出现熔池过小，焊丝不能与焊件熔合，仅敷在焊件表面时，表明热量不足，应增加焊炬倾角，减慢焊接速度；如出现熔池过大，且没有流动金属时，表明焊件被烧穿，应迅速提起火焰或加快焊接速度，减小焊炬倾角，并多加焊丝。

如出现熔池金属被吹出或火焰发出呼呼响声，说明气体流量过大，应立即调节火焰能率。如出现焊缝过高，与基体金属熔合不圆滑，说明火焰能率低，应增加火焰能率，减慢焊接速度。

在焊件间隙大或焊件薄的情况下，应将火焰的焰心指在焊丝上，使焊丝阻挡部分热量，防止接头处熔化过快。

在焊接结束时，将焊炬火焰缓慢提起，使焊缝熔池逐渐减小。为了防止收尾时产生气孔、裂纹或熔池没填满产生弧坑等缺陷，可在收尾时多加一点焊丝。

在整个焊接过程中，应使熔池的形状和大小保持一致。常见的几种熔池形状如图 2-14 所示。对接焊缝尺寸的一般要求见表 2-3。

表 2-3 对接焊缝尺寸的一般要求

焊件厚度/mm	焊缝高度/mm	焊缝宽度/mm	层数
0.8～1.2	0.5～1	4～6	1
2～3	1～2	6～8	1
4～5	1.5～2	6～8	1～2
6～7	2～2.5	8～10	2～3

3. 操作示意图

气焊平对接焊实际操作如图 2-15 所示。

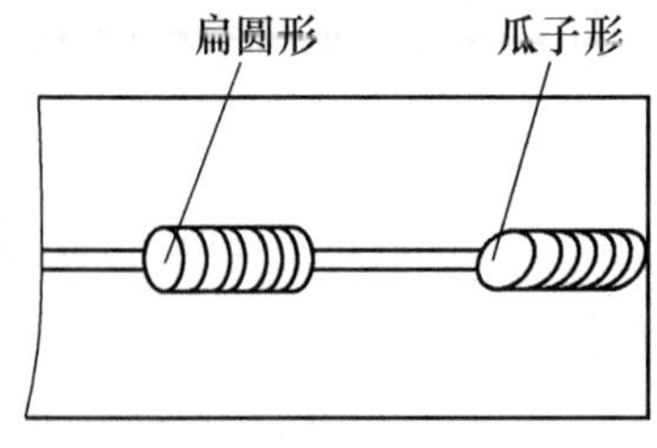

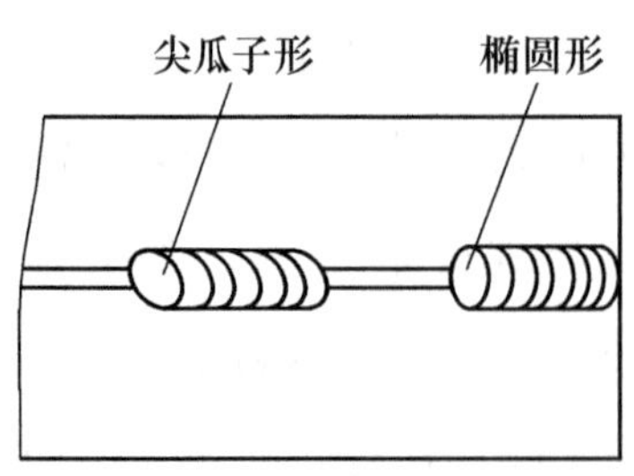

图 2-14 常见几种熔池的形状

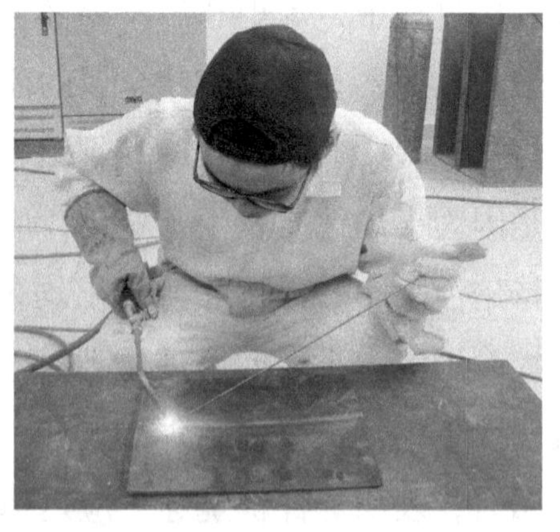

图 2-15 气焊平对接焊实际操作

四、气焊平对接焊的评分标准

气焊平对接焊的评分标准见表 2-4。

表 2-4　气焊平对接焊的评分标准

考核项目	考核内容	考核要求	配分	评分标准
安全文明生产	能正确执行安全技术操作规程	按达到规定的标准程度评定	10	根据现场纪律，视违反规定程度扣 1～10 分
	按有关文明生产的规定，做到工作地面整洁、焊件和工具摆放整齐	按达到规定的标准程度评定	10	根据现场纪律，视违反规定程度扣 1～10 分
主要项目	焊缝的外形尺寸	正面焊缝余高 1～2mm	10	超差 0.5mm 扣 2 分
		背面焊缝余高 1～2mm	10	超差 0.5mm 扣 2 分
		正面焊缝余高差 0～1mm	10	超差 0.5mm 扣 2 分
		焊缝每侧增宽 0.5～2mm	10	超差 0.5mm 扣 2 分
		焊后角变形 0°～3°	10	超差 1°扣 2 分
	焊缝的外观质量	焊缝表面无气孔、夹渣、焊瘤、未焊透	10	焊缝表面有气孔、夹渣、焊瘤和未焊透中的任一项扣 10 分
		焊缝表面无咬边	10	咬边深度≤0.5mm，每长 2mm 扣 1 分；咬边深度 > 0.5mm，每长 2mm 扣 2 分
		背面焊缝无凹坑	10	凹坑深度≤2mm，每长 5mm 扣 2 分；凹坑深度 > 2mm，扣 5 分

五、想一想

1. 焊前为什么要进行定位焊？
2. 对接平焊过程中应注意哪些事项？
3. 对薄焊件的定位焊是怎样进行的？
4. 对定位焊缝的要求有哪些？
5. 对接平焊缝的表面质量有哪些要求？

项目三　管　焊

一、学习目标

本项目主要要求在学习过程中掌握钢管水平转动、垂直固定和水平固定对接气焊的操作方法，能够实现钢管对接气焊。

二、准备

知识的准备

钢管气焊时一般采用对接接头。当钢管壁厚大于3mm时，为了保证焊缝全部焊透，须开V形坡口，并留有钝边。其主要操作方法为钢管水平转动、垂直固定和水平固定对接气焊。钢管水平转动对接气焊可以将管子转到比较容易操作的位置进行焊接。垂直固定管对接气焊的对接接头为横焊缝。水平固定管对接气焊的操作难度较大，包括了平焊、立焊和仰焊的焊接位置，要求对这几种焊接位置的操作都要非常熟练。

操作的准备

1. 焊件的准备

1）20钢钢管，尺寸为ϕ57mm×3.5mm，l=160mm，60°V形坡口，如图2-16所示。

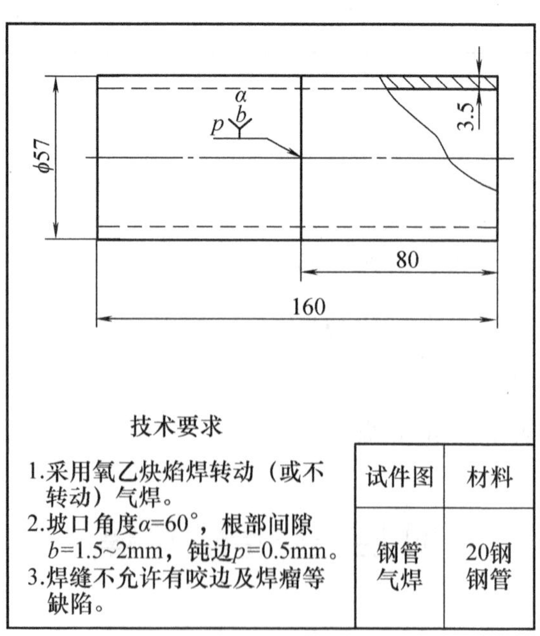

图2-16　钢管气焊试件图

2）对焊件表面的氧化皮、铁锈、油污、脏物用钢丝刷、砂布或砂纸进行清

理，使焊件露出金属光泽。

2. 焊件装配技术要求

1）装配平整。

2）钝边 0.5mm，无毛刺，根部间隙为 1.5 ~ 2mm，错边量≤0.5mm。

3）单面焊双面成形。

3. 焊接材料

焊丝牌号 H08A，直径 ϕ2mm。

4. 焊接设备

（1）设备和工具　乙炔瓶、氧气瓶、射吸式焊炬。

（2）辅助器具　通针、火柴或打火枪、小锤、钢丝钳等。

（3）劳动保护　气焊眼镜、工作服、手套、胶鞋。

三、操作过程

1. 操作示意图

气焊管对接焊实际操作如图 2-17 所示。

图 2-17　气焊管对接焊实际操作

2. 定位焊

管子的气焊，随管径大小的不同，定位焊的焊点数量也有所不同，一般管子直径小于 ϕ70mm 的只定位焊两处；直径为 ϕ100 ~ ϕ300mm 时需定位焊 3 ~ 4 处；直径为 ϕ300 ~ ϕ500mm 时，定位焊 4 ~ 6 处。不论直径大小，气焊的起焊点都应从两个相邻定位焊点的中间开始，如图 2-18 所示。

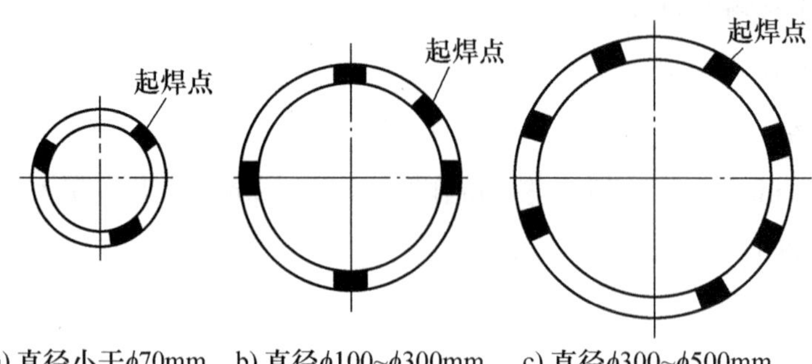

图 2-18　定位焊及起焊点

3. 焊接

（1）水平转动管焊接　由于管子可以自由转动，始终可以控制焊缝熔池在平焊位置施焊，但管壁较厚时及开坡口的管子不应在水平位置焊接。这是因为管壁厚时填充金属多，加热时间长，若采用平焊，不易得到较大的熔深，不利于焊缝金属的堆高，同时焊缝表面成形也不美观，故通常采用爬坡位置，即半立焊位置施焊。

1）若采用左向爬坡焊，应始终控制在与管道水平中心线夹角 50°～70°的范围内进行焊接，如图 2-19 所示。这样可以加大熔深，并易于控制熔池形状，使接头全部焊透，同时被填充的熔滴金属自然流向熔池下边，使焊缝堆高快，有利于控制焊缝的高低，更好地保证焊缝质量。

2）若采用右向爬坡焊，因火焰吹向熔化金属部分，为了防止熔化金属被火焰吹成焊瘤，熔池也应控制在与垂直中心线夹角 10°～30°的范围内进行焊接，如图 2-20 所示。

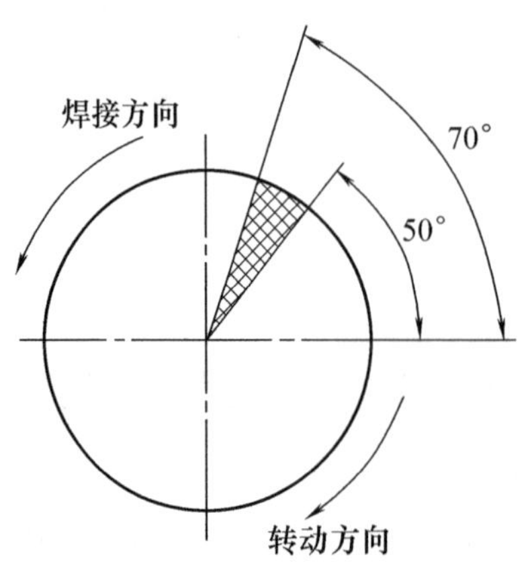

图 2-19　左向爬坡焊

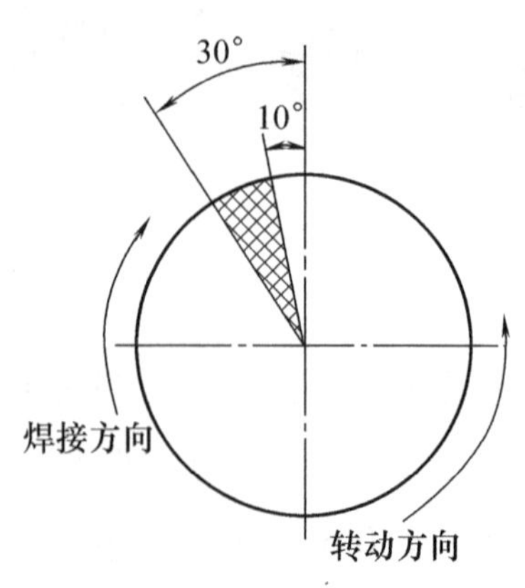

图 2-20　右向爬坡焊

该试件的焊缝应焊两层。

第一层焊嘴和管子表面的倾斜角度为45°左右，火焰焰心末端距熔池3~5mm。当看到坡口钝边熔化并形成熔池后，立即把焊丝送入熔池前沿，使之熔化填充熔池。焊炬做圆周式移动，焊丝同时不断地向前移动，保证焊件的底部焊透。

第二层焊接时，焊炬要做适当的横向摆动，但火焰能率应略小些，使焊缝成形美观。

在整个焊接过程中，每一层焊道应一次焊完，并且各层的起焊点互相错开20~30mm。每次焊接结束时，要填满熔池，火焰慢慢地离开熔池，防止产生气孔、夹渣等缺陷。

（2）垂直固定管焊接

1）焊接参数。火焰性质：中性焰或轻微碳化焰。焊嘴倾角：与管子轴线夹角约为80°，如图2-21所示；与管子切线方向的夹角约为60°，如图2-22所示。焊丝角度：与管子轴线的夹角约为90°，如图2-21所示；焊丝与焊炬之间的夹角约为30°，如图2-22所示。

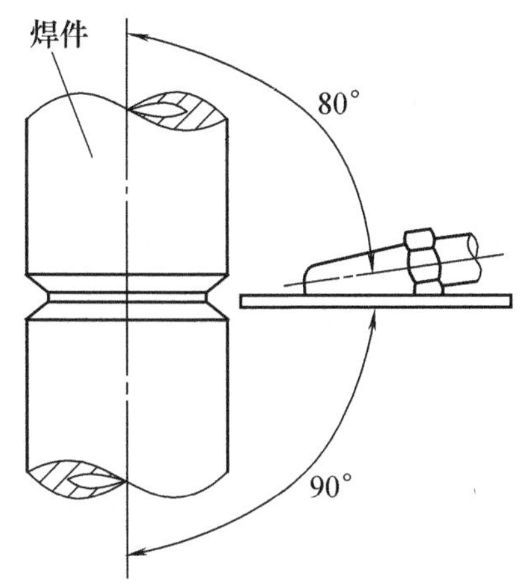

图2-21　焊嘴、焊丝与管子轴线的夹角

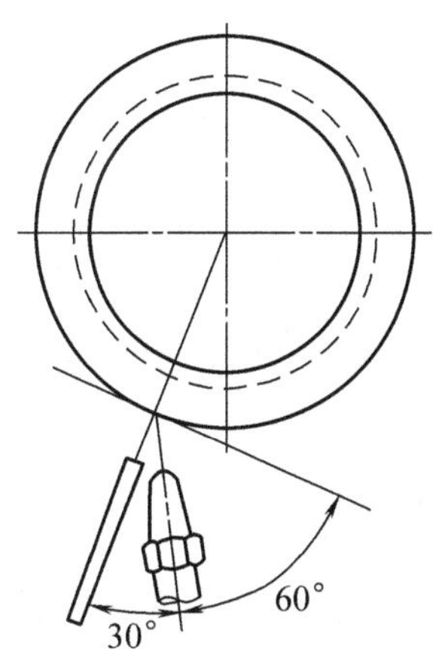

图2-22　焊嘴、焊丝与管子切线方向的夹角

2）焊接操作。

① 起焊时，先将被焊处适当加热，然后将熔池烧穿，形成一个熔孔，如图2-23所示，这个熔孔一直保持到焊接结束。形成熔孔的目的有两个：第一是使管壁熔透，以得到双面成形；第二是熔孔的大小等于或稍大于焊丝直径为宜。

② 熔孔形成后，开始填充焊丝。施焊中焊炬不做横向摆动，而只在熔池和熔

孔中做轻微的前后摆动，以控制熔池温度。若熔池温度过高，为使熔池冷却，火焰不必离开熔池，可将火焰的高温区（焰心）朝向熔孔。这时外焰仍然笼罩着熔池和近缝区，保护液态金属不被氧化。

③ 在施焊过程中，焊丝始终浸在熔池中，不停地以斜环形向上挑动金属熔液，如图 2-24 所示。运条范围不要超过管子接口下部坡口的 1/2 处，如图 2-23 所示，要在长度 a 范围内上下运条，否则容易形成熔滴下垂现象。

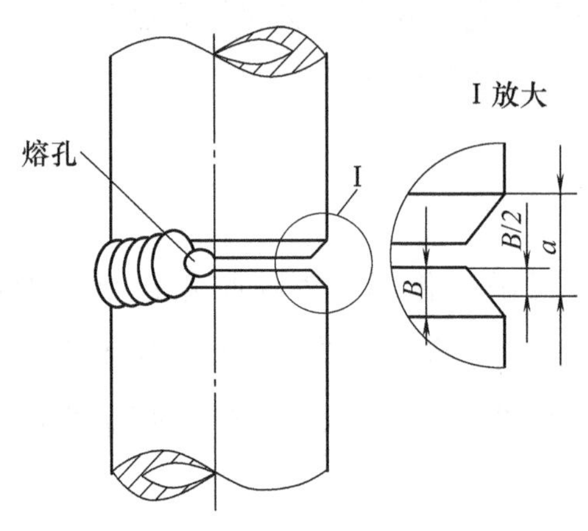

图 2-23　熔孔的形状和运条范围

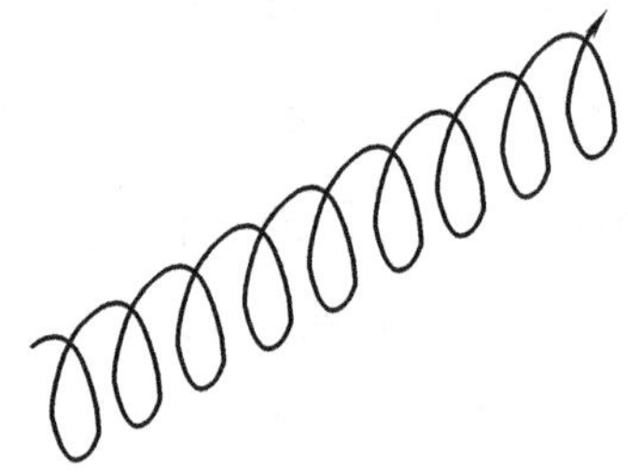

图 2-24　斜环形运条法

由于焊缝需要一次焊成，所以焊接速度不可太快，必须将焊缝填满，并有一定的余高。

对开有坡口的管子若采用左向焊法，须进行多层焊。若采用右向焊法，对于壁厚在 7mm 以下垂直管子的横缝，可以做到单面焊双面成形并一次焊成，这样可以大大提高工作效率。

（3）水平固定管焊接　水平固定管的气焊比较困难，操作上包括了所有的焊接位置，如图 2-25 所示。此外，由于焊缝成环形，在焊接中应随着焊缝空间位置的改变，不断地移动焊炬和焊丝，但要保持固定的焊炬与焊丝夹角。通常应保持焊炬和焊丝夹角为 90°，焊炬、焊丝与焊件间的夹角一般为 45°。根据管壁的厚度和熔池的形状变化情况，可以适当调节，灵活掌握，以保持不同位置时熔池的形状，使之既熔透又不至于过烧和烧穿。尤其在仰焊（特别是仰爬坡位置）时，如图 2-25 所示 1 和 2 的

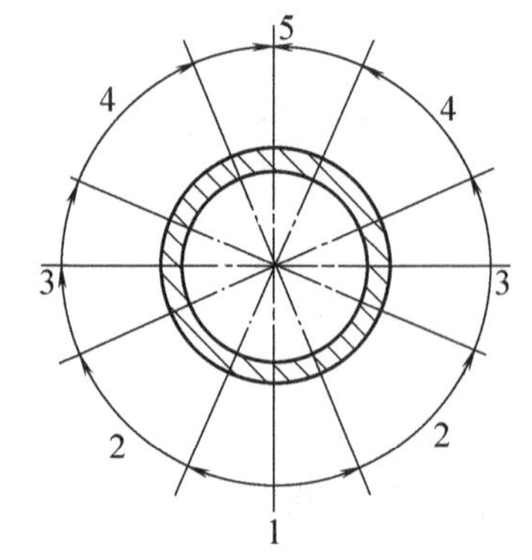

图 2-25　水平固定管全位置焊接分布情况

1—仰焊　2—仰爬坡　3—立焊　4—上爬坡　5—平焊

位置，焊炬和焊丝更要配合得当，同时焊炬要不断地离开熔池，严格控制熔池温度，使焊缝不至于过烧和形成焊瘤。

焊接前半圈时，起点和终点都要超过管子的垂直中心线 1 和 5 的位置，超出长度为 5～10mm。焊接后半圈时，起点和终点都要和前段焊缝搭接一段，以防起焊点和火口处产生缺陷，搭接长度一般为 10～15mm。

4. 焊接质量要求

各种位置的钢管气焊焊接接头的焊接质量要求与相应位置焊条电弧焊固定管焊的焊接接头的检验方法和焊接质量要求相同。

四、气焊管对接焊的评分标准

气焊管对接焊的评分标准见表 2-5。

表 2-5　气焊管对接焊的评分标准

考核项目	考核内容	考核要求	配分	评分标准
安全文明生产	能正确执行安全技术操作规程	按达到规定的标准程度评定	10	根据现场纪律，视违反规定程度扣 1～10 分
	按有关文明生产的规定，做到工作地面整洁、焊件和工具摆放整齐	按达到规定的标准程度评定	10	根据现场纪律，视违反规定程度扣 1～10 分
主要项目	焊缝的外形尺寸	焊缝高度 0～2mm	10	超差 0.5mm 扣 2 分
		正面焊缝的余高差 0～1mm	10	超差 0.5mm 扣 2 分
		焊缝每侧增宽 0.5～2.5mm	10	超差 0.5mm 扣 2 分
		焊缝宽度差 0～1mm	10	超差 0.5mm 扣 2 分
		焊接接头脱节 <2mm	10	超差 0.5mm 扣 2 分
	焊缝的外观质量	焊缝表面无气孔、夹渣、焊瘤	10	焊缝表面有气孔、夹渣、焊瘤中的任一项扣 10 分
		焊缝表面无咬边	10	咬边深度≤0.5mm，每长 2mm 扣 1 分；咬边深度 >0.5mm，每长 2mm 扣 2 分
		通球直径为 49mm	10	通球检验不合格此项分扣光

五、想一想

1. 怎样进行管子的定位焊?
2. 水平管对接气焊的操作要点有哪些?
3. 垂直固定管焊接形成熔孔的目的是什么?

项目四　非铁金属的气焊

一、学习目标

本项目主要要求能够根据已掌握的铜、铝及其合金的气焊技术，学会根据不同的材料特点调整气焊工艺参数。

二、准备

知识的准备

焊接铝及铝合金时，如果焊前不清理干净，氧化膜会减少熔透度，而油脂及污物等可使焊缝造成夹渣、气孔和成形不良，因此焊前必须严格清除焊接处及焊丝表面的氧化膜和油污。实际生产中常采用两种清理方法：化学清理和机械清理。

（1）化学清理　化学清理效率高，质量稳定，适于清洗焊丝及尺寸不大、成批生产的焊件。常用的清洗剂及清理方法如下：用汽油等有机溶剂浸泡或擦拭脱脂，再用热水清洗，接着在50～60℃的氢氧化钠溶液（质量分数为30%左右）中清洗，而后用热水或冷水清洗，最后用质量分数为30%的硝酸溶液中和出光处理，再用清水冲洗。

（2）机械清理　机械清理常用于尺寸较大的焊件。其方法是先用有机溶剂（汽油、丙酮）或松香擦拭表面以除去油污，随后直接用细不锈钢丝刷刷除氧化膜，直至露出金属光泽。

经上述方法清理的焊件和焊丝不应搁置时间太长。采用化学清理，冲洗至焊接的时间最多不超过两天，否则必须重新清理。

操作的准备

三、操作过程

1. 导电铝排的焊接

铝排为纯铝材料，为保证焊后导电性良好，要求焊缝金属致密无缺陷。其焊接工艺如下。

1）焊炬选用 H01-12 型，3 号焊嘴，焊丝选用 HS301，熔剂为气剂 401（CJ401），火焰性质为中性焰或轻微碳化焰。

2）板厚为 10mm 时，采用 70°左右的 V 形坡口，钝边为 2mm，受热后的组对间隙为 2.5mm。焊前用钢丝刷将坡口及坡口边缘 20 ~ 30mm 范围内的氧化膜清除掉，并涂上熔剂。

3）正面分两层施焊。第一层用 ϕ3mm 焊丝焊接。为防止起焊处产生裂纹，焊接第一层时，起焊点如图 2-26 所示，即从 A 处焊至端头①，再从 B 处向相反方向焊至端头②；第二层用 ϕ4mm 焊丝，焊满坡口；然后将背面焊瘤熔化、平整，并用 ϕ3mm 焊丝薄薄地焊一层；最后在焊缝两侧面进行封端焊。

4）焊炬的操作方式如图 2-27 所示。

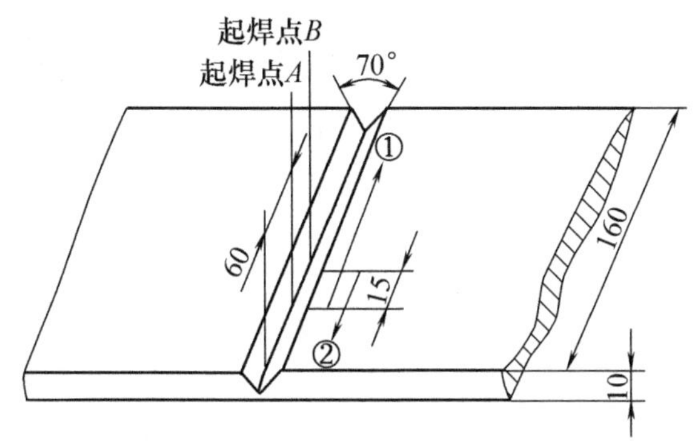

图 2-26　铝排焊头及起焊点

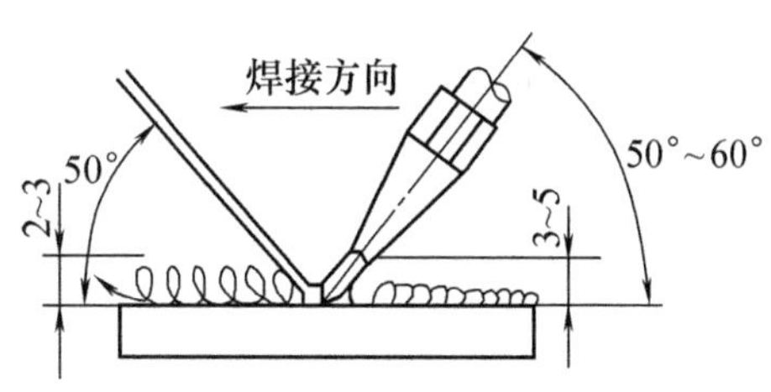

图 2-27　焊炬的操作方式
（焊炬平移前进）

5）焊后用 60 ~ 80℃ 热水和硬毛刷冲洗焊渣及残留的熔剂，以防残留物腐蚀铝金属。

2. ϕ57mm × 4mm 纯铜管的气焊

（1）焊前准备　接头开 60° ~ 70°的坡口，用细砂布打磨焊件和焊丝表面，去除表面锈蚀，使之露出金属光泽。选用 H01-12 焊炬，3 号焊嘴，焊丝选用 HSCu、直径为 ϕ4mm，气焊熔剂选用气剂 301（CJ301）。首先用气焊火焰加热焊丝，蘸上熔剂，然后将管子圆周等分为三份，用严格的中性焰定位焊两点，从第三点开始爬坡转动焊。

（2）焊接　在爬坡焊处预热，预热温度为 400 ~ 500℃，以看到坡口处起皱、发黑为宜，然后压低焊炬，使焰心距坡口表面 4 ~ 5mm，加热坡口到红热状态，并不断用焊丝蘸熔剂往坡口上熔敷。这时由于热胀作用，间隙减小为 1.5 ~ 2mm；继续加热，则可看到坡口中铜液冒气泡，直至冒气泡现象消失，证明已达到温度，这时应迅速投入焊丝熔滴；使焊炬划圈前进，防止铜液四散和焊缝成形不良，要边转边焊；至焊缝终点时应继续焊到超过终点 10mm 左右，慢慢填满熔池，待熔池凝固后再撤离焊炬，然后用小锤轻轻敲击焊缝；最后将焊缝加热至暗红色，放入水中急冷，取出后把表面焊渣清除干净。

四、非铁金属气焊的评分标准

非铁金属气焊的评分标准见表 2-6。

表 2-6　非铁金属气焊的评分标准

考核项目	考核内容	考核要求	配分	评分标准
安全文明生产	能正确执行安全技术操作规程	按达到规定的标准程度评定	5	根据现场纪律，视违反规定程度扣 1 ~ 5 分
	按有关文明生产的规定，做到工作地面整洁、焊件和工具摆放整齐	按达到规定的标准程度评定	5	根据现场纪律，视违反规定程度扣 1 ~ 5 分
主要项目	焊缝的外形尺寸	焊缝余高 1 ~ 2mm	10	超差 0.5mm 扣 2 分
		焊缝余高差 0 ~ 1mm	10	超差 0.5mm 扣 2 分
		焊缝每侧增宽 0.5 ~ 2.5mm	10	超差 0.5mm 扣 2 分
	焊缝的外观质量	焊缝表面无气孔、夹渣、焊瘤、未焊透	20	焊缝表面有气孔、夹渣、焊瘤和未焊透各扣 5 分
		焊缝表面无咬边	20	咬边深度 ≤ 0.5mm，每长 2mm 扣 1 分；咬边深度 > 0.5mm，每长 2mm 扣 2 分
	焊缝的内部质量	按 GB/T 3323—2005 标准对焊缝进行 X 射线检测	20	Ⅰ级片不扣分；Ⅱ级片扣 10 分；Ⅲ级片扣 20 分

五、想一想

1. 铝及铝合金的焊接性是怎样的？
2. 铜及铜合金的焊接性是怎样的？
3. 如何进行纯铜管的气焊？
4. 如何进行铝的焊后清理工作？

项目五　气　割

碳钢管道及铁板在钢结构制作方面应用广泛，一般用于煤气管道，管道法兰，厚壁炉口，具有良好的焊接性。本项目主要介绍碳钢的气割，气割是指利用气体火焰将被切割的金属预热到熔点，使其在纯氧气流中剧烈燃烧，形成熔渣并放出大量的热，在高压氧的吹力作用下，将氧化熔渣吹掉，所放出的热量又进一步预热下一层金属，使其达到熔点。金属的气割过程，就是预热、燃烧、吹渣的连续过程，其实质是金属在纯氧中燃烧的过程，而不是熔化过程。图 2-28 所示为加热炉墙板的割除。

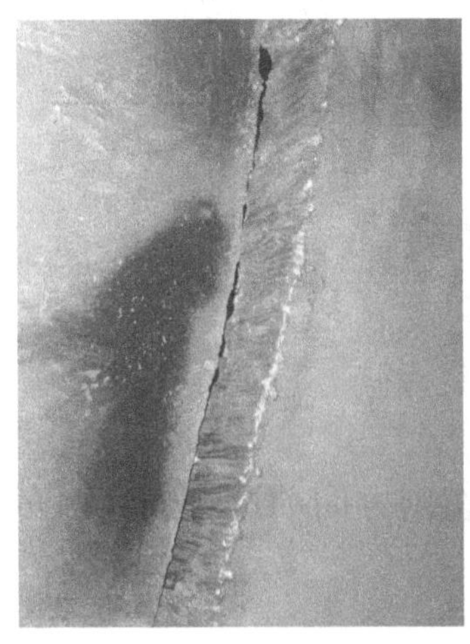

图 2-28　加热炉墙板的割除

一、学习目标

本项目主要要求在学习过程中熟悉气割的过程，掌握气割的基本操作技术，尤其是中厚板的切割技术；能够用气割法为待焊焊件制备坡口，实现中厚板的切割。

二、准备

知识的准备

氧气切割是焊接结构制造中应用最广泛的下料方法之一。其主要优点是设备简单，成本低，生产率高，易于实现机械化与自动化，切割质量好、一般不受割件的形状与尺寸限制。

氧气切割过程由四个步骤组成，如图 2-29 所示。

（1）预热　氧乙炔混合气火焰从割嘴外圈喷出，将切割部位的金属表层预热至燃点以上。

（2）氧化　切割氧从割嘴中心喷出，已达到燃点的金属急剧氧化（燃烧），并形成氧化物渣。

（3）吹渣　液态的氧化物渣被高速切割氧流吹走，将未被氧化的金属暴露在氧气流中。

（4）前进　暴露在氧气流中的金属，在上面金属氧化时放出的热量作用下温度升高到燃点，继续被氧流氧化燃烧成渣并被吹走，最后金属在整个厚度方向被氧化吹通。随着氧气流按切割方向前进，新接触的金属将重复预热、氧化、吹渣的过程，最后形成切口。

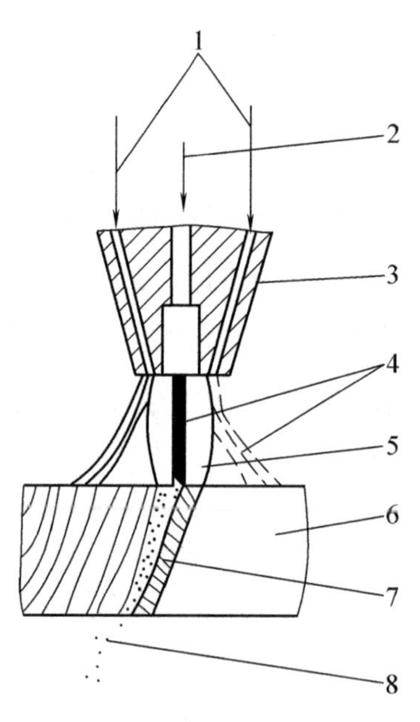

图 2-29　氧气切割过程示意图

1—氧乙炔混合气　2—切割氧　3—割嘴　4—预热火焰　5—切割氧流　6—工件　7—预热区　8—氧化物渣

操作的准备

1. 气割前的准备

1）板料 1 块，材料为 Q235 钢，尺寸为 500mm × 200mm × 12mm。

2）对割件表面的氧化皮、铁锈、油污、脏物用钢丝刷、砂布或砂纸进行清

理，使割件露出金属光泽。

2. 气割设备和工具

（1）设备和工具　乙炔瓶、氧气瓶、射吸式割炬。

（2）辅助器具　通针、火柴或打火枪、小锤、钢丝钳等。

（3）劳动保护　气焊眼镜、工作服、手套、胶鞋。

三、操作过程

1. 手工气割技术

气割前先检查割炬的射吸是否正常：拔下乙炔气管（图2-30），打开混合氧阀门（图2-31），此时割嘴中有氧气吹出。再打开乙炔阀（图2-32），用手堵住乙炔进气口（图2-33），若能感觉到吸力，则为正常。然后关闭所有阀门，安装好乙炔气管。

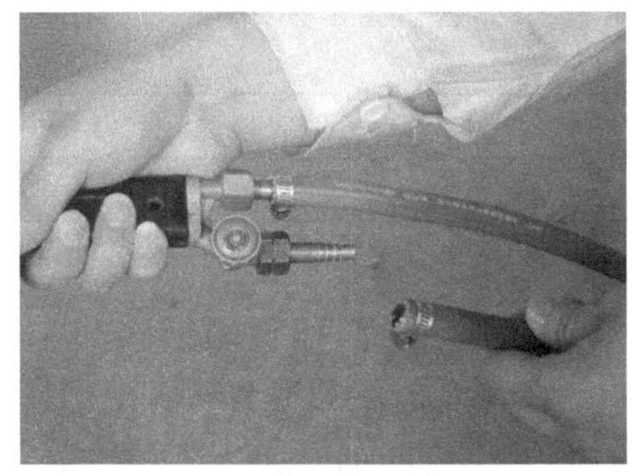

图2-30　拔下乙炔气管

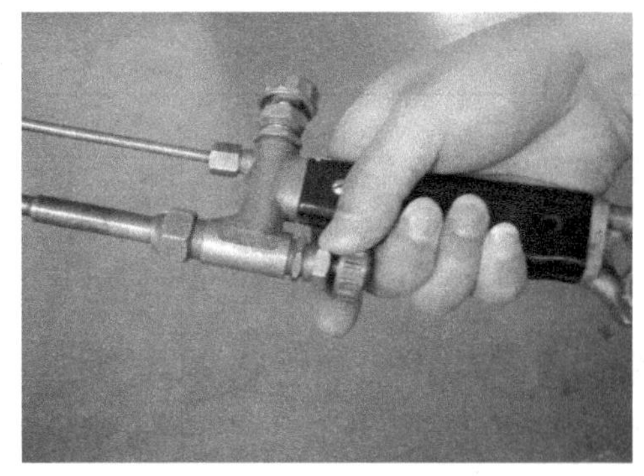

图2-31　打开混合氧阀门

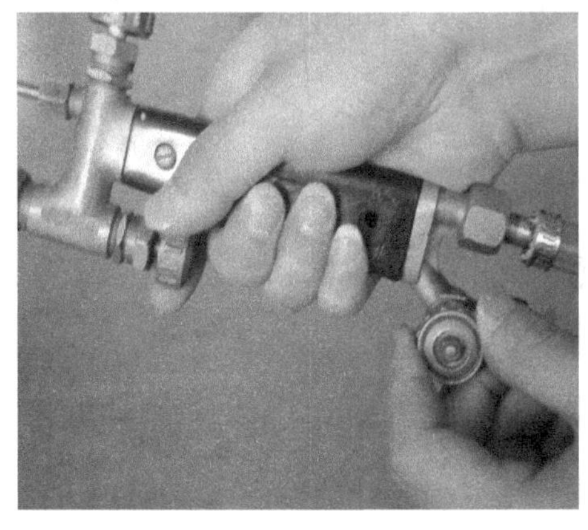

图2-32　打开乙炔阀

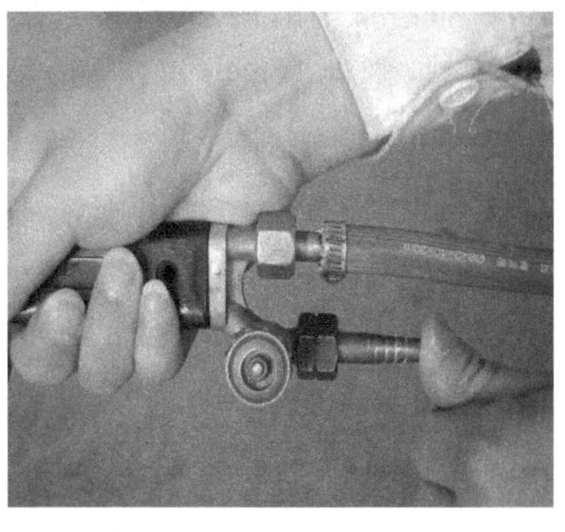

图2-33　用手堵住乙炔进气口

割件表面的油污、氧化皮等应清除干净。割件应垫平，其下面应留有一定的间隙，以利于氧化熔渣的顺利吹出，也是为了防止氧化铁飞溅烧伤操作者，必要时可以加挡板。调节氧气和乙炔阀门压力，使其达到要求。一切准备工作完成后方可点燃火焰，并调到合适的形状开始气割过程。

手工气割可根据个人的习惯，双脚成八字形蹲在割线的一侧，右手握住割炬手把，右手拇指和食指靠住手把下面的预热氧气调节阀，以便调节预热火焰，当发生回火时能及时切断混合气管的氧气。左手的拇指和食指应把住切割氧气阀的开关，其余三指平稳地托住割炬，以便掌握方向。右臂靠住右膝盖，左臂悬空在两膝盖中间，保证移动割炬方便，不移动位置时的割线较长。身体略微向前挺起，呼吸应有节奏，眼睛注意前面的割线和割嘴，达到手、眼、脑协调配合，切割方向一般自右向左。

12mm 中等厚度钢板手工气割的参数见表 2-7。在正常气割过程中，割嘴要始终垂直于割件做横向月牙形或“之”字形摆动，如图 2-34 所示。

表 2-7　手工气割的参数

割件厚度/mm	割炬型号	割嘴型号	乙炔消耗量/(L/h)
12	G01-30	3	310

起割时，割嘴应后倾 20°～30°。先将割件划线处边缘预热到红热状态（割件发红），从预热火焰的焰心到工作表面的距离应保持在 2～4mm，缓慢开启切割氧调节阀，待铁液被氧流吹掉时，可加大切割氧气流，当听到割件下面发出“啪、啪”的声音时表明割件已被切透。这时根据割件厚度，灵活掌握切割速度，沿切割线前进方向施割。

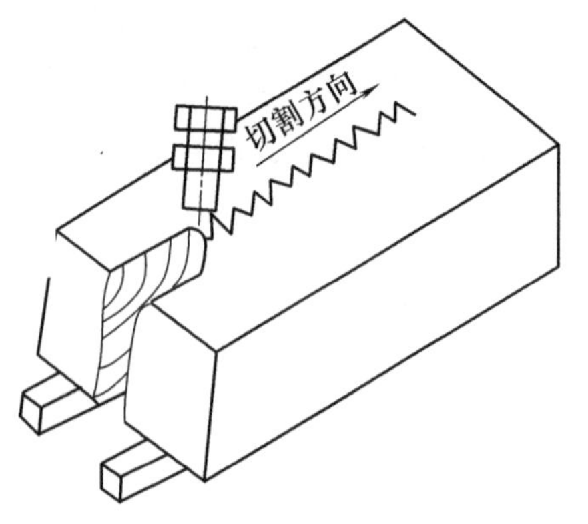

图 2-34　割嘴沿切割方向横向摆动示意图

在整个切割过程中，割炬运行要均匀，割嘴离割件表面的距离应保持不变。在切割较长的割件时，每割 300～500mm 时需移动操作位置，并应先关闭切割氧气手轮，将割炬火焰离开割件，移动身体位置后再将割嘴对准切割处并适当预热，然后缓慢打开切割氧继续向前切割。

切割临近终点时，割嘴应沿切割方向略向后倾斜一定角度，以利于割件下面

提前割透，保证收尾时的切口质量。停割后，要仔细清除切口边缘的挂渣，便于以后的加工。气割结束时，应先关闭切割氧气手轮，再关闭乙炔手轮和预热氧气手轮。如果停止工作时间较长，应旋松氧气减压器，再关闭氧气瓶阀和乙炔输送阀。如果遇到中厚钢板割不透时，允许停焊，并从割线的另一端重新开始起割。

在气割过程中割炬发生回火时，应先关闭乙炔开关，然后再关闭氧气开关，待火熄灭、割嘴不烫手时，方可重新进行气割。

2. 自动、半自动气割技术

利用自动、半自动气割机，同时使用两把或三把割炬，改变割炬的倾斜度，即可气割出多种形式的焊接坡口。

（1）单面V形坡口的气割　加工有钝边或无钝边V形坡口，可以选用两种方法进行。第一种方法是前面一把割炬垂直于割件表面，担负切割边料的作用；后一把割炬则向板内倾斜，担负坡口气割，割完后钝边处于板的下部，此种方法用于厚度不太大的板料切割。第二种方法是前面的割炬垂直于气割坡口的钝边，后面的割炬向板边倾斜，完成坡口的加工任务，割后钝边在板的上部。单面V形坡口的气割方法如图2-35所示。

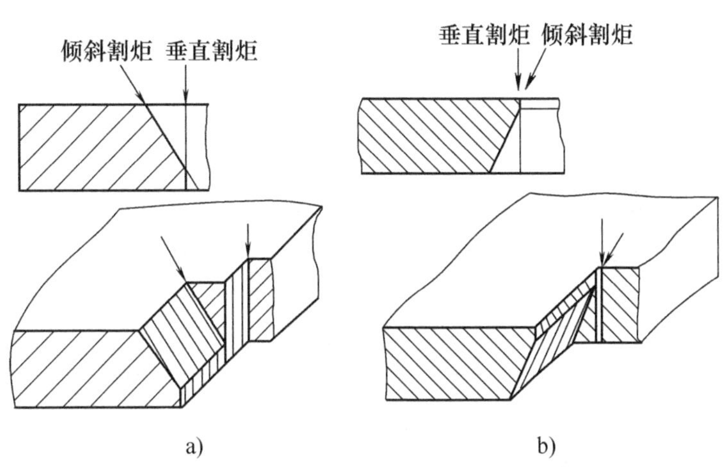

图2-35　单面V形坡口的气割方法

a）方法一　b）方法二

（2）双面V形坡口的气割　进行双面V形坡口的气割时，可采用两把或三把割炬同时进行，如图2-36所示。厚度$\delta \leqslant 50$mm的割件切割坡口时，三把割炬的安装方法是：割炬①向外倾斜，负责气割板料底面的坡口；割炬②垂直板料气割钝边；割炬③向割件内倾斜，可气割板料上的斜坡口面。当钢板厚度$\delta > 50$mm进行双面 V 形坡口气割时，三把割炬安装的倾斜位置不变，只是将割炬间的前后距离缩短。双面坡口气割时，割炬间前后距离与割件厚度的关系可见表 2-8。

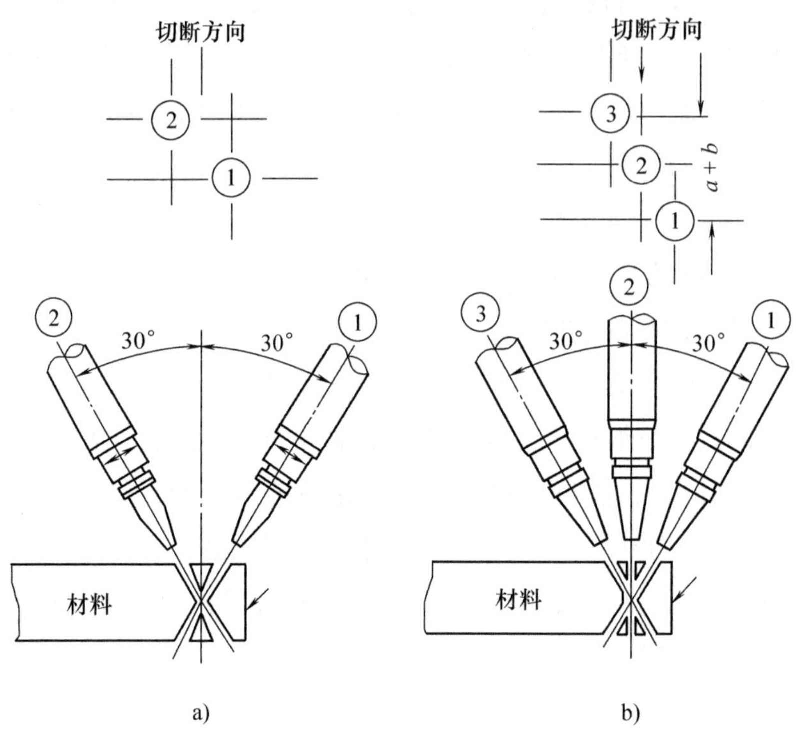

图 2-36　双面 V 形坡口气割

a）两把割炬双面 V 形坡口气割　b）三把割炬双面 V 形坡口气割

表 2-8　双面坡口气割时割炬间距与板厚的关系

板厚/mm		20	30	40	60	80	100
割炬间距/mm	a	10 ~ 12	8 ~ 10	0 ~ 2	0	0	0
	b	25	22	20	18	16	16

四、气割的评分标准

气割的评分标准见表 2-9。

五、想一想

1. 什么是气割？
2. 如何进行中厚板的气割？
3. 如何进行坡口的加工？

表 2-9　气割的评分标准

考核项目	考核内容	考核要求	配分	评分标准
安全文明生产	能正确执行安全技术操作规程	按达到规定的标准程度评定	5	根据现场纪律，视违反规定程度扣 1～5 分
	按有关文明生产的规定，做到工作地面整洁、割件和工具摆放整齐	按达到规定的标准程度评定	5	根据现场纪律，视违反规定程度扣 1～5 分
主要项目	割缝的断面	上边缘塌边宽度≤1mm	15	上边缘塌边宽度每超差 1mm 扣 2 分，塌边宽度 > 2mm 扣 10 分
		表面无刻槽	15	视情况扣 1～10 分
	割缝外部形状	割面垂直度≤2mm	15	割面垂直度 > 2mm 扣 10 分
		割面平面度≤1mm	15	割面平面度 > 1mm 扣 10 分
	割缝外部形状	割缝不能太宽	10	视情况扣 1～10 分
		无变形	10	视情况扣 1～10 分
		无裂纹	10	视情况扣 1～10 分

工程实例　奋斗者号

奋斗者号是拥有自主知识产权的全海深载人潜水器，由中国船舶七〇二所牵头，蛟龙号、深海勇士号载人潜水器的研发力量为主的科研团队承担，近百家科研院所、高校、企业的近千名科研人员，经过艰苦攻关，历时 4 年多研制完成。2020 年 11 月 10 日 8 时 12 分，奋斗者号在马里亚纳海沟成功坐底，坐底深度 10909m，刷新中国载人深潜的新纪录。2020 年 11 月 28 日，习近平致信祝贺“奋斗者”号全海深载人潜水器成功完成万米海试并胜利返航。奋斗者号最核心的载人舱球壳采用高强度高韧性的钛合金材料制成，壁厚 105mm，直径 2m，重达 6t，由我国自主研发制造。载人舱球壳用的是国际先进的真空电子束焊接方法，一次焊接成形。载人舱的选材决定了其焊接工艺要求极高、难度极大，在世界上首次应用此类技术一次性成功完成半球赤道缝焊接，突破了高强高韧钛合金材料的特殊焊接工艺，焊接质量满足技术指标要求。

习近平致“奋斗者”号全海深载人潜水器成功完成万米海试并胜利返航的贺信

值此“奋斗者”号全海深载人潜水器成功完成万米海试并胜利返航之际，谨向你们致以热烈的祝贺！向所有致力于深海装备研发、深渊科学研究的科研工作者致以诚挚的问候！

“奋斗者”号研制及海试的成功，标志着我国具有了进入世界海洋最深处开展科学探索和研究的能力，体现了我国在海洋高技术领域的综合实力。从“蛟龙”号、“深海勇士”号到今天的“奋斗者”号，你们以严谨科学的态度和自立自强的勇气，践行“严谨求实、团结协作、拼搏奉献、勇攀高峰”的中国载人深潜精神，为科技创新树立了典范。希望你们继续弘扬科学精神，勇攀深海科技高峰，为加快建设海洋强国、为实现中华民族伟大复兴的中国梦而努力奋斗，为人类认识、保护、开发海洋不断作出新的更大贡献！

习近平

2020年11月28日

实训任务书

一、实训课题

薄板气焊平敷焊

二、实训目的

掌握薄板气焊的操作技术，能够正确地调节中性焰、碳化焰、氧化焰，掌握气焊平敷焊的焊接操作技术，熟练按照评分要求进行自评和问题分析。

三、实训学时

2 学时。

四、实训准备

1）乙炔气瓶、氧气瓶、射吸式焊炬。

2）火焰调节。

五、实训步骤与内容

1）氧乙炔火焰的调节。

2）焊炬和焊丝的运动。

六、操作技术要点

1）焊炬和焊丝的移动要配合好，焊道的宽度、高度和笔直度必须均匀整齐，表面的波纹要规则整齐，没有焊瘤、凹坑、气孔等缺陷。

2）焊缝边缘和母材要圆滑过渡。

七、得分及完成情况分析

操作规范得分	外观得分

完成情况分析：

实训任务书

一、实训课题

薄板气焊平对接焊

二、实训目的

掌握薄板气焊平对接焊的操作技术，掌握薄板气焊平对接焊的焊接操作技术，焊缝不要过高、过低、过宽、过窄，熟练按照评分要求进行自评和问题分析。

三、实训学时

2 学时。

四、实训准备

1）乙炔气瓶、氧气瓶、射吸式焊炬。

2）火焰调节。

3）将焊件表面的氧化皮、铁锈、油污、脏物用钢丝刷、砂布或砂纸的方法进行清理，使焊件露出金属光泽。

4）正确组对装配，预留反变形。

五、实训步骤与内容

1）定位焊。

2）焊缝焊接。

六、操作技术要点

1）焊炬和焊丝的移动要配合好，焊道的宽度、高度和笔直度必须均匀整齐，表面的波纹要规则整齐，没有焊瘤、凹坑、气孔等缺陷。

2）通过改变焊炬角度、高度和焊接速度，控制熔池大小。

七、得分及完成情况分析

操作规范得分	外观尺寸得分	外观质量得分

完成情况分析：

实训任务书

一、实训课题

气焊管对接焊

二、实训目的

掌握气焊管对接焊的操作技术，焊缝不要过高、过低、过宽、过窄，熟练按照评分要求进行自评和问题分析。

三、实训学时

2 学时。

四、实训准备

1）20 钢管，ϕ57mm×3.5mm，l=160mm，60°V 形坡口。

2）将焊件表面的氧化皮、铁锈、油污、脏物用钢丝刷、砂布或砂纸方法进行清理，使焊件露出金属光泽。

3）正确组对装配，预留反变形。

五、实训步骤与内容

1）钢管水平转动气焊。

2）钢管垂直固定气焊。

3）钢管水平固定气焊。

六、操作技术要点

根据管壁的厚度和熔池形状变化情况，可以适当调节和灵活掌握，以保持不同位置时熔池的形状，使之既熔透又不至于过烧和烧穿。

七、得分及完成情况分析

操作规范得分	外观尺寸得分	外观质量得分

完成情况分析：

实训任务书

一、实训课题

非铁金属的气焊技能训练

二、实训目的

掌握非铁金属的气焊的操作技术，实现有色金属气焊，熟练按照评分要求进行自评和问题分析。

三、实训学时

2 学时。

四、实训准备

1）焊材：铝板和纯铜管。

2）将焊件表面的氧化皮、油污、脏物用钢丝刷、砂布或砂纸方法进行清理，使焊件露出金属光泽。

3）正确组对装配，预留反变形。

五、实训步骤与内容

1）导电铝排的气焊。

2）ϕ57mm ×4mm 纯铜管的气焊。

六、操作技术要点

1）保证铝材料焊缝金属致密无缺陷。

2）气焊时，用气焊火焰加热焊丝，蘸上熔剂，用严格的中性焰进行定位焊。

七、得分及完成情况分析

操作规范得分	外观尺寸得分	外观质量得分

完成情况分析：

实训任务书

一、实训课题

气割技能训练

二、实训目的

熟悉气割的过程，掌握气割的基本操作技术，尤其是中厚板的切割技术，能够用气割法为待焊焊件制备坡口的方法，能够实现中厚板的切割。

三、实训学时

2 学时。

四、实训准备

1）设备与工具：乙炔气瓶、氧气瓶、射吸式焊炬。

2）将割件表面的氧化皮、铁锈、油污、脏物用钢丝刷、砂布或砂纸方法进行清理，使割件露出金属光泽。

五、实训步骤与内容

1）气割前要仔细检查工作场地是否符合安全要求，整个切割系统的设备是否能正常工作，若有故障应及时排除。

2）对割件表面的油污、氧化皮等应清除干净。

3）调节氧气和乙炔阀门压力，使其达到要求。

4）气割操作。

六、操作技术要点

在气割过程中割炬发生回火时，应先关闭乙炔开关，然后再关闭氧气开关，待火熄灭后，割嘴不烫手时方可重新进行气割。

七、得分及完成情况分析

操作规范得分	外观尺寸得分	外观质量得分

完成情况分析：

第三单元 焊条电弧焊

知识目标

1）了解焊接电弧的引燃要求和熔滴的过渡形式。

2）掌握焊条、焊丝的工艺参数以及药皮成分。

能力目标

1）学会选用焊条、焊丝、调节焊接参数。

2）掌握焊接过程中所出现的反应，找出合理实用的解决方法。

3）掌握V形坡口对接立焊单面焊双面成形的操作技术。

4）熟练掌握板对接、管对接技术。

素养目标

遵守职业规范，培养学生预防和解决质量问题的能力，具备较高的工作责任感、细致的工作作风，从而焊出高质量的焊缝。

项目一 平敷焊

企业场景

管道是用管子、管子连接件和阀门等连接成的用于输送气体、液体或带固体颗粒的流体的装置。煤气管道，是用于运输煤气的管道，大多敷设在地下。城市煤气管网犹如城市的“血脉”，保障管网的安全运行至关重要。煤气管道一般由Q235钢制作，由于这种钢含碳量低，锰、硅含量也少，因此通常情况下不会因焊接而产生严重的硬化组织或淬火组织。焊接时，一般不需采取特殊的工艺措施，焊接性能优良，通常采用焊条电弧焊焊接。图 3-1 所示为煤气管道。

图 3-1　煤气管道

焊条电弧焊基本知识

一、学习目标

本项目主要要求在学习过程中能够正确使用焊接设备及工具，掌握焊条电弧焊焊接过程中的引弧、起头、运条、接头、收尾等基本操作技术，并且掌握平敷焊技术，使焊缝的高度和宽度符合要求，焊缝表面均匀，无缺陷。

二、准备

知识的准备

平敷焊是在平焊位置上堆敷焊道的一种焊接操作方法。通过平敷焊的练习，要熟练掌握电弧焊操作的各种基本动作和焊接参数的选择，熟悉焊机和常用工具的使用方法，为以后学习各种操作技能打下坚实的基础。

1. 焊接设备

ZX7-400 型弧焊整流器属于晶闸管整流式，其外形和外部接线如图 3-2 所示。弧焊整流器的主要优点是结构简单、坚固、耐用、工作可靠、噪声小、维修方便、效率高。与电子控制的弧焊电源比较，由于它不是采用电子电路进行控制和调节，

可调节的焊接参数少，调节不够灵活，也不够精确，焊接电流受网路电压波动影响较大，功率因数低，因此只能用在一般质量产品的焊接中。

注意事项：

1）为了延长弧焊电源的使用寿命，调节电流时应在空载状态下进行，调节极性时应在焊接电源未闭合状态下进行。焊接电流的粗调节应在切断电源的情况下进行，以防触电。

2）焊机上的电流值精度较差，使用时只能作为参考，若要知道实际的焊接电流值，可借助电流表测试。

3）焊机的接线和安装应由电工负责，焊工不应自己动手操作。

4）经常保持焊接电缆与焊机接线柱的良好接触，松动时要及时拧紧。

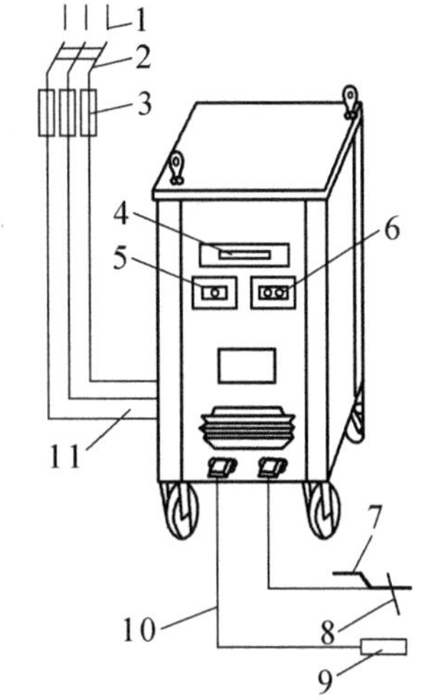

图 3-2　ZX7-400 型弧焊整流器的外形和外部接线

1—电源　2—开关　3—熔断器　4—电流表　5—电流调节器　6—电源开关　7—电焊钳　8—焊条　9—焊件　10—焊接电缆线　11—电源电缆线

5）当焊机发生故障时，应立即切断焊接电源，并及时进行检查与修理。

6）焊钳与焊件接触短路时，不得起动焊机，以免起动电流过大烧毁焊机。暂停工作时，不准将焊钳直接搁在焊件上。

7）工作结束或临时离开工作现场时，必须关闭焊机的电源。

2. 焊接工具及防护用品

（1）电焊钳　用于夹持焊条并把焊接电流传输至焊条进行电弧焊的工具，如图 3-3 所示。

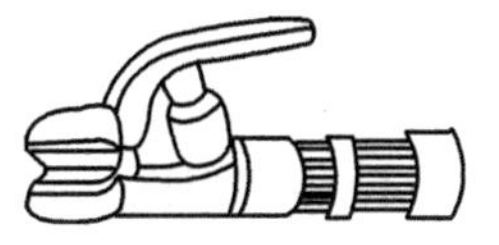

图 3-3　电焊钳

（2）焊接电缆线　用于传输电焊机和电焊钳、焊条与焊件之间电流的导线。

（3）面罩　用于防止焊接时的飞溅、弧光及熔池和焊件的高温灼伤焊工面部及颈部的一种遮蔽工具，有手持式和头戴式两种，如图 3-4 和图 3-5 所示。其正面开有长方形孔，内嵌白色玻璃和黑色滤光玻璃。

（4）其他辅助工具　有敲渣锤、錾子、锉刀、钢丝刷、焊条烘干箱、焊条保温筒等。

（5）焊缝检验尺　用以测量焊前焊件的坡口角度、装配间隙、错边及焊后焊缝的余高、焊缝宽度和角焊缝焊脚高度和厚度等。

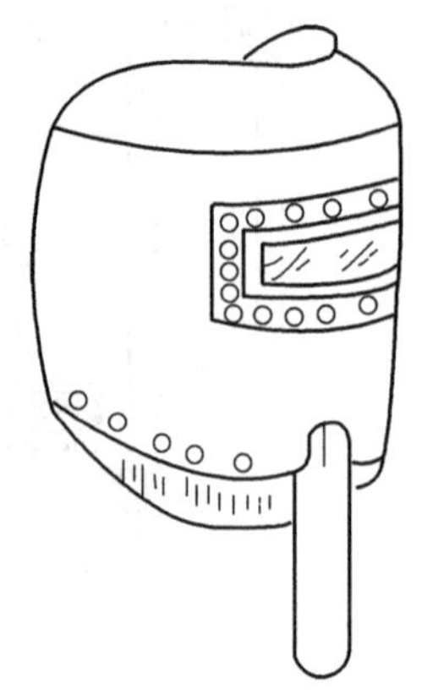
图 3-4　手持式电焊面罩

图 3-5　头戴式电焊面罩

操作的准备

1. 焊件的准备

1）板料 1 块，材料为 Q235 钢，每块板件的尺寸为 300mm × 200mm × 6mm，如图 3-6 所示。

2）清理板料范围内的油污、铁锈、水分及其他污染物，并清除毛刺。

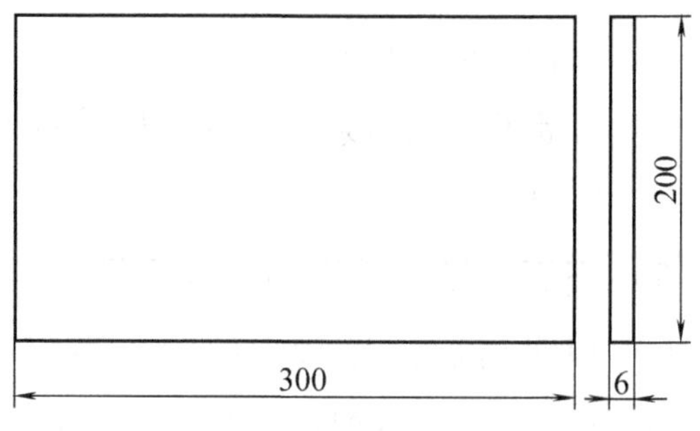

图 3-6　平敷焊技能训练试件图

2. 焊接材料

选择 E4303 焊条，焊条直径为 $\phi3.2$mm。

3. 焊接设备

ZX7-400B。

三、操作过程

1. 引弧

引弧是指在电弧焊开始时，引燃焊接电弧的过程。引弧的好坏，对接头质量以及产品质量都有重要的影响。根据操作手法，将引弧的方法分为以下两类。

（1）直击法　使焊条与焊件表面垂直地接触，当焊条的端部与焊件表面接触，即形成短路时，便迅速将焊条提起 2 ~ 4mm 距离，立即引燃电弧。直击法优点在于可用于难焊位置焊接，焊件污染少。其缺点是受焊条端部状况限制：用力

过猛时，药皮会大量脱落，产生暂时性偏吹，操作不熟练时易黏于焊接表面。操作时必须掌握好手腕上下动作的时间和距离，如图3-7所示。

（2）划擦法　动作似擦火柴，将焊条在焊件表面划擦一下，当电弧引燃后趁金属还没有开始大量熔化的一瞬间，立即使焊条末端与被焊表面的距离维持在2～4mm的距离，电弧就能稳定地燃烧，如图3-8所示。

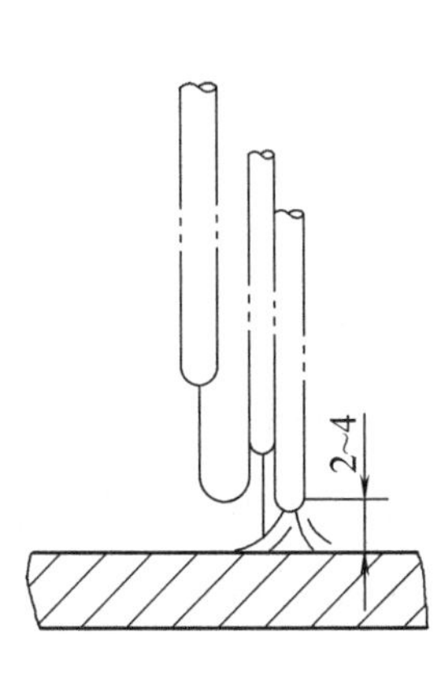

图3-7　直击法引弧

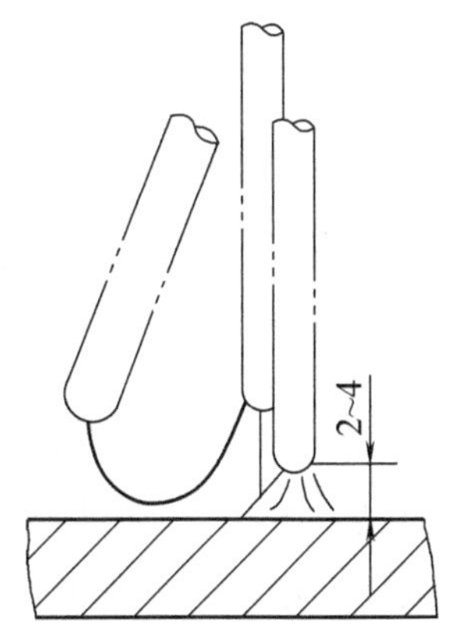

图3-8　划擦法引弧

这两种方法比较而言，划擦法比较容易掌握。由于手腕动作不熟练，或者是没有掌握好焊条离开焊件时的速度和距离，使得初学时，掌握直击法较难。如果动作较快，焊条提得太高，就不能使电弧持续引燃；如果动作太慢，焊条提得太低，就可能使焊条和焊件粘住，造成焊接回路的短路现象。

在引弧时，如果发生焊条和焊件黏在一起时，只要将焊条左右摇动几下，就可脱离焊件，如果这时还不能脱离焊件，就应立即将焊钳放松，使焊接回路断开，待焊条稍冷后再拆下。如果焊条粘住焊件的时间过长，则会因短路电流过大使电焊机烧坏，所以引弧时，手腕动作必须灵活和准确，而且要选择好引弧起始点的位置。

在使用碱性焊条时一般采用划擦法，这是由于直击法引弧易产生气孔。焊接时，引弧点应选在离焊缝起点8～10mm的焊缝上，待电弧引燃后，再引向焊缝起点进行施焊。这样可以避免在焊缝起点产生气孔，并因再次熔化引弧点而将已产生的气孔消除。

2. 运条

（1）运条的基本动作　运条是在焊接过程中，焊条相对焊缝所做的各种动作的总称。当电弧引燃后，焊条要有三个基本方向上的动作，才能使焊缝良好地成形。这三个方向上的运动是：朝着熔池方向逐渐送进动作；横向摆动；沿焊缝移动，如图 3-9 所示。正确运条是保证焊缝质量的基本因素之一，因此每个焊工都必须掌握好运条这项基本功。

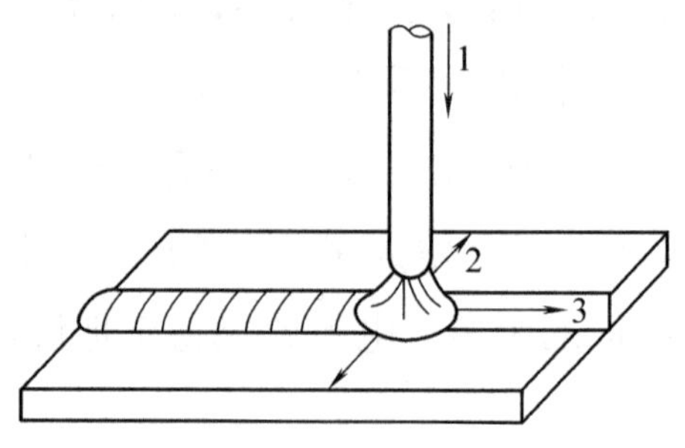

图 3-9　焊条的三个基本运动方向

1—焊条送进　2—焊条摆动　3—沿焊缝移动

1）焊条沿轴线向熔池方向送进。朝着熔池方向逐渐送进主要用来维持所要求的电弧长度。因此焊条送进的速度应该与焊条熔化的速度相适应。如果焊条送进的速度小于焊条熔化的速度，则电弧的长度将逐渐增加，导致断弧；如果焊条送进速度太快，则电弧长度迅速缩短，使焊条末端与焊件接触而发生短路，同样会使电弧熄灭。

2）焊条的横向摆动。焊条的横向摆动主要为了获得一定宽度的焊缝，其摆动范围与焊缝要求的宽度、焊条的直径有关，其摆动幅度应根据焊缝宽度与焊条直径决定。横向摆动力求均匀一致，才能获得宽度整齐的焊缝。正常的焊缝宽度一般为焊条直径的 2 ~5 倍。

3）焊条沿焊缝移动。此动作使焊条熔敷金属与熔化的母材金属形成焊缝。焊条的这个移动速度，对焊缝的质量也有很大的影响。移动速度太快，则电弧来不及熔化足够的焊条和母材，造成焊缝断面太小及形成未熔合等缺陷。如果速度太慢，则熔化金属堆积过多，加大了焊缝的断面，降低了焊缝的强度，在焊较薄焊件时容易焊穿。移动速度必须适当，才能使焊缝均匀。

（2）运条方法　运条的方法很多，选用时应根据接头的形式、装配间隙、焊缝的空间位置、焊条直径与性能、焊接电流及焊工技术水平等方面而定。常用的运条方法及适用范围参见表 3-1。

表 3-1　常用运条方法及适用范围

运条方法	运条示意图	适用范围
直线形运条法		① 3 ~ 5mm 厚焊板 I 形坡口对接平焊 ② 多层焊的第一层焊道 ③ 多层多道焊
直线往返形运条法		① 薄板焊 ② 对接平焊（间隙较大）

（续）

运条方法		运条示意图	适用范围
锯齿形运条法			① 对接接头（平焊、立焊、仰焊） ② 角接接头（立焊）
月牙形运条法			同锯齿形运条法
三角形运条法	斜三角形		① 角接接头（仰焊） ② 对接接头（开 V 形坡口横焊）
	正三角形		① 角接接头（立焊） ② 对接接头
圆圈形运条法	斜圆圈形		① 角接接头（平焊、仰焊） ② 对接接头（横焊）
	正圆圈形		对接接头（厚焊件平焊）
八字形运条法			对接接头（厚焊件平焊）

3. 平敷焊操作

按表 3-2 所示的平敷焊的焊接参数调整好焊机。引弧前将焊件放稳定，然后在焊板上引弧进行平敷焊。

表 3-2　平敷焊焊接参数

名　称	运条方式	焊接电流/A	电弧电压/V
平敷焊	直线运动	90～110	21～23

焊接操作时，焊工左手持面罩，右手握焊钳，如图 3-10 所示。

焊条工作角（焊条轴线在和焊条前进方向垂直的平面内的投影与焊件表面间的夹角）为 90°。焊条前倾角 10°～20°（正倾角表示焊条向前进方向倾斜，负倾角表示焊条向前进方向的反方向倾斜），如图 3-11 所示。

在直线移动平敷焊过程中，一要严格控制焊条的倾斜角度，使其保持不变。平敷焊时，要视熔孔直径的变化调整焊条移动速度，注意使熔孔直径保持不变，保证焊缝成形均匀。二要严格控制焊条的操作角度和电弧长度。

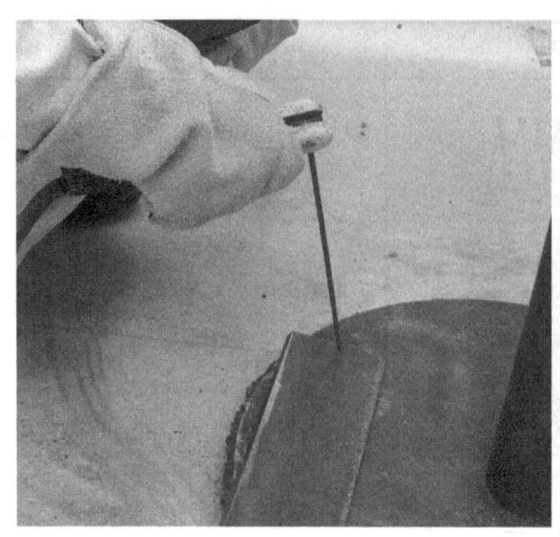

图 3-10 平敷焊实际操作

(1) 焊缝的起头 起头时焊件温度较低，所以起点处熔深较浅。可在引弧后先将电弧稍微拉长，对起头处预热，然后再适当缩短电弧进行正式焊接。

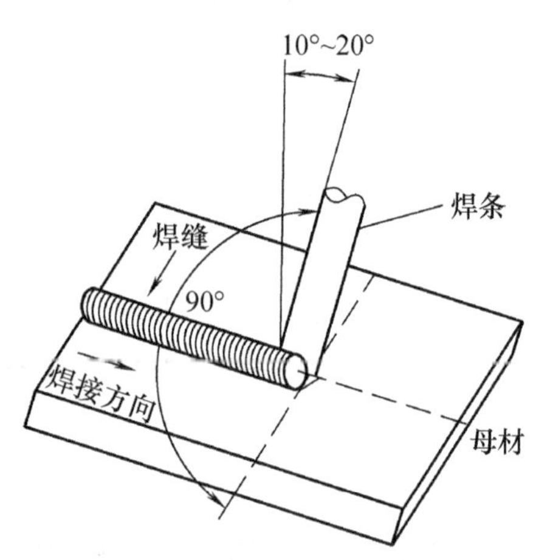

图 3-11 平敷焊的焊条角度

(2) 运条 平敷焊在练习时，焊条可不进行横向摆动。电弧长度通常为 3～4mm，碱性焊条较酸性焊条弧长要短些。

(3) 焊缝的连接 焊缝连接一般有四种方式，如图 3-12 所示。尾头相接是从先焊焊缝尾部接头的连接形式，这种接头形式应用最多。接头时在先焊焊缝尾部前方约 1mm 处引弧，弧长比正常焊接时稍长些（碱性焊条不可拉长，否则易产生气孔），待金属开始熔化时，将焊条移至弧坑前 2/3 处，填满弧坑后即可向前正常焊接（图 3-13）。头头相接是从先焊焊缝起头处续焊接头的连接方式。这种接头方式要求先焊焊缝的起头处要略低些，接头时从先焊焊缝的起头略前处引弧，并稍微拉长电弧，将电弧拉到起头处，并覆盖其端头，待起头处焊平后再向焊缝相反的方向移动，如图 3-14 所示。

尾尾相接就是后焊焊缝从接口的另一端引弧，焊到前焊缝的结尾处。焊至结尾处时焊接速度减慢些，以填满弧坑，然后以较快的焊接速度再向前焊一小段，熄弧，如图 3-15 所示。

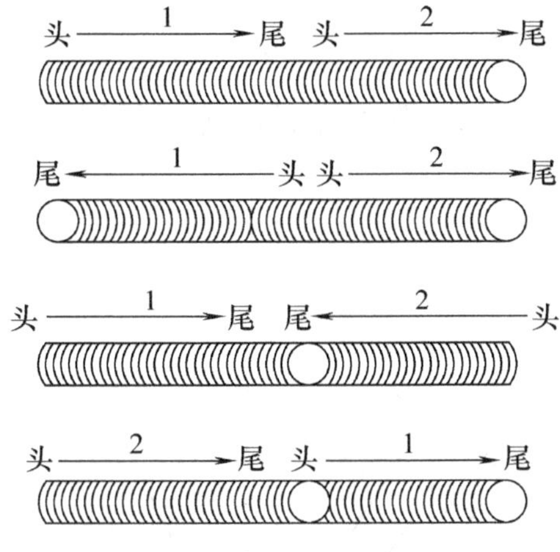

图 3-12　焊缝的连接方式

1—先焊焊缝　2—后焊焊缝

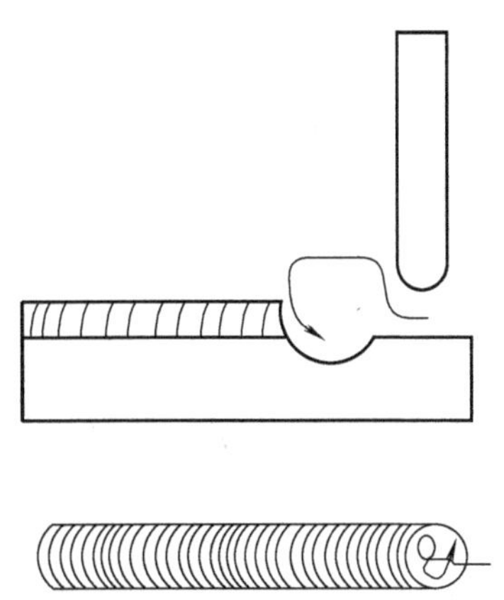

图 3-13　从先焊焊缝末尾处接头的方法

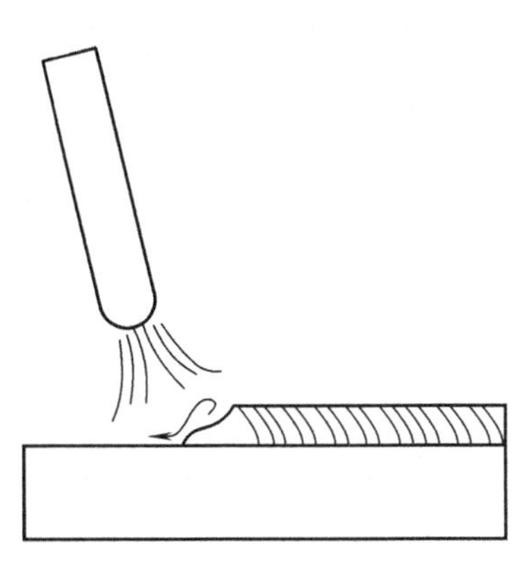

图 3-14　从先焊焊缝起头处接头的方法

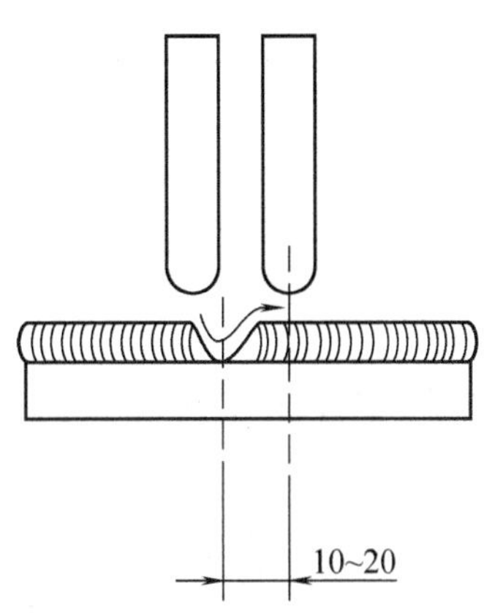

图 3-15　焊缝接头的熄弧

首尾相接是后焊焊缝的结尾与先焊焊缝的起头相连接，利用结尾时的高温重复熔化先焊焊缝的起头处，将焊缝焊平后快速收尾。

（4）焊缝的收尾　焊缝的收尾是指一条焊缝结束时如何收弧。焊接时由于电弧的吹力，熔池呈凹坑状，如收尾时立即拉断电弧，则会产生一个低于焊缝表面甚至焊件平面的弧坑，使收尾处强度降低，并容易产生应力集中而形成弧坑裂纹。因此收尾动作不仅是熄弧，还要填满弧坑。常用的收尾方法有以下三种。

1）划圈收尾法。焊条移至焊缝终点时，利用手腕动作使焊条尾端做圆圈运动，直到填满弧坑后再拉断电弧。此法适用于厚板焊接，对于薄板则容易烧穿。

2）反复断弧收尾法。焊条移至焊缝终点时，反复在弧坑处熄弧—引弧—熄弧多次，直至填满弧坑，如图 3-16 所示。此法适用于薄板和大电流焊接，但碱性焊条不宜采用，否则易出现气孔。

3）回焊收尾法。焊条移至焊缝收尾处即停止，但不熄弧，适当改变焊条角度，如图3-17所示，焊条由位置1转到位置2，填满弧坑后再转到位置3，然后慢慢拉断电弧。碱性焊条常用此法熄弧。

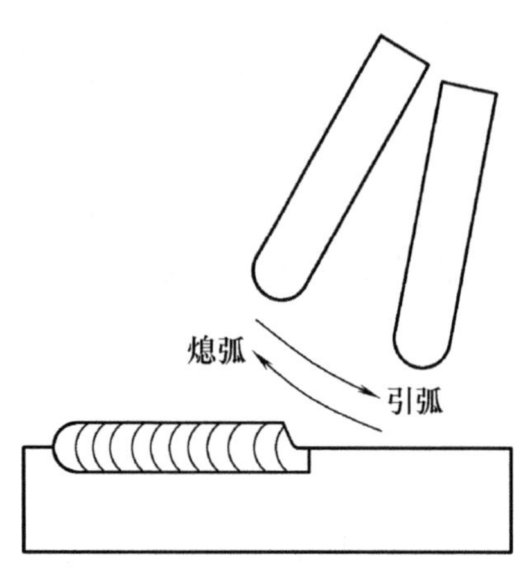

图3-16 反复断弧收尾法

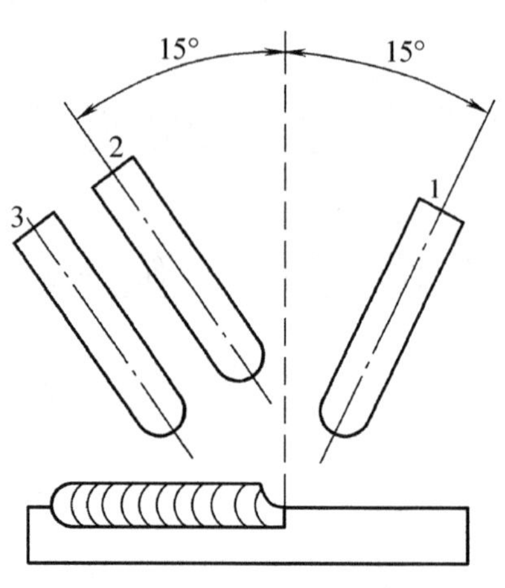

图3-17 回焊收尾法

四、平敷焊的评分标准

平敷焊的评分标准见表3-3。

表3-3 平敷焊的评分标准

考核项目	考核内容	考核要求	配分	评分标准
安全文明生产	能正确执行安全技术操作规程	按达到规定的标准程度评定	20	根据现场纪律，视违反规定程度扣1~20分
	按有关文明生产的规定，做到工作地面整洁、焊件和工具摆放整齐		20	根据现场纪律，视违反规定程度扣1~20分
主要项目	焊缝的外形	焊缝表面无气孔、夹渣、焊瘤、裂纹、未熔合	30	焊缝表面有气孔、夹渣、焊瘤、裂纹、未熔合其中一项扣1~30分
	焊缝的表面质量	焊缝表面成形：波纹均匀、焊缝平直	30	视波纹不均匀、焊缝不平直扣1~30分

五、想一想

1. 焊条电弧焊的引弧有几种方法?

2. 常用运条方法有哪些？适用于哪些焊接操作？

3. 焊缝的连接方法有哪几种？

4. 如何进行焊缝收尾？

项目二　平　焊

任务一　平对接焊

一、学习目标

本项目主要要求在学习过程中掌握灭弧焊和连弧焊两种操作手法，掌握 I 形坡口平对接焊和 V 形坡口平对接焊单面焊双面成形基本技能，能实现 I 形坡口和 V 形坡口的平对接焊。

二、准备

知识的准备

1. 焊接电源极性

选用弧焊电源：如果使用酸性焊条，可选用交流或直流弧焊电源；如果使用碱性焊条，则必须选用直流弧焊电源。在使用直流弧焊电源时，应该考虑选择电源极性的问题。

焊接电源的极性有正极性和反极性两种。所谓正极性，就是焊件接电源正极，电极（焊钳）接电源负极的接线法，正极性也称正接。反极性就是焊件接电源负极，电极接电源正极的接线法，反极性也称反接。对于交流弧焊机，由于电源的极性是交变的，所以不存在正极性和反极性。图 3-18 所示为焊接电源极性。

焊接电源的极性主要根据焊条的性质和焊件所需的热量来选用。因此，在使用酸性焊条（E4303 型等）时，常用直流正极性焊接较厚的钢板，以获得较大的熔深；采用反极性焊接薄钢板，可以防止烧穿。若酸性焊条采用交流弧焊机时，其熔深则介于直流正极性和反极性之间。

使用碱性低氢钠型（E5015 型）焊条时，无论焊件是板薄还是板厚，均采用直流反接，因为这样可以减少飞溅现象与气孔倾向，并使电弧稳定燃烧。

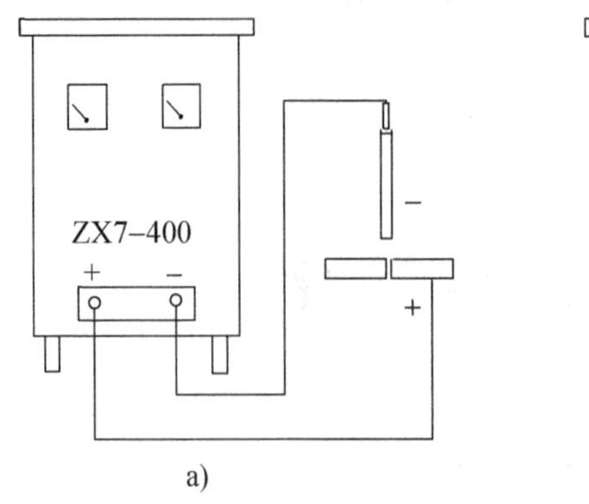

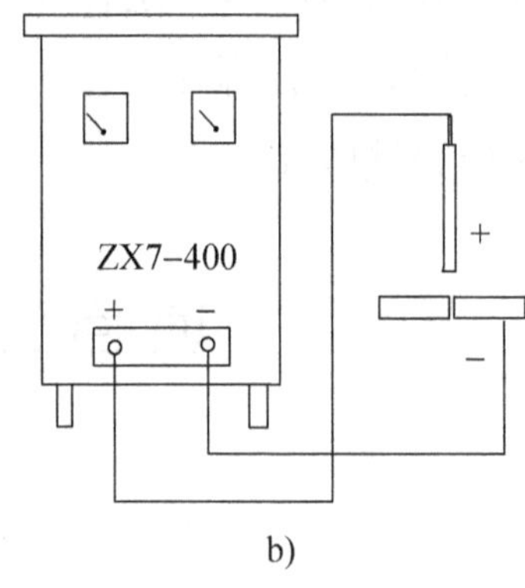

图 3-18　焊接电源极性

a）直流正接　b）直流反接

2. 电弧偏吹

1）在焊接过程中，因焊条偏心、气流干扰和磁场作用，会使焊接电弧的中心偏离焊条轴线，这种现象称为电弧偏吹。

① 焊条偏心的影响。主要是焊条的质量问题，因焊条药皮厚薄不均匀，燃烧时药皮熔化不均，电弧偏向药皮薄的一侧，形成偏吹，如图 3-19 所示。

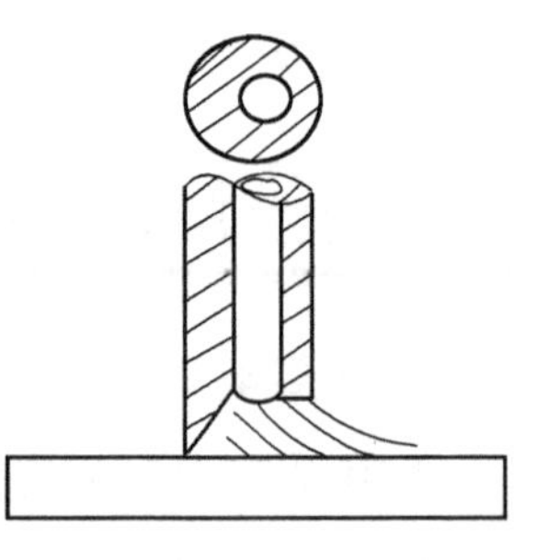

图 3-19　焊条偏心度过大引起电弧偏吹

② 气流的影响。气体的流动将会使电弧偏离焊条轴线方向，特别是大风中或狭小通道内的焊接作业，空气的流速快，会造成电弧的偏吹。

③ 磁场的影响。在使用直流弧焊机施焊过程中，常会因焊接回路中产生的磁场在电弧周围分布不均引起电弧偏向一边，形成的这种偏吹称为磁偏吹。

以上三种因素能导致电弧偏吹，在生产过程中哪种因素的影响更大些呢？图 3-20所示为电弧偏吹分析图。

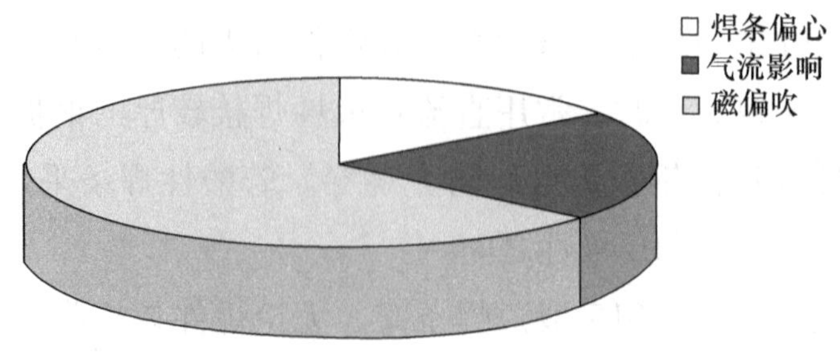

图 3-20　电弧偏吹分析图

由图 3-20 可得出结论：磁偏吹是产生电弧偏吹的主要因素，其他为一般因素。

2）造成磁偏吹的原因（图 3-21）主要有下列几种。

① 连接焊件的地线位置不正确，使电弧周围磁场分布不均，电弧会向磁力线稀疏的一侧偏吹。

② 电弧附近有铁磁物质存在，电弧将偏向铁磁物质一侧，引起偏吹。

③ 在焊件边缘处施焊，使电弧周围的磁场分布不平衡，也会产生电弧偏吹，一般在焊接焊缝起头、收尾时容易出现。

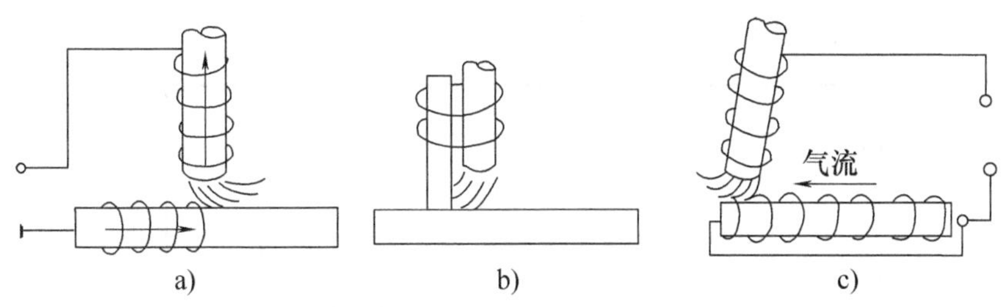

图 3-21　造成磁偏吹的原因

a）接地线位置不正确　b）铁磁物质对电弧偏吹的影响　c）在焊件边缘施焊的电弧偏吹

总之，只有使用直流弧焊机时才产生电弧磁偏吹，且焊接电流越大，偏吹现象越严重。交流焊接电源一般不会产生明显的磁偏吹现象。

3）克服电弧偏吹的措施如下：

① 在条件许可的情况下，尽可能使用交流弧焊电源焊接。

② 室外作业可用挡板遮挡大风或“穿堂风”，以对电弧进行保护。

③ 将连接焊件的地线同时接于焊件两侧，可以减小磁偏吹。

④ 适当调整焊条角度，使焊条向偏吹一侧倾斜，此法在工作中较为有效。此外，采用小电流和短弧焊接，对克服电弧偏吹也能起一定作用。

平焊时焊条熔滴受重力的作用过渡到熔池，其操作相对容易。但如果焊接参数不合适或操作不当，容易在根部出现未焊透，或出现焊瘤。当运条和焊条角度不当时，熔渣和熔池金属不能良好分离，容易引起夹渣。

板厚小于 6mm 时，一般采用不开坡口（或开 I 形坡口）对接焊；板厚大于 6mm 时，为保证焊透，应采用开 V 形或 X 形等坡口形式对接，进行多层焊和多层多道焊。

开坡口的目的是为保证电弧能深入到焊缝根部使其焊透，并获得良好的焊缝成形，以及便于清渣。对于合金钢来说，坡口还能起到调节母材金属和填充金属比例的作用。对接接头常用的坡口形式有 I 形、Y 形、带钝边 U 形等。

操作的准备

1. 焊前的准备

1）板料 2 块，材料为 Q235 钢，两块板料的尺寸为 300mm × 100mm × 6mm，进行 I 形坡口对接焊，如图 3-22a 所示。

2）板料 2 块，材料为 Q235 钢，两块板料的尺寸为 300mm × 100mm × 12mm，进行 V 形坡口对接焊，如图 3-22b 所示。

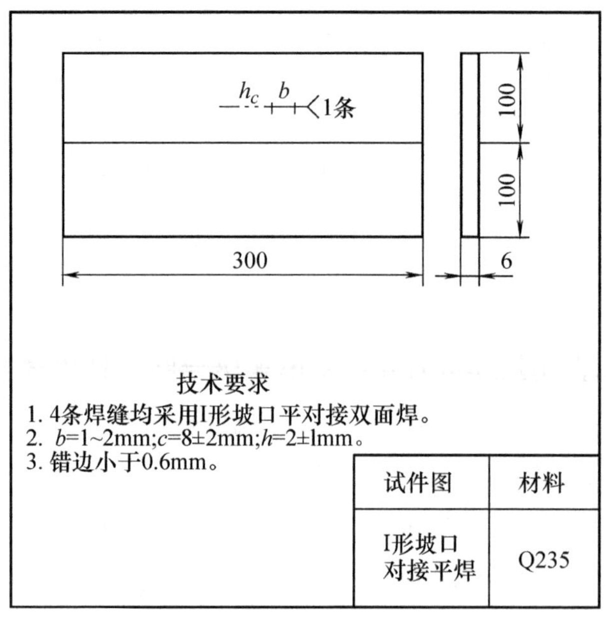

a)

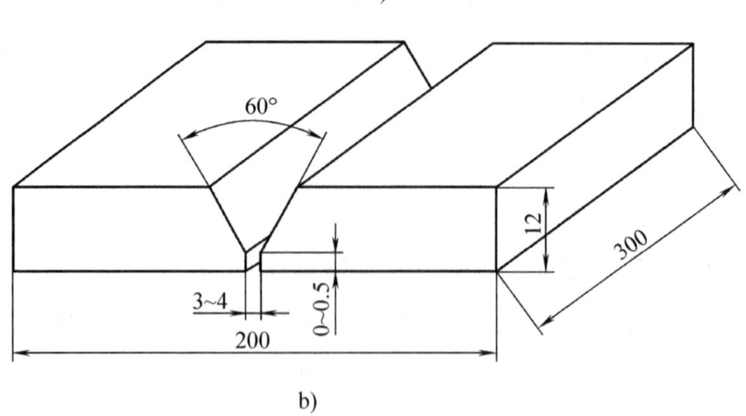

b)

图 3-22　备料图

a）I 形坡口对接平焊试件图　b）V 形坡口对接平焊试件图

3）清理板料范围内的油污、铁锈、水分及其他污染物，并清除毛刺。

4）选择 E4303 焊条，焊条直径为 ϕ3.2mm 和 ϕ4.0mm。

2. 焊接设备

整流弧焊电源 ZX7-400B。

三、操作过程

1. 操作示意图

平对接焊实际操作如图 3-23 所示。

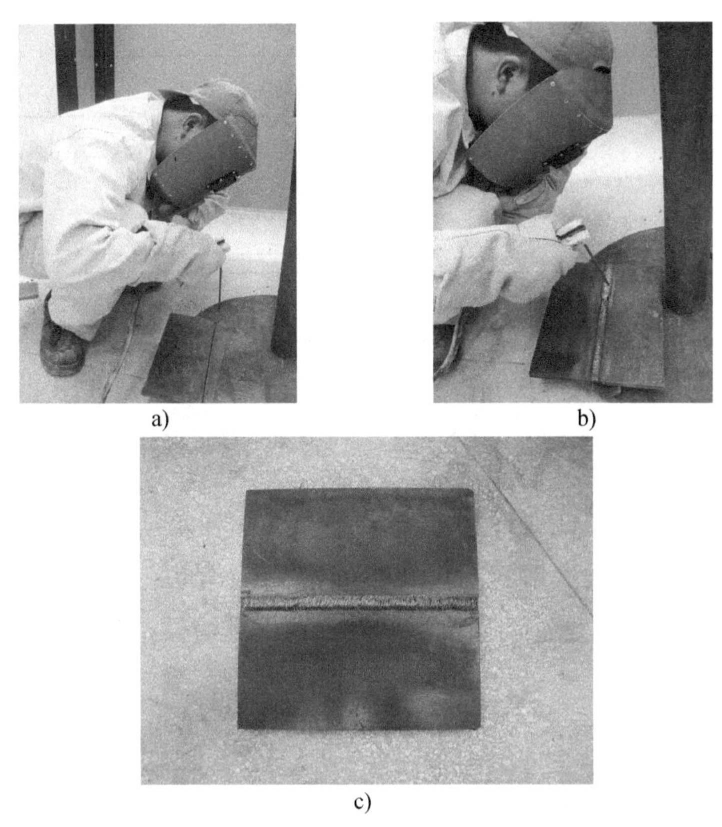

a)　b)　c)

图 3-23　平对接焊实际操作

2. 6mm 钢板 I 形坡口对接焊

（1）装配及定位焊　焊件装配时应保证两板对接处平齐，板间应留有 1～2mm 间隙，错边量≤0.6mm。

定位焊缝长度为 10mm。定位焊的起头和收尾应圆滑过渡，以免正式焊接时焊不透。定位焊有缺陷时应将其清除后重新焊接，以保证焊接质量。定位焊的电流比正式焊接大些，通常大 10%～15%，以保证焊透，且定位焊焊缝的余高应低些，以防止正式焊接后余高过高。

（2）焊接操作　焊缝的起点、连接、收尾与平敷焊相同。

焊接时，首先进行正面焊，采用直线运条法，选用 ϕ3.2mm 焊条，焊接参数见表 3-4。为获得较大熔深和焊缝宽度，运条速度应稍慢些，使熔深达到板厚的2/3，焊缝宽度为 5～8mm，余高小于 1.5mm，如图 3-24 所示。

表 3-4　I 形坡口对接平焊焊接参数

焊接层次	焊条直径/mm	焊接电流/A	电弧电压/V
正面（1）	3.2	100～130	22～24
正面（2）	4.0	140～160	22～26
背面（1）	4.0	140～160	22～26

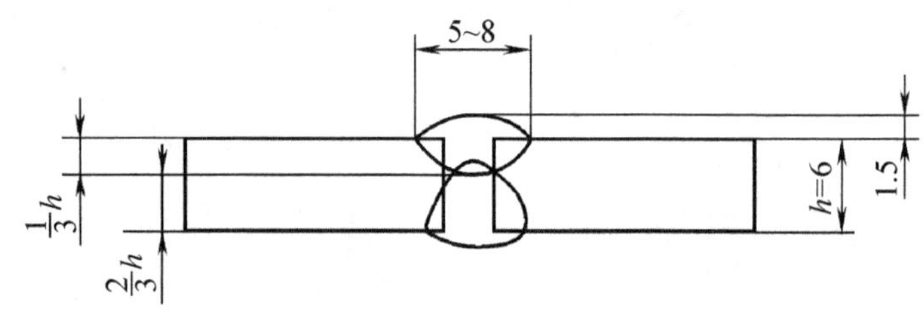

图 3-24　I 形坡口对接焊缝的外形尺寸

清理焊渣后，进行正面盖面焊。采用 ϕ4.0mm 焊条适当加大电流焊接，焊条角度如图3-25所示，如发现熔渣与熔化金属混合不清时，可把电弧稍拉长些，同时增大焊条前倾角，并向熔池后面推送熔渣，这样熔渣被推到熔池后面（图 3-26），可防止产生夹渣缺陷。

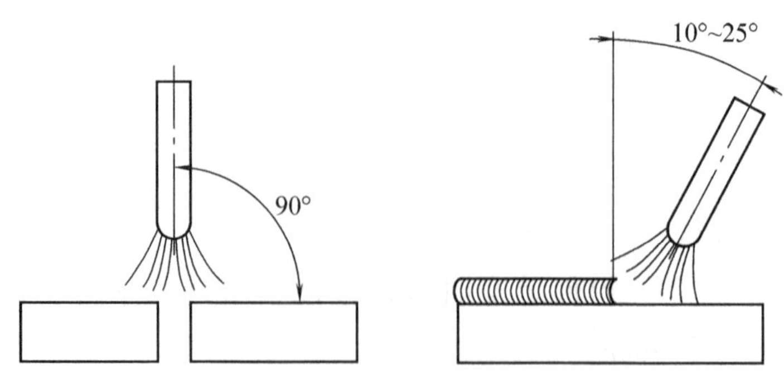

图 3-25　焊条角度

反面封底焊，焊前先清除焊根焊渣，但对于不重要的焊件反面的封底，焊缝

可不必铲除焊根，但应将正面焊缝下面的焊渣彻底清除干净，适当增大焊接电流，运条稍快。

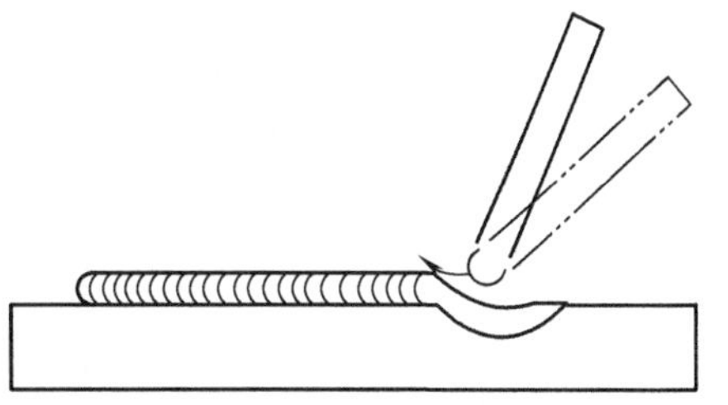
图 3-26　推送熔渣的方法

3. 12mm 板 V 形坡口平对接焊

（1）装配与定位焊

1）装配要求。起始端间隙为 3.2mm，末端间隙为 4.0mm，预留反变形量 3°，错边量 ≤1.2mm。

反变形量获得的方法是：两手拿住其中一块钢板的两边，轻轻磕打另一块钢板，如图 3-27 所示。

装配时可分别将直径 3.2mm 和 4.0mm 的焊条夹在试件两端，用一直尺搁在被置弯的试件两侧，中间的空隙能通过一根带药皮的焊条，如图 3-28 所示（钢板宽度为 100mm 时，放置直径 3.2mm 焊条；宽度为 125mm 时，放置直径 4.0mm 焊条）。这样预置反变形量待试件焊后其变形角均在合格范围内。

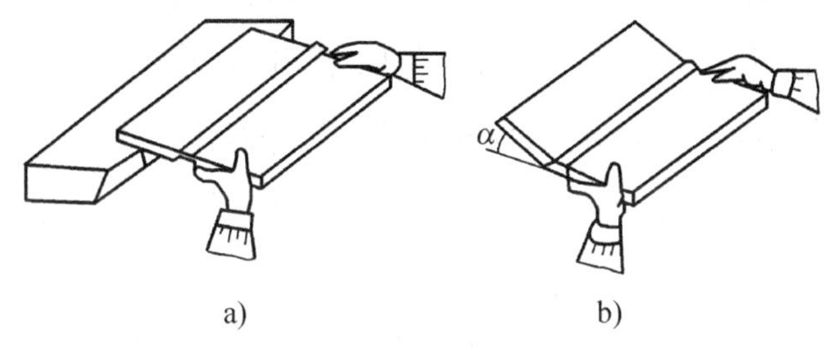

图 3-27　平板定位时预置反变形量
a）反变形量的获得　b）反变形角示意图

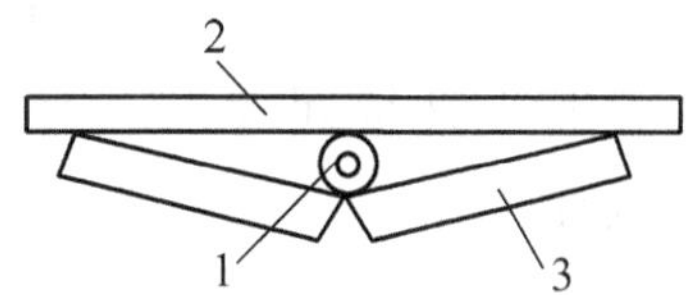

图 3-28　反变形量经验测定法
1—焊条　2—直尺　3—焊件

2）定位焊。采用与焊接试件相同牌号的焊条，将装配好的试件在端部进行定位焊，并在试件反面两端定位焊，焊缝长度为 10 ~ 15mm。始端可短些，终端应长一些，以防止在焊接过程中收缩，造成未焊段坡口间隙变窄，影响焊接。

（2）焊接　厚板焊接时应开坡口，以保证根部焊透。开 V 形坡口，采用多层焊。多层焊指熔敷两个以上焊层才完成整个焊缝，且每层一般有一条焊缝的焊接方法。

12mm 板 V 形坡口平对接焊不采用双面焊接，只从焊缝一面进行焊接，而又要求完全焊透，这种焊接法即为单面焊双面成形技术。单面焊双面成形的主要要求是焊件背面能焊出质量符合要求的焊缝，其关键是正面打底层的焊接。

12mm 板 V 形坡口平对接焊焊接参数见表 3-5。

表 3-5 12mm 板 V 形坡口平对接焊焊接参数

焊接层次	焊条直径/mm	焊接电流/A
打底层	3.2	95～105
填充层（1）	4.0	170～180
填充层（2）	4.0	170～180
盖面层	4.0	165～175

1）打底层（第一层）焊接。选用较小直径焊条（一般为 ϕ3.2mm），运条方法视间隙大小而定。间隙较小时，采用直线形运条法；间隙较大时，采用直线往复运条法，以防烧穿。

打底层的焊接目前有灭弧焊和连弧焊两种方法。

① 灭弧焊法。灭弧法焊接时，电弧时燃时灭，靠调节电弧燃、灭弧时间长短来控制熔池温度，焊接参数选择范围较宽，是目前常用的一种打底层方法。

焊接时，选择焊条直径为 ϕ3.2mm，焊接电流为 95～105A。首先在定位焊缝上引燃电弧，再将电弧移到坡口根部，以稍长的电弧（约 3.2mm）在该处摆动 2～3 个来回进行预热。然后立即压低电弧（约 2mm），约 1s 后可听到电弧穿透坡口而发出的“噗噗”声。同时定位焊缝及相接坡口两侧金属开始熔化，并形成熔池。这时迅速提起焊条，熄灭电弧。此处所形成的熔池是整条焊道的起点，常称为熔池座。

熔池座形成后即转入正式焊接。焊接时采用短弧焊，焊条前倾角为 40°～60°。正式焊接引燃电弧的时机应在熔池座金属未完全凝固，熔池中心半熔化，从护目镜下观察该部分呈黄亮色的状态。在坡口的一侧重新引燃电弧的位置，并盖住熔池座金属的 2/3 处。电弧引燃后立即向坡口的另一侧运条，在另一侧稍作停顿之后迅速向斜后方提起熄弧，这样便完成了第一个焊点的焊接。

电弧从开始引燃至熄弧所产生的热量，约 2/3 用于加热坡口的正面熔池座前沿，并使熔池座前沿两侧产生两个大于装配间隙的熔孔，如图 3-29 所示。另外 1/3 的热量透过熔孔加热背面金属，同时将熔滴过渡到坡口的背面。这样贯穿坡口正、反两面的熔滴就与坡口根部及熔池座形成一个穿透坡口的熔池，凝固后形成穿透坡口的焊点。

下一个焊点的操作与第一个焊点相同，操作中应注意每次引弧的间距和电弧燃灭的节奏要保持均匀平稳，以保证坡口根部熔化深度一致，焊缝宽窄、高低均匀。电弧燃、灭节奏一般在每分钟 45 ~ 55 次，每个焊点使焊道前进 1 ~ 1.5mm，正、反两面焊缝高在 2mm 左右。更换焊条动作要快，使焊缝在较高温度下连接，以保证连接处的质量。

② 连弧焊法。用连弧法进行打底层焊接时，电弧连续燃烧，采取较小的根部间隙，选用较小的焊接电流。焊接时电弧始终处于燃烧状态并作有规则的摆动，使熔滴均匀过渡到熔池。连弧法背面成形较好，热影响区分布均匀，焊接质量较高，是目前推广使用的一种打底层焊接方法。

焊接时，选取焊条直径为 ϕ3.2mm，焊接电流为 80 ~ 90A，从一端施焊，在定位焊焊缝上引弧后，在坡口内侧采用与表 3-1 中月牙形相仿的运条方式，如图 3-30所示。

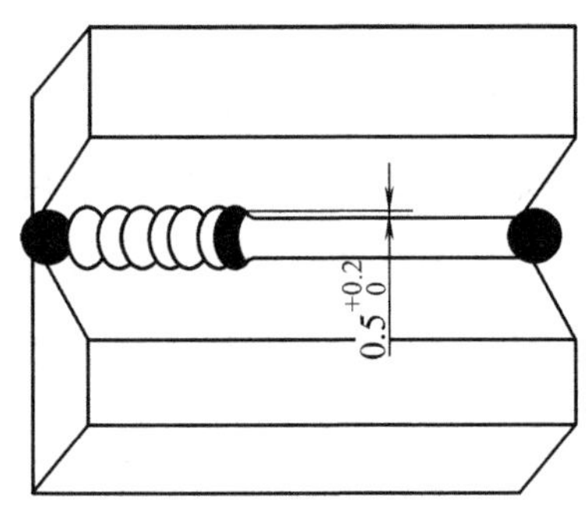

图 3-29　熔孔的位置与大小

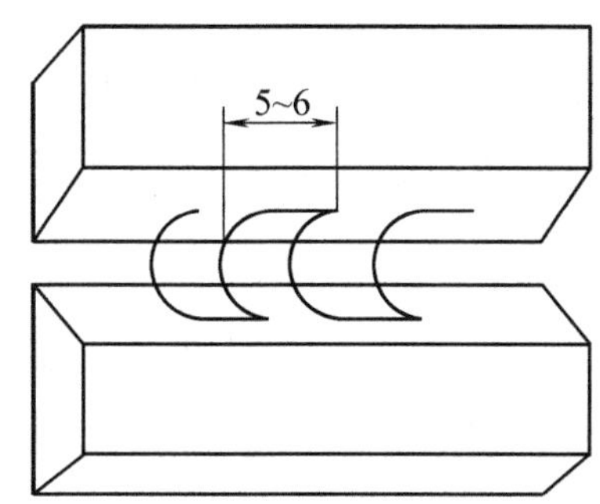

图 3-30　连弧法运条方式

电弧从坡口一侧到另一侧作一次运条后，即完成一个焊点的焊接。焊条摆动节奏为每分钟完成约 50 个焊点，逐个重合约 2/3，一个焊点使焊缝前进约 1.5mm，焊接中熔孔明显可见，坡口根部熔化缺口约 1mm，电弧穿透坡口的“噗噗”声非常清楚。

接头时，在弧坑后 10mm 处引弧，然后以正常速度运条至熔池的 1/2 处，将焊条下压击穿熔池，再将焊条提起 1 ~ 2mm，在熔化熔孔前沿的同时向前运条施焊。

收弧时，应缓慢将焊条向左或右后方带一下，随后即收弧，这样可避免在弧坑表面产生冷缩孔。

2）填充层焊接。填充焊前应对前一层焊缝仔细清渣，特别是死角处更要清理干净。填充焊的运条手法为月牙形或锯齿形，焊条与焊接前进行方向的角度为 40° ~ 50°。填充焊时应注意以下几点。

① 摆动到两侧坡口处要稍作停留，保证两侧有一定的熔深，并使填充焊道略

向下凹。

② 最后一层的焊缝高度应低于母材 0.5 ~ 1.0mm。要注意不能熔化坡口两侧的棱边，以便于盖面焊时掌握焊缝宽度。

③ 接头方法如图 3-31 所示，各填充层焊接时其焊缝接头应错开。

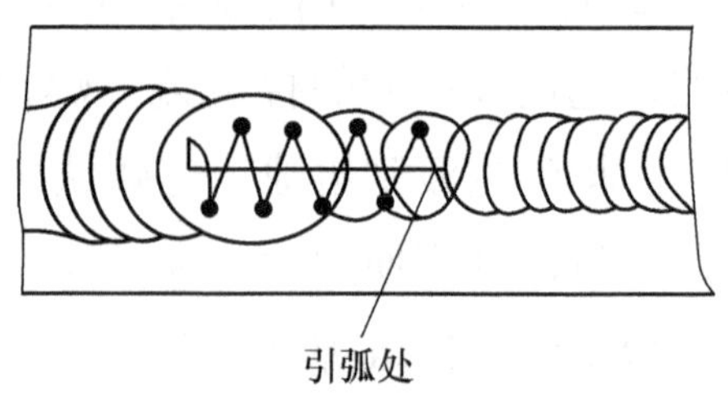

图 3-31 填充焊焊缝接头方法

3）盖面层焊接。采用直径 4.0mm 焊条时，焊接电流应稍小一点；要使熔池形状和大小保持均匀一致，焊条与焊接方向夹角应保持 75°左右；采用月牙形运条法和 8 字形运条法；焊条摆动到坡口边缘时应稍作停顿，以免产生咬边。

更换焊条收弧时应对熔池稍填熔滴，迅速更换焊条，并在弧坑前 10mm 左右处引弧，然后将电弧退至弧坑的 2/3 处，填满弧坑后正常进行焊接。接头时应注意，若接头位置偏后，则接头部位焊缝余高过高；若偏前，则焊缝脱节。焊接时应注意保证熔池边沿不得超过表面坡口棱边 2mm；否则，焊缝超宽。盖面层的收弧采用划圈法和回焊法，最后填满弧坑使焊缝平滑。

四、平对接焊的评分标准

平对接焊的评分标准见表 3-6。

表 3-6 平对接焊的评分标准

考核项目	考核内容	考核要求	配分	评分标准
安全文明生产	能正确执行安全技术操作规程	按达到规定的标准程度评定	5	根据现场纪律，视违反规定程度扣 1 ~ 5 分
	按有关文明生产的规定，做到工作地面整洁、焊件和工具摆放整齐	按达到规定的标准程度评定	5	根据现场纪律，视违反规定程度扣 1 ~ 5 分
主要项目	焊缝的外形尺寸	焊缝余高 0 ~ 3mm，余高差≤2mm。焊缝宽度比坡口每增宽 0.5 ~ 2.5mm，宽度差≤3mm	10	有一项不符合要求扣 2 分
		焊后角变形 0° ~ 3°，焊缝的错位量≤1.2mm	10	焊后角变形 > 3°扣 3 分；焊缝的错位量 > 1.2mm 扣 2 分

（续）

考核项目	考核内容	考核要求	配分	评分标准
主要项目	焊缝表面成形	波纹均匀、焊缝平直	10	视波纹不均匀、焊缝不平直扣 1 ~ 10 分
	焊缝的外观质量	焊缝表面无气孔、夹渣、焊瘤、裂纹、未熔合	10	焊缝表面有气孔、夹渣、焊瘤、裂纹、未熔合其中一项扣 10 分
		焊缝咬边深度≤0.5mm；焊缝两侧咬边累计总长不超过焊缝有效长度范围内的 40mm	10	焊缝两侧咬边累计总长每 5mm 扣 1 分，咬边深度 > 0.5mm 或累计总长 > 40mm 此项不得分
		未焊透深度≤1.5mm；总长不超过焊缝有效长度范围内的 26mm	10	未焊透累计总长每 5mm 扣 2 分，未焊透深度 > 1.5mm 或累计总长 > 26mm，此焊件按不及格论
		背面焊缝凹坑≤2mm；总长不超过焊缝有效长度范围内的 26mm	10	背面焊缝凹坑累计总长每 5mm 扣 2 分，凹坑深度 > 2mm 或累计总长 > 26mm，此项不得分
	焊缝的内部质量	按 GB/T 3323.1—2019《焊缝无损检测　射线检测　第 1 部分：X 和伽马射线的胶片技术》标准对焊缝进行 X 射线检测	20	Ⅰ级片不扣分；Ⅱ级片扣 5 分；Ⅲ级片扣 10 分，Ⅳ以下为不及格

五、想一想

1. 薄板焊接有什么困难？如何解决？
2. 什么是单面焊双面成形？
3. 如何进行 V 形坡口的平对接焊？
4. V 形坡口的平对接盖面焊时应采取哪些措施保证焊缝表面质量？

任务二　平　角　焊

一、学习目标

本任务主要要求在学习过程中能正确选择平角焊焊接参数，掌握运条方法和操作技术要领，实现平角焊焊接操作。

二、准备

知识的准备

平角焊注意事项：

1）操作姿势正确。

2）焊缝平整，焊波基本均匀，无焊瘤、塌陷、凹坑。

3）焊缝局部咬边不应大于0.5mm。

4）对焊脚的要求为

① 焊脚分布对称，焊脚尺寸大小均匀。

② 焊脚断面形状应符合图3-32c的要求，因为这种形状是圆滑过渡，应力集中最小，可提高焊件的承载力。

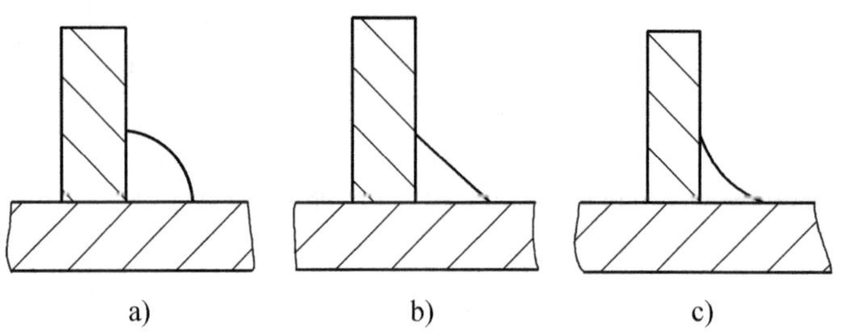

图3-32　平角焊缝焊脚断面形状

a）最差　b）尚可　c）最佳

③ 焊脚尺寸偏差应最小。例如当焊件厚度为4~8mm时，允许焊脚尺寸偏差为0~1.5mm。

5）对焊后角变形有严格要求时，焊件焊前预留一定的变形量，即采用反变形法，如图3-33所示，使焊后焊件变形最小。也可在焊件不施焊的一侧用圆钢、角钢等采用定位焊临时固定，如图3-34所示，待焊件全部焊完后再将其去掉。

运条过程中，要始终注视熔池的熔化情况，注意焊缝两侧的停顿节奏，要保持熔池在接口处不偏上或偏下，一方面可以使立板与平板的焊缝充分熔合，另一方面不容易产生咬边、夹渣、边缘熔合不良。

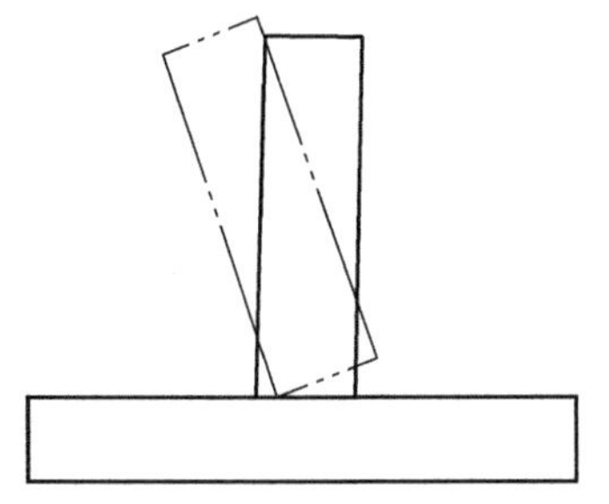

图 3-33　反变形法

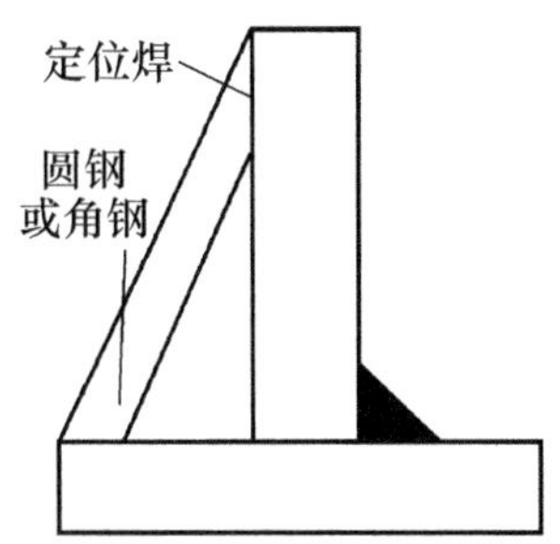

图 3-34　定位焊临时固定示意图

操作的准备

1. 焊前的准备

1）板料 2 块，材料为 Q235A 钢，板料的尺寸为 300mm × 100mm × 12mm。

2）焊条 E4303，直径 ϕ3.2mm。

3）用砂布或钢丝刷、砂纸打光焊件的待焊处，直至露出金属光泽。

2. 焊接设备

ZX7-400B。

三、操作过程

1. 操作示意图

平角焊实际操作如图 3-35 所示。

图 3-35　平角焊实际操作

2. 装配与定位焊

（1）装配要求　装配定位焊时，不可留间隙。

（2）定位焊　定位焊时，在焊件两端定位焊，焊缝长度为20mm左右。焊接前应检查焊件接口处是否因定位焊而变形，如变形已影响接口处齐平，则应进行矫正。

3. 焊接

角焊缝的各部分名称如图3-36所示。增大焊脚尺寸可增加接头的承载能力。一般焊脚尺寸随焊件厚度的增大而增加，见表3-7。

表3-7　焊脚尺寸与钢板厚度的关系　（单位：mm）

钢板厚度	≥2～3	>3～6	>6～9	>9～12	>12～16	>16～23
最小焊脚尺寸	2	3	4	5	6	8

在本任务中，由于板料厚度为12mm，故焊脚尺寸采用5～8mm，并采用单层焊。

焊接时，引弧点的位置如图3-37所示。由于电弧对起头处有预热作用，因此可减少焊接缺陷，也可以清除引弧的痕迹。

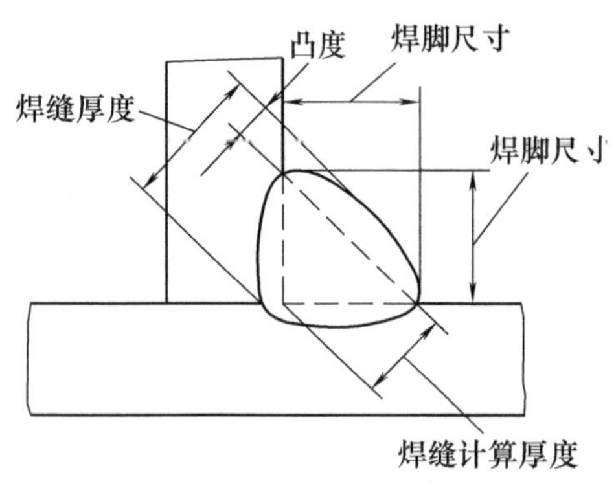

图3-36　角焊缝各部分名称

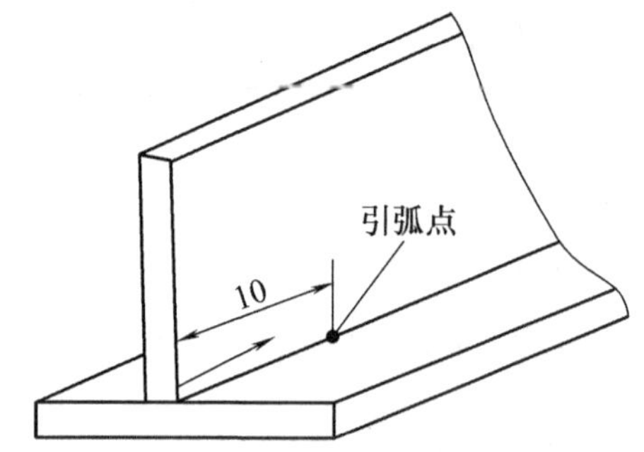

图3-37　平角焊起头的引弧点

进行单层焊时，根据焊件厚度可选择直径ϕ3.2mm的焊条，平角焊焊接参数见表3-8。操作时，焊条应保持焊条角度与水平焊件成45°的位置、与焊接方向成65°～85°的夹角，如图3-38所示。如果角度太小，会造成根部熔深不足；若角度过大，则熔渣容易跑到熔池前面而造成夹渣。运条时，采用直线形，短弧焊接。焊接时还可采用斜圆圈形或锯齿形运条方法，但运条必须有规律，不然容易产生咬边、夹渣、边缘熔合不良等缺陷。平角焊时的斜圆圈形运条方法如图3-39所示。由$a \to b$要慢速，以保证水平焊件的熔深；由$b \to c$稍快，以防熔化金属下淌；在c处稍作停留，以保证垂直焊件的熔深，避免咬边；由$c \to d$稍慢，以保证根部

焊透及水平焊件的熔深，防止夹渣；由 $d \rightarrow e$ 稍快，到 e 处作停留。按上述规律用短弧反复练习，注意收尾时填满弧坑，就能获得良好的焊接质量。

表 3-8　平角焊焊接参数

焊条直径/mm	焊接电流/A	电弧电压/V
3.2	100 ~ 120	22 ~ 24

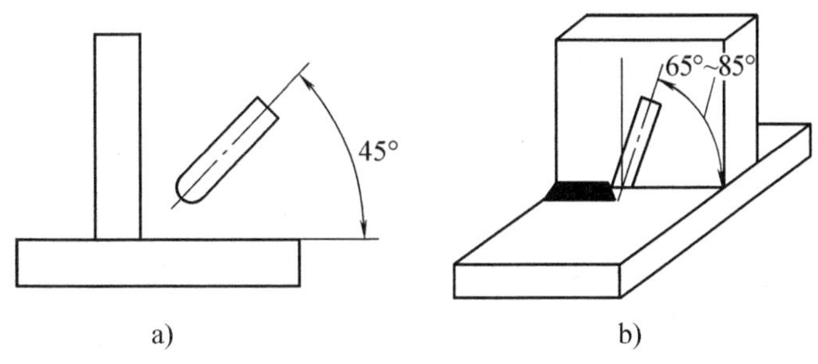

图 3-38　T 形接头角焊时的焊条角度

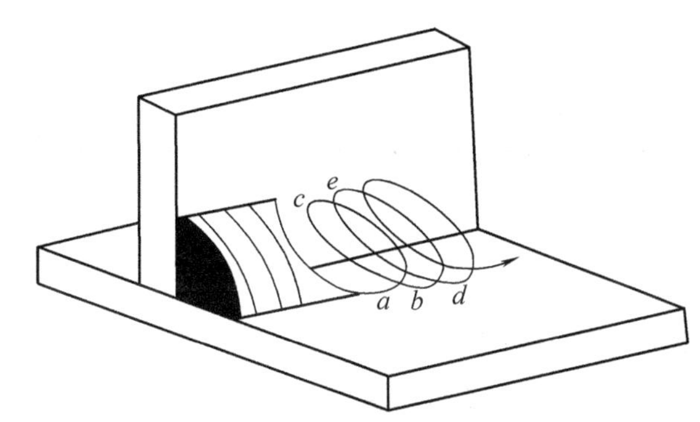

图 3-39　平角焊时的斜圆圈形运条方法

四、平角焊的评分标准

平角焊的评分标准见表 3-9。

表 3-9　平角焊的评分标准

考核项目	考核内容	考核要求	配分	评分标准
安全文明生产	能正确执行安全技术操作规程	按达到规定的标准程度评定	5	根据现场纪律，视违反规定程度扣 1 ~ 5 分
	按有关文明生产的规定，做到工作地面整洁、焊件和工具摆放整齐	按达到规定的标准程度评定	5	根据现场纪律，视违反规定程度扣 1 ~ 5 分

（续）

考核项目	考核内容	考核要求	配分	评分标准
主要项目	焊缝的外形尺寸	焊脚尺寸 5～8mm	10	超差 0.5mm 扣 2 分
		两板之间夹角 88°～92°	10	超差 1°扣 3 分
		焊接接头脱节≤2mm	10	超差 0.5mm 扣 2 分
		焊脚两边尺寸差≤2mm	10	超差 0.5mm 扣 2 分
		焊后角变形 0°～3°	10	超差 1°扣 2 分
	焊缝的外观质量	焊缝表面无未焊透、气孔、裂纹、夹渣、焊瘤	10	焊缝表面有气孔、裂纹、夹渣、焊瘤和未焊透其中一项扣 10 分
		焊缝咬边深度≤0.5mm；焊缝两侧咬边累计总长不超过焊缝有效长度范围内的 40mm	10	焊缝两侧咬边累计总长每 5mm 扣 1 分，咬边深度 > 0.5mm 或累计总长 > 40mm 此项不得分
		背面焊缝无凹坑	10	凹坑深度≤2mm，每长 5mm 扣 2 分；凹坑深度 > 2mm，扣 5 分
	焊缝表面成形	波纹均匀、焊缝平直	10	视波纹不均匀、焊缝不平直扣 1～10 分

五、想一想

1. 举例说明平角焊时的运条方法。
2. 平角焊时依据什么原则排列多层多道焊的焊道？
3. 平角焊对焊缝有什么要求？
4. 如何防止角焊缝咬边？

项目三　立　焊

任务一　立对接焊

焊条电弧焊立焊对接操作

一、学习目标

本任务要求在学习过程中掌握立对接焊的灭弧法，掌握熔池的形状与温度的控制技能，掌握立对接焊技术，克服熔滴下淌，实现立对接焊。

二、准备

知识的准备

立焊指焊缝倾角90°（立向上）或270°（立向下）位置的焊接。立焊操作比平焊操作困难，主要原因是熔池及熔滴在重力作用下易下淌，产生焊瘤及焊缝两侧咬边，焊缝成形不如平焊时美观。但立焊时，熔池内熔渣在重力作用下容易下淌，便于熔化金属和熔渣的分离，清渣较容易。

立焊操作时，根据焊件与焊工距离的不同，焊工可以采取立式或蹲式两种操作姿势，如图3-40所示。立式操作时，焊工的胳膊半伸开或全伸开，悬空操作，依靠胳膊的伸缩来调节焊条的位置；蹲式操作时，胳膊的大臂可轻轻地贴在上体的肋部、大腿、膝盖等位置。随着焊条的熔化和缩短，胳膊自然前伸，起到调节作用。蹲式操作时由于有依托，较易掌握，也较省力。

立式

蹲式

图3-40 立焊的操作姿势

立焊的操作方法有两种：一种是由下向上施焊，称为向上立焊；另一种是由上向下施焊，称为向下立焊。目前生产中应用最广泛的是由下向上施焊，在练习中以此方法为重点。

向上立焊的操作要领如下。

1）焊接时应选用较小直径的焊条（ϕ2.5～ϕ4mm），较小的焊接电流（比平对接焊小10%～15%），这样熔池体积小，冷却凝固快，可以减少和防止熔化的金属下淌。

2）采用短弧焊接，电弧长度不大于焊条直径，利用电弧吹力托住熔池，同时短弧操作利于熔滴过渡。

3）焊条工作角度为90°，前倾角为－10°～－30°，即焊条向焊接方向的反方向倾斜，这样电弧吹力对熔池产生向上的推力，可防止熔化的金属下淌。

4）为便于右手操作和观察熔池情况，焊工身体不要正对焊缝，要略向左偏。

当板厚小于6mm时，一般采用不开坡口（I形坡口）对接立焊；当板厚大于6mm时，为保证焊透，应采用V形或X形等坡口形式进行多层焊。

操作的准备

1. 焊件的准备

1）板料2块，材料为Q235A钢，板料的尺寸为300mm×100mm×12mm，开60°V形坡口。

2）矫平。

3）清理坡口及坡口两侧各20mm范围内的油污、铁锈、水分及其他污染物，并清除毛刺。

2. 焊件装配技术要求

1）修磨钝边0.5～1mm，无毛刺。装配平整，始端间隙为3.2mm，末端间隙为4.0mm，错边量≤1.2mm，如图3-41所示。

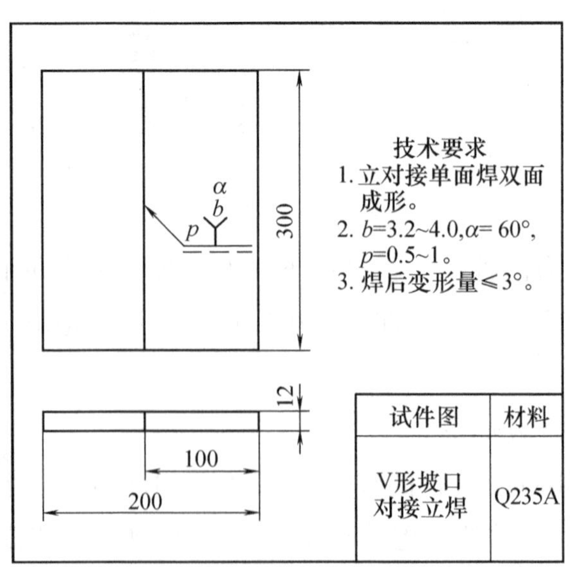

图3-41 V形坡口对接立焊试件图

2）预留反变形量≤3°。

3. 焊接材料

选择 E4303 焊条，焊条直径分别为 ϕ3.2mm 和 ϕ4mm。

4. 焊接设备

ZX7-400B。

三、操作过程

1. 操作示意图

立对接焊实际操作如图 3-42 所示。

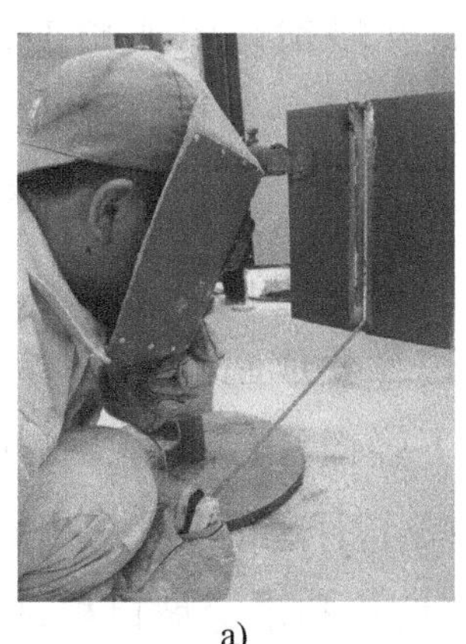
a)

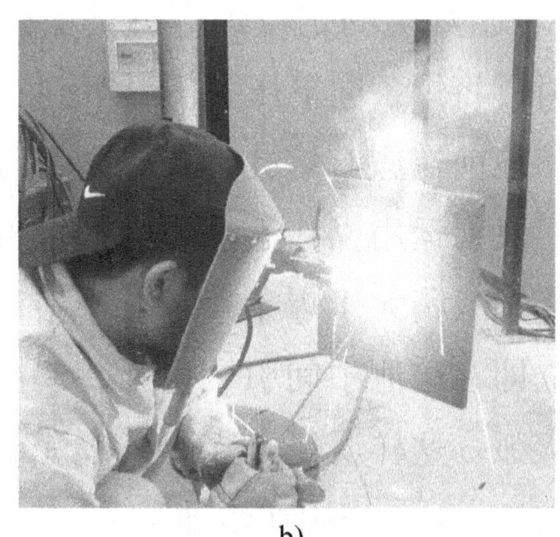
b)

图 3-42　立对接焊实际操作

2. 定位焊

定位焊采用 ϕ3.2mm 的焊条，在试件反面距两端 20mm 之内进行，焊缝长度为 10～15mm。

3. 焊接

在本任务中，由于焊件较厚，故采用多层焊。层数多少要根据焊件厚度决定，例如，本任务中焊缝数为 4 层，应注意每一层焊缝的成形。如果焊缝不平整，中间高、两侧很低，甚至形成尖角，则不仅给清渣带来困难，而且会因成形不良而造成夹渣、未焊透等缺陷。焊接参数见表 3-10。

表 3-10　V 形坡口立对接焊接参数

焊 接 层 数	焊条直径/mm	焊接电流/A	焊接电压/V
打底层	3.2	90～110	22～24
填充层（1、2）	4.0	100～120	22～26
盖面层	4.0	100～110	22～24

根据间隙大小，灵活运用操作手法，如为使根部焊透，而背面又不致产生塌陷，这时在熔池上方要熔穿一个小孔，其直径等于或稍大于焊条直径，采用小月牙形、锯齿形运条或灭弧焊法。不论采用哪一种运条法，如果运条到焊缝中间时不加快运条速度，熔化金属就会下淌，使焊缝外观不良。当中间运条过慢而造成金属下淌后，形成凸形焊缝，会导致施焊下一层焊缝时产生未焊透和夹渣。

（1）打底层焊接　打底层就是正面第一层，焊接时应选用直径为3.2mm的焊条，焊接方式有灭弧法和连弧法两种。这里使用灭弧法。

1）焊条角度。在打底焊时，焊条与焊件间的角度如图3-43所示。

2）引弧。在始焊端的定位焊焊缝处引弧，并略抬高电弧稍加预热，焊至定位焊焊缝尾部时，将焊条向下压一下，听到“噗”的一声后，立即斜向上提起焊条灭弧。此时熔池前端应有熔孔，深入两侧母材0.5～1mm，如图3-44所示。可根据间隙大小，灵活运用操作手法。为使根部焊透，而背面又不致产生塌陷，这时熔孔直径应等于或稍大于焊条直径。当熔池边缘变成暗红色，熔池中间仍处于熔融状态时，立即在熔池中间引燃电弧，略向下轻微压一下焊条，形成熔池，打开熔孔后立即灭弧，这样反复击穿直到焊完。操作中运条间距要均匀准确，使电弧的2/3压住熔池，1/3作用在熔池前方，用来熔化和击穿坡口根部形成熔池。

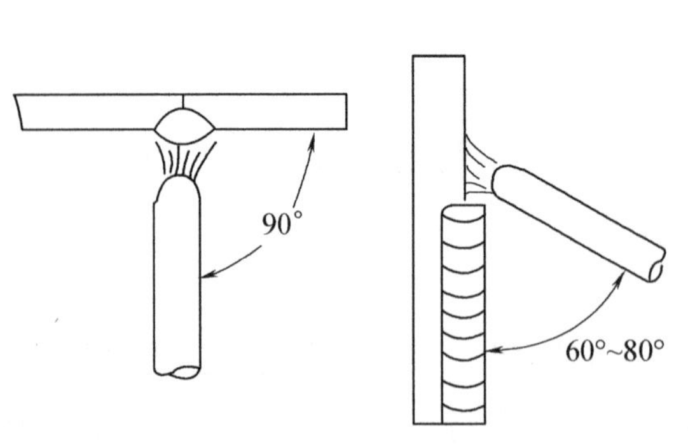

图3-43　立焊打底时焊条与焊件间的角度

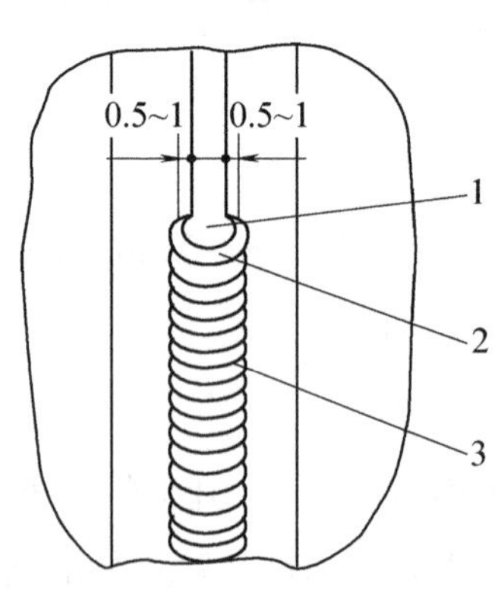

图3-44　立焊时的熔孔

1—熔孔　2—熔池　3—焊缝

3）收弧。收弧前，应在熔池前做一个熔孔，然后回焊10mm左右再灭弧；或向末尾熔池的根部送进2～3滴熔液，然后灭弧，以使熔池慢慢冷却，避免接头出现冷缩孔。

4）接头。接头可分热接法和冷接法两种。

热接法：当弧坑还处在红热状态时，在弧坑下方10～15mm处的斜坡上引弧，并焊至收弧处，使弧坑根部温度逐步升高，然后将焊条沿预先做好的熔孔向坡口根部顶一下，使焊条与焊件的下倾角增大到90°左右，听到“噗噗”声后，稍作停顿，恢复正常焊接。停顿时间一定要适当，若过长，易使背面产生焊瘤；若过短，则不易接上头。另外，更换焊条的动作越快越好，落点要准。

冷接法：当弧坑已经冷却，用砂轮或扁铲在已焊的焊缝收尾处打磨一个10～15mm的斜坡，在斜坡上引弧并预热，使弧坑根部温度逐步升高。当焊至斜坡最低处时，将焊条沿预先做好的熔孔向坡口根部顶一下，听到“噗噗”声后，稍作停顿，并提起焊条进行正常焊接。

（2）填充层焊接

1）仔细清理打底焊缝，应特别注意死角处焊渣的清理。

2）在距离焊缝始端10mm左右处引弧后，将电弧拉回到始端施焊。每次都应按此法操作，以防止产生缺陷。

3）采用横向锯齿形或月牙形运条法摆动。焊条摆动到坡口两侧处要稍作停顿，以利于熔合及排渣，并防止焊缝两边产生死角，如图3-45所示。

4）焊条与焊件的下倾角为70°～80°。

5）最后一层填充焊的厚度，应使其比母材表面低0.5～1.0mm，且应呈凹形，不得熔化坡口棱边，以利于盖面层保持平直。

（3）盖面层焊接

1）引弧与填充焊相同。采用月牙形或锯齿形运条，焊条与焊件的下倾角为70°～75°。

2）焊条摆动到坡口边缘 a、b 两点时，要压低电弧并稍作停留，这样有利于熔滴过渡和防止咬边，如图3-46所示。摆动到焊缝中间的过程要快些，防止熔池外形凸起产生焊瘤。

3）焊条摆动频率应比平焊稍快些，前进速度要均匀一致，使每个新熔池覆盖前一个熔池的2/3～3/4，以获得薄而细腻的焊缝波纹。

4）更换焊条前收弧时，应对熔池填满熔滴，迅速更换焊条后，再在弧坑上方10mm左右处的填充层焊缝金属上引弧，并拉至原弧坑处填满弧坑后，继续施焊。

（4）操作时的注意事项

1）观察熔池形状和熔孔大小，并基本保持一致。当熔孔过大时，应减小焊条与焊件的下倾角，把电弧多压向熔池，少在坡口上停留。当熔孔过小时，应压低电弧，增大焊条与焊件的下倾角度。

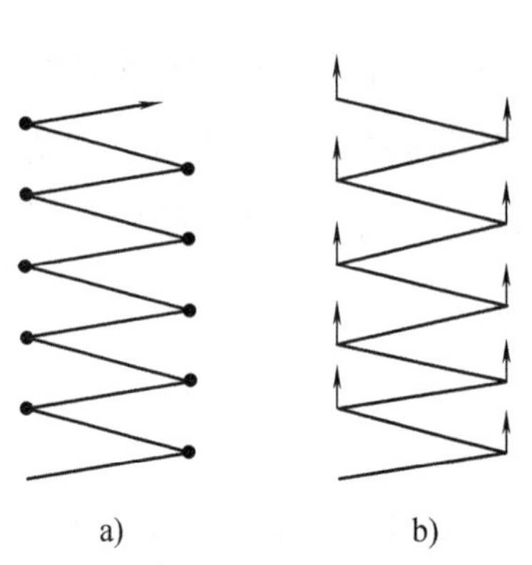

图 3-45　锯齿形运条法示意图

a）两侧稍作停顿　b）两侧稍作上、下摆动

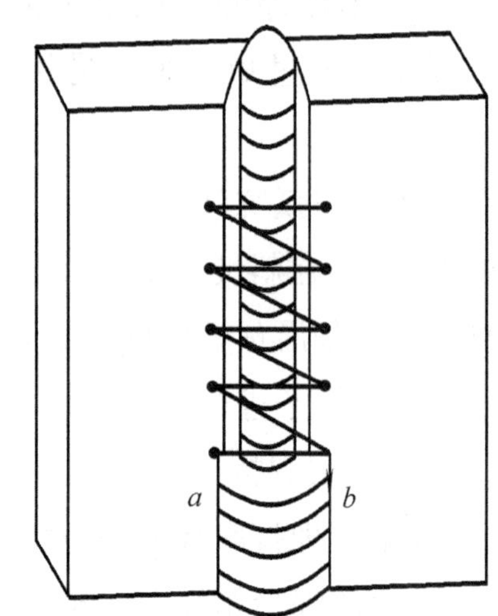

图 3-46　盖面层运条法

2）注意听电弧击穿坡口根部发出的“噗噗”声，如没有这种声音则表示没有焊透。一般保持焊条端部离坡口根部 1.5 ~2.0mm 为宜。

3）施焊时熔孔的端点位置要把握准确，焊条的中心要对准熔池前与母材的交界处，使后一个熔池与前一个熔池搭接 2/3 左右，保持电弧的 1/3 部分在焊件背面燃烧，以加热和击穿坡口根部。

四、立对接焊的评分标准

立对接焊的评分标准见表 3-11。

表 3-11　立对接焊的评分标准

考核项目	考核内容	考核要求	配分	评分标准
安全文明生产	能正确执行安全技术操作规程	按达到规定的标准程度评定	5	根据现场纪律，视违反规定程度扣 1 ~5 分
	按有关文明生产的规定，做到工作地面整洁、焊件和工具摆放整齐	按达到规定的标准程度评定	5	根据现场纪律，视违反规定程度扣 1 ~5 分

（续）

考核项目	考核内容	考核要求	配分	评分标准
主要项目	焊缝的外形尺寸	焊缝余高 0 ~ 4mm，余高差≤3mm。焊缝宽度比坡口每增宽 0.5 ~ 2.5mm，宽度差≤3mm	10	有一项不符合要求扣 3 分
		焊后角变形 0° ~ 3°，焊缝的错位量≤1.2mm	10	焊后角变形 > 3° 扣 3 分；焊缝的错位量 > 1.2mm 扣 2 分
	焊缝的外观质量	焊缝表面成形：波纹均匀、焊缝直度	10	视波纹不均匀、焊缝不直度扣1 ~ 10 分
		焊缝表面无气孔、夹渣、焊瘤、裂纹、未熔合	10	焊缝表面有气孔、夹渣、焊瘤、裂纹、未熔合其中一项扣 10 分
		焊缝咬边深度≤0.5mm；焊缝两侧咬边累计总长不超过焊缝有效长度范围内的 40mm	10	焊缝两侧咬边累计总长每 5mm 扣 1 分，咬边深度 > 0.5mm 或累计总长 > 40mm 此项不得分
		未焊透深度≤1.5mm；总长不超过焊缝有效长度范围内的 26mm	10	未焊透累计总长每 5mm 扣 2 分，未焊透深度 > 1.5mm 或累计总长 > 26mm，此焊件按不及格论
		背面焊缝凹坑≤2mm；总长不超过焊缝有效长度范围内的 26mm	10	背面焊缝凹坑累计总长每 5mm 扣 2 分，凹坑深度 > 2mm 或累计总长 > 26mm，此项不得分
	焊缝的内部质量	按 GB/T 3323.1—2019《焊缝无损检测　射线检测　第 1 部分：X 和伽马射线的胶片技术》标准对焊缝进行 X 射线检测	20	Ⅰ级片不扣分；Ⅱ级片扣 5 分；Ⅲ级片扣 10 分，Ⅳ以下为不及格

五、想一想

1. 立对接焊时有哪些困难？

2. 立对接焊时，灭弧法的操作要点有哪些？

3. 运条时焊条的摆动幅度、摆动频率、焊条上移的速度对焊缝成形有何影响？

任务二 立 角 焊

一、学习目标

本任务要求在学习过程中，能够根据母材选择相应的焊接材料、焊接参数，实现立角焊焊接操作。

二、准备

知识的准备

立角焊是在角接焊缝倾角 90°（向上焊）、转角 45°或 135°的角焊位置的焊接。立焊时，在重力作用下熔池中液体金属容易下淌，甚至会产生焊瘤以及在焊缝两侧形成咬边。立角焊一般采用多层焊，具体焊缝的层数根据焊件的厚度来确定。立角焊操作如图 3-47 所示。

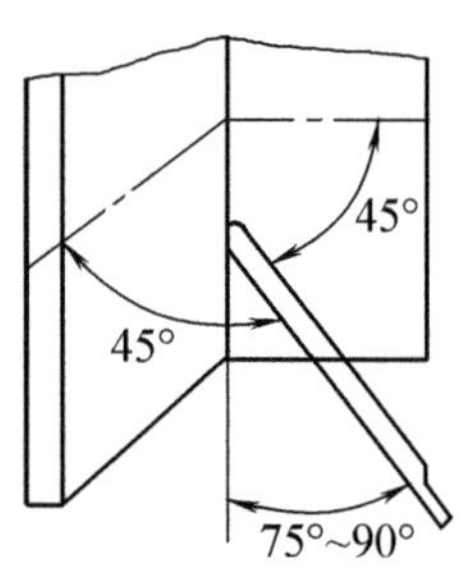

图 3-47 立角焊操作

操作的准备

1. 焊件的准备

1）板料 2 块，材料为 Q235 钢，每块板料的尺寸为 300mm × 150mm × 10mm，如图 3-48 所示。

2）矫平。

3）清理坡口及坡口两侧各 20mm 范围内的油污、铁锈、水分及其他污染物，并清除毛刺。

2. 焊件装配技术要求

1）装配平整。

2）预留反变形。

3. 焊接材料

选择 E4303 焊条，焊条直径为 ϕ3. 2mm 和 ϕ4mm。

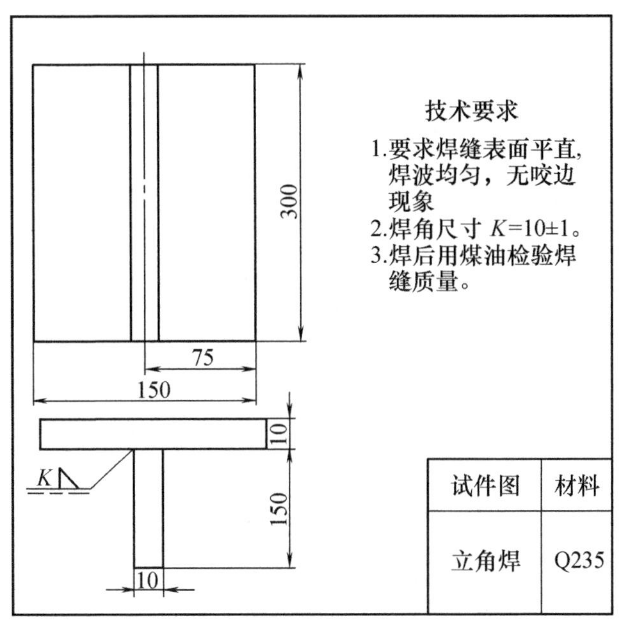

图 3-48　立角焊试件图

4. 焊接设备

ZX7-400B。

三、操作过程

1. 操作示意图

立角焊实际操作如图 3-49 所示。

2. 定位焊

定位焊时，在两端引弧，定位焊焊缝长度为 20mm 左右。

3. 焊接

立角焊与立对接焊的操作有许多相似之处，如用小直径焊条和短弧焊接，操作姿势和握焊钳的方法也相仿。

将焊件垂直固定于焊接支架上，采用两层焊法：第一层焊缝选用直径为 3.2mm 的焊条，采用直线形或直线往返形运条法、灭弧法焊接；第二层选用直径为 4.0mm 的焊条，采用锯齿形或月牙形运条法，摆动宽度为 8mm。

由于立角焊电弧热量向焊件三个方向传递，散热快，所以在与立对接焊相同的条件下，焊接电流可稍大些，以保证焊透。立角焊焊接参数见表 3-12。

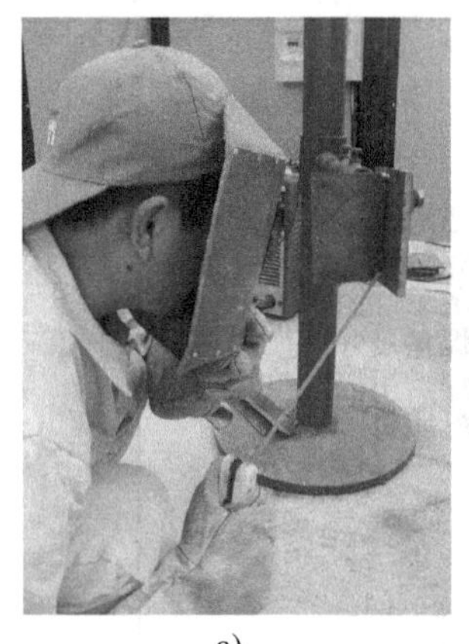
a)

b)

c)

图 3-49 立角焊实际操作

表 3-12 I 形坡口立角焊焊接参数

焊接层次	焊条直径/mm	焊接电流/A	电弧电压/A
打底层	3.2	100～120	22～24
盖面层	4.0	160～180	22～24

为了使两焊件能够均匀受热，保证熔深和提高效率，应注意焊条的位置和倾斜角度。焊条与两焊件的夹角应左右相等，而焊条与焊缝中心线的夹角保持在75°～90°范围内。利用电弧吹力对熔池向上的推力作用，使熔滴顺利过渡并托住熔池。

立角焊的关键是如何控制熔池金属，焊条要按熔池金属的冷却情况有节奏地上下摆动。在施焊过程中，当引弧后出现第一个熔池时，电弧应较快地抬高。当看到熔池瞬间冷却成一个暗红点时，将电弧下降到弧坑处，并使熔滴下落时与前面熔池重叠2/3，然后电弧再抬高。这样就能有节奏地形成立角焊缝。应注意的是，如果前一个熔池尚未冷却到一定程度，就过急地下降焊条，会造成熔滴之间熔合不良；

如果焊条下降的位置不正确，会使焊波脱节，影响焊缝美观和焊接质量。

可根据不同焊脚尺寸的要求选择适当的运条方法。第一层焊缝焊脚尺寸较小，可采取直线往复形运条方法；盖面层焊脚尺寸较大，可采取月牙形、三角形、锯齿形等运条方法。为了避免出现咬边等缺陷，除选用合适的电流外，焊条在焊缝的两侧应稍停留片刻，使熔化金属能填满焊缝两侧边缘部分。

四、立角焊的评分标准

立角焊的评分标准见表3-13。

表3-13　立角焊的评分标准

考核项目	考核内容	考核要求	配分	评分标准
安全文明生产	能正确执行安全技术操作规程	按达到规定的标准程度评定	5	根据现场纪律，视违反规定程度扣1～5分
	按有关文明生产的规定，做到工作地面整洁、焊件和工具摆放整齐	按达到规定的标准程度评定	5	根据现场纪律，视违反规定程度扣1～5分
主要项目	焊缝的外形尺寸	焊脚尺寸6～9mm	10	超差0.5mm扣2分
		两板之间夹角88°～92°	10	超差1°扣3分
		焊接接头脱节≤2mm	10	超差0.5mm扣2分
		焊后角变形0°～3°	10	超差3°扣2分
		焊脚两边尺寸差≤2mm	10	超差0.5mm扣2分
	焊缝的外观质量	焊缝表面无未焊透、气孔、裂纹、夹渣、焊瘤	10	焊缝表面有气孔、裂纹、夹渣、焊瘤和未焊透其中一项扣10分
		焊缝咬边深度≤0.5mm；焊缝两侧咬边累计总长不超过焊缝有效长度范围内的40mm	10	焊缝两侧咬边累计总长每5mm扣1分，咬边深度>0.5mm或累计总长>40mm此项不得分
		背面焊缝无凹坑	10	凹坑深度≤2mm，每长5mm扣2分；凹坑深度>2mm，扣5分
	焊缝表面成形	波纹均匀、焊缝平直	10	视波纹不均匀、焊缝不平直扣1～10分

五、想一想

1. 立角焊操作的困难有哪些？
2. 立角焊时常产生的缺陷有哪些？如何防止？

项目四　横　　焊

一、学习目标

本项目主要要求在学习过程中，了解横对接焊操作特点，根据现场情况，学会调节焊接电流、电弧长度等焊接参数，实现横对接焊。

二、准备

知识的准备

横焊是指在焊缝倾角0°或180°、焊缝转角0°或180°的对接位置的焊接。横焊时，焊条熔滴受重力等影响容易偏离焊条轴线，熔池金属受重力等影响容易下坠，甚至流淌至下坡口面，造成未熔合及夹渣等缺陷。

板厚小于6mm时，一般采用不开坡口（I形坡口）对接横焊；板厚大于6mm时，为保证焊透，应采用开V形或单边V形等坡口形式，进行多层焊和多层多道横焊。

横焊具有以下特点。

1）铁液因自重易下淌至坡口上，形成未熔合和层间夹渣，因此应采用较小直径的焊条，以短弧焊接。

2）焊接熔池与熔渣容易分清，铁液发亮，熔渣发暗，与立焊类似。

3）采用多层多道焊能防止熔滴下淌，但焊缝外观不平整。

操作的准备

1. 焊件的准备

1）板料2块，材料为16Mn钢，每块板料的尺寸为300mm×100mm×10mm，开60°V形坡口，如图3-50所示。

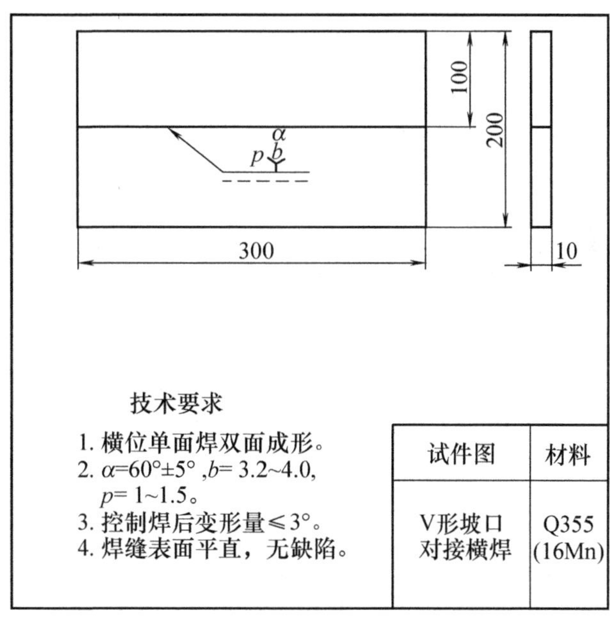

图 3-50　V 形坡口对接横焊试件图

2）矫平。

3）清理坡口及坡口两侧各 20mm 范围内的油污、铁锈、水分及其他污染物，并清除毛刺。

2. 焊件装配技术要求

1）装配平整。

2）预留反变形。

3. 焊接材料

选择 E5015 焊条，焊条直径为 ϕ3. 2mm。

4. 焊接设备

ZX7-400B。

三、操作过程

1. 操作示意图

横对接焊实际操作如图 3-51 所示。

2. 装配与定位焊

（1）装配要求　见表 3-14。

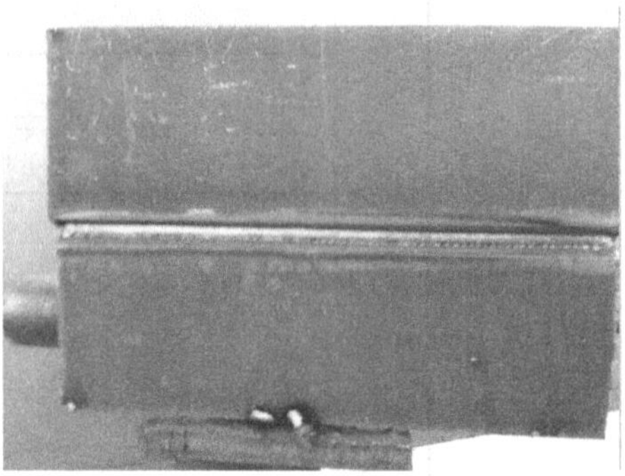

图 3-51　横对接焊实际操作

表 3-14　试板装配尺寸

坡口角度/(°)	装配间隙/mm	钝边/mm	反变形/(°)	错边量/mm
60	始焊端 3.2 终焊端 4.0	1 ~ 1.5	4 ~ 5	≤1.2

（2）定位焊　定位焊采用 ϕ3.2mm 的焊条，在试件反面距两端 20mm 之内进行，焊缝长度为 10 ~ 15mm。

3. 焊接

在横焊时，熔化金属在自重作用下易下淌，在焊缝上侧易产生咬边，下侧易产生下坠或焊瘤等缺陷。因此，要选用较小直径的焊条，小的焊接电流，多层多道焊，短弧操作。

焊接参数见表 3-15。

表 3-15　V 形坡口对接横焊焊接参数

焊 接 层 次	焊条直径/mm	焊接电流/A	电弧电压/V
打底层 第一层（1）	3.2	90 ~ 110	22 ~ 24
填充层 第二层（2） 第三层（3、4）		100 ~ 120	22 ~ 26
盖面层 第四层（5、6、7）		100 ~ 110	22 ~ 24

（1）焊道分布　单面焊，四层七道，如图 3-52 所示。

（2）焊接位置　试板固定在垂直面上，焊缝在水平位置，间隙小的一端放在左侧。

（3）打底层焊接　平板对接横焊时的焊条角度，如图3-53所示。

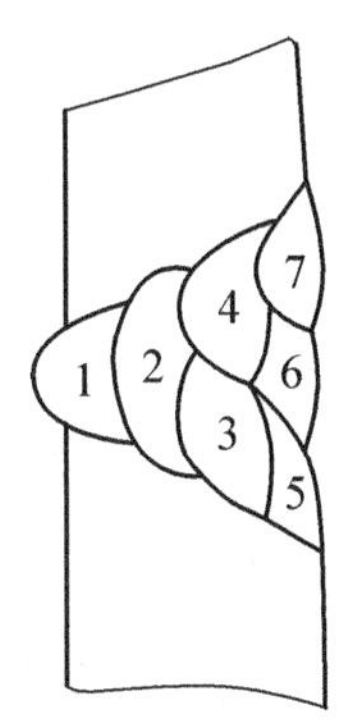

图3-52　平板对接横焊焊道分布

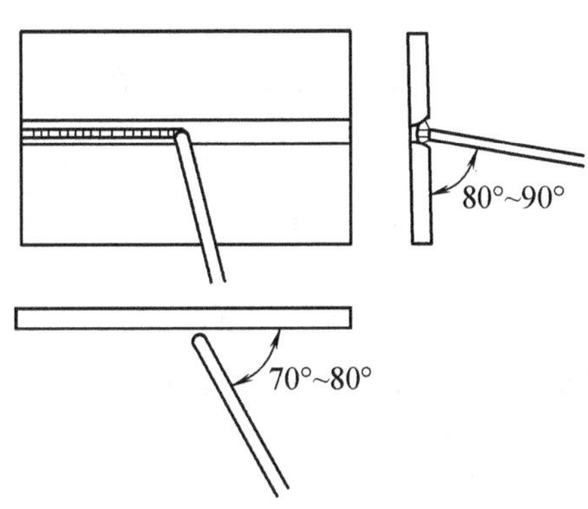

图3-53　平板对接横焊时的焊条角度

焊接时在始焊端的定位焊缝处引弧，稍作停顿预热，然后上下摆动向右施焊，待电弧到达定位焊缝的前沿时，将焊条向试件背面压，同时稍停顿。这时可以看到试板坡口根部被熔化并击穿，形成了熔孔，此时焊条可上下做锯齿形摆动，如图3-54所示。

为保证打底焊缝获得良好的背面焊缝，电弧要控制短些。焊条摆动，向前移动的距离不宜过大。焊条在坡口两侧停留时要注意，上坡口停留的时间要稍长。焊接电弧的1/3保持在熔池前，用来熔化和击穿坡口的根部。电弧的2/3覆盖在熔池上并保持熔池的形状和大小基本一致，还要控制熔孔的大小，使上坡口面熔化1～1.5mm，下坡口面熔化约0.5mm，保证坡口根部熔合好，如图3-55所示。在施焊时，若下坡口面熔化太多，试板背面焊缝易出现下坠或产生焊瘤。

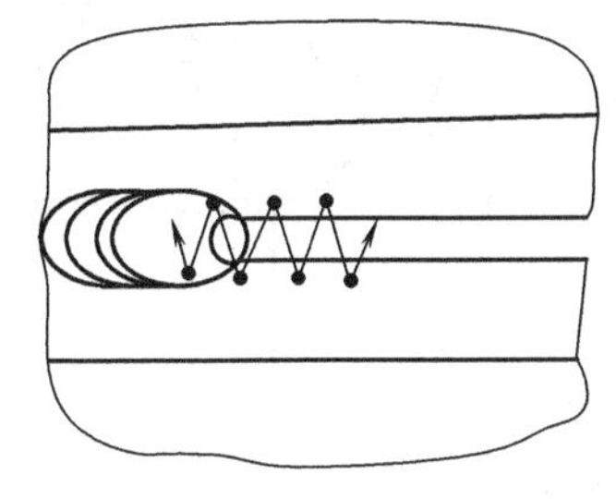
图3-54　平板横焊时的运条方法

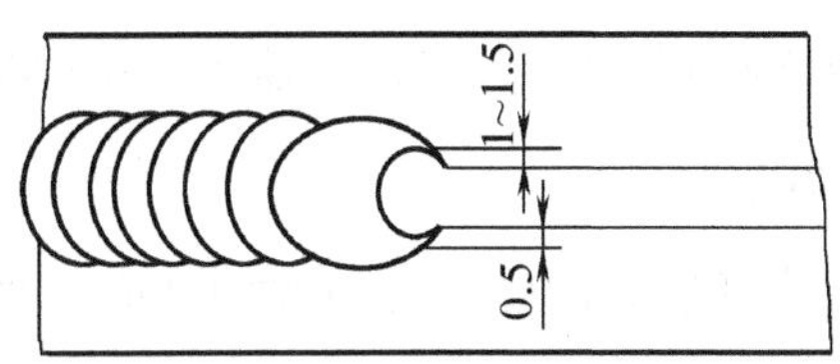

图3-55　平板横焊时的熔孔

收弧的方法是，当焊条即将焊完，需要更换焊条收弧时，将焊条向焊接的反方向拉回1～1.5mm，并逐渐抬起焊条，使电弧迅速拉长，直至熄灭。这样可以把收弧缩孔消除或带到焊缝表面，以便在下一根焊条焊接时将其熔化掉。

（4）填充层焊接　在焊填充层时，必须保证熔合良好，防止产生未熔合及夹渣。

填充层在施焊前，先将打底层的焊渣及飞溅清除干净，焊缝接头过高的部分应打磨平整，然后进行填充层焊接。第一层填充焊缝为单层单道，焊条的角度与填充层相同，但摆幅稍大些。

焊第一层填充焊缝时，必须保证打底焊缝表面及上下坡口面处熔合良好，焊缝表面平整。

第二层填充焊有两条焊缝，焊条角度如图3-56所示。

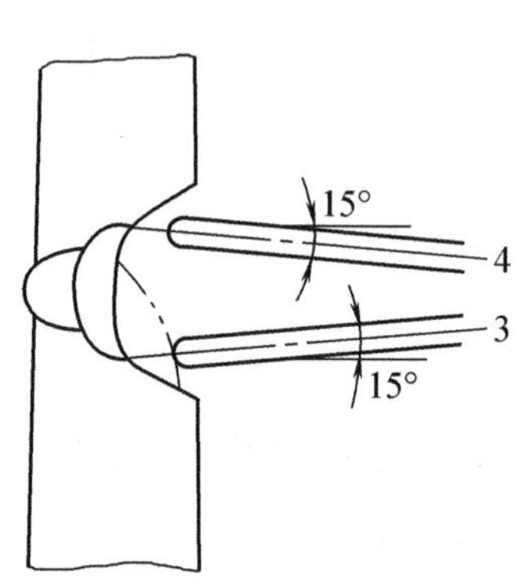

图3-56　焊第二层焊缝时的焊条的角度

焊第二层下面的填充焊缝时，电弧对准第一层填充焊缝的下沿，并稍摆动，使熔池能压住第二层焊缝的1/2～2/3。

焊第二层上面的填充焊缝时，在电弧对准第一层填充焊缝的上沿时稍摆动，使熔池正好填满空余位置，使表面平整。

当填充层焊缝焊完后，其表面应距下坡口表面约2mm，距上坡口约0.5mm，不要破坏坡口两侧棱边，为盖面层施焊打好基础。

（5）盖面层焊接　在盖面层施焊时，焊条与试件的角度，如图3-57所示。焊条与焊接方向的角度与打底焊相同，盖面层焊缝共三道，依次从下往上焊接。

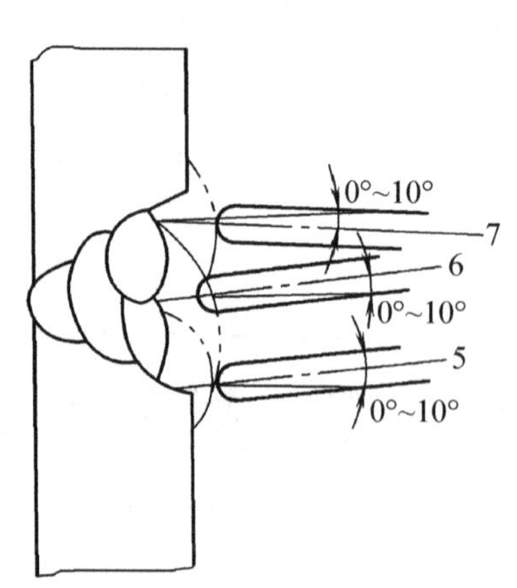

图3-57　盖面焊缝的焊条角度

在焊盖面层时，焊条摆幅和焊接速度要均匀，并采用较短的电弧，每条盖面焊缝要压住前一条填充焊缝的2/3。

在焊接最下面的盖面焊缝时，要注意观察试板坡口下边的熔化情况，保持坡口边缘均匀熔化，并避免产生咬边、未熔合等现象。

在焊中间的盖面焊缝时，要控制电弧的位置，使熔池的下沿在上一条盖面焊缝的1/3～2/3处。

上面的盖面焊缝是接头的最后一条焊缝，操作不当容易产生咬边，铁液下淌。在施焊时，应适当增大焊接速度或减小焊接电流，将铁液均匀地熔合在坡口的上边缘。适当地调整运条速度和焊条角度，避免铁液下淌、产生咬边，以得到整齐、美观的焊缝。

四、横对接焊的评分标准

横对接焊的评分标准见表3-16。

表3-16　横对接焊的评分标准

考核项目	考核内容	考核要求	配分	评分标准
安全文明生产	能正确执行安全技术操作规程	按达到规定的标准程度评定	5	根据现场纪律，视违反规定程度扣1~5分
	按有关文明生产的规定，做到工作地面整洁、焊件和工具摆放整齐	按达到规定的标准程度评定	5	根据现场纪律，视违反规定程度扣1~5分
主要项目	焊缝的外形尺寸	焊缝余高0~4mm，余高差≤3mm。焊缝宽度比坡口每侧增宽0.5~2.5mm，宽度差≤3mm	25	有一项不符合要求扣3分
		焊后角变形0°~3°，焊缝的错位量≤1.2mm	10	焊后角变形>3°扣6分；焊缝的错位量>1.2mm扣4分
	焊缝的外观质量	焊缝表面成形：波纹均匀、焊缝直度	10	视波纹不均匀、焊缝不直度扣1~10分
		焊缝表面无气孔、夹渣、焊瘤、裂纹、未熔合	10	焊缝表面有气孔、夹渣、焊瘤、裂纹、未熔合其中一项扣10分
		焊缝咬边深度≤0.5mm；焊缝两侧咬边累计总长不超过焊缝有效长度范围内的40mm	15	焊缝两侧咬边累计总长每5mm扣1分，咬边深度>0.5mm或累计总长>40mm，此项不得分
	焊缝的内部质量	按GB/T 3323.1—2019《焊缝无损检测　射线检测　第1部分：X和伽马射线的胶片技术》标准对焊缝进行X射线检测	20	Ⅰ级片不扣分；Ⅱ级片扣5分；Ⅲ级片扣10分，Ⅳ以下为不及格

五、想一想

1. 横焊时容易出现哪些缺陷？如何防止？
2. 横焊时，焊件开坡口有什么特点？
3. 开坡口横焊时，如何防止熔化金属下淌？

项目五　仰　焊

一、学习目标

本项目主要要求在学习过程中，掌握仰焊操作技术，能够根据现场情况，通过调节焊接电流、电弧长度等焊接参数实现仰焊。

二、准备

知识的准备

仰焊是指在对接焊缝倾角0°或180°、焊缝转角270°位置的焊接。

仰焊是各种位置焊接中最难的一种。由于熔池倒悬在焊件下面，液体金属靠自身表面张力作用保持在焊件上。如果熔池温度高，表面张力则减小，熔池体积增大，则重力作用加强。这些会引起熔池金属下坠，甚至成为焊瘤，背面则会形成凹陷，使焊缝成形较为困难。

因此，仰焊施焊时应采用小直径焊条，短弧焊接。焊接电流要合适，电流太小则根部焊不透，太大则容易引起熔化金属下坠。

仰焊时极易疲劳，而运条过程又要细心操作，一旦臂力不支，身体就会松弛，导致运条不均匀、不稳定，从而影响焊接质量。

仰焊技术确实有它的难点，同时也有很多优点，而这些优点是建筑钢结构焊接工程中最重要的技术指标所要求的。比如，结构体系的初始应力的控制、工效的提高以及降低成本等指标和仰焊技术密切相关。图3-58和图3-59所示就是仰焊技术在国家体育场“鸟巢”项目中的应用。

图 3-58　国家体育场"鸟巢"项目

图 3-59　"鸟巢"钢结构柱脚底板仰焊现场

操作的准备

1. 焊件的准备

1）板料 2 块，材料为 Q235 钢，每块板料的尺寸为 300mm × 100mm × 12mm，开 60°V 形坡口，如图 3-60 所示。

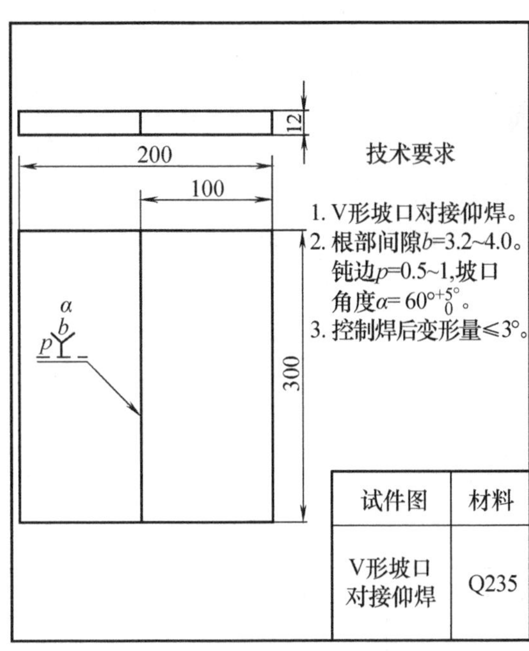

图 3-60　V 形坡口对接仰焊试件图

2）矫平。

3）清理坡口及坡口两侧各 20mm 范围内的油污、铁锈、水分及其他污染物，并清除毛刺。

2. 焊件装配技术要求

1）装配平整。

2）预留反变形。

3）将试板坡口向下固定在距离地面 800 ~ 900mm 的位置上。

3. 焊接材料

选择 E4303 焊条，焊条直径为 ϕ3.2mm。

4. 焊接设备

ZX7-400B。

三、操作过程

1. 操作示意图

仰焊实际操作如图 3-61 所示。

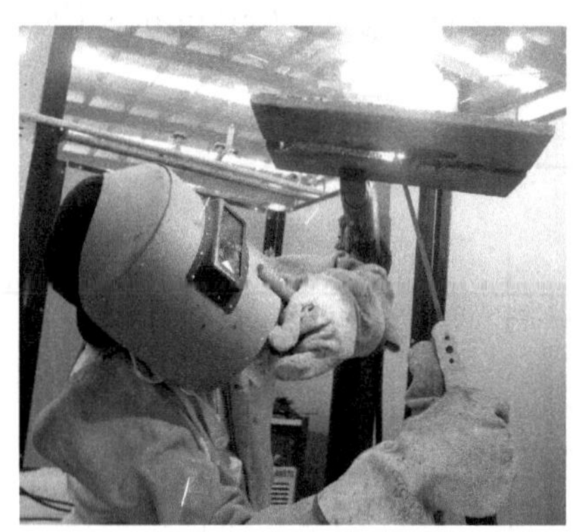

图 3-61　仰焊实际操作

2. 装配与定位焊

（1）装配要求　见表 3-17。

表 3-17　试板装配尺寸

坡口角度/(°)	装配间隙/mm	钝边/mm	反变形/(°)	错边量/mm
60	始焊端 3.0 终焊端 3.3	0.5 ~ 1	3 ~ 4	≤1

（2）定位焊　定位焊时，沿坡口内距两端约 20mm 处引弧，定位焊缝长度约为 20mm。

焊接参数见表 3-18。

表 3-18　仰焊焊接参数

焊接层次	焊条直径/mm	焊接电流/A
打底层	3.2	80 ~ 90
填充层		105 ~ 135
盖面层		105 ~ 125

3. 焊接

V 形坡口对接仰焊单面焊双面成形，是焊接位置中最困难的一种。为防止熔化金属下坠使正面产生焊瘤，背面产生凹陷，操作时，必须采用最短的电弧长度。施焊时采用多层焊或多层多道焊。

（1）打底层焊接　打底层焊接可采用连弧手法，也可以采用灭弧击穿法（一点法、二点法），如图 3-62a 所示。

1）连弧焊手法

① 引弧。在定位焊缝上引弧，并使焊条在坡口内做轻微横向快速摆动。当焊至定位焊缝尾部时，应稍作预热，将焊条向上顶一下，听到“噗噗”声时，表明坡口根部已被熔透，第一个熔池已形成，需使熔孔向坡口两侧各深入 0.5 ~ 1mm。

② 运条方法。采用直线往返形或锯齿形运条法，当焊条摆动到坡口两侧时，需稍作停顿（1 ~ 2s），使填充金属与母材熔合良好，并应防止与母材交界处形成夹角，以免清渣困难。焊条与试板夹角为 90°，与焊接方向夹角为 60° ~ 70°，如图 3-62b 所示。

③ 焊接要点

a. 应采用短弧施焊，利用电弧吹力把熔化金属托住，并将部分熔化金属送到试件背面。

b. 应使新熔池覆盖前一熔池的 1/2 ~ 2/3，并适当加快焊接速度，以减少熔池面积和形成薄焊缝，从而达到减轻焊缝金属自重的目的。

c. 焊层表面要平直，避免下凸，否则将给下一层焊接带来困难，并易产生夹渣、未熔合等缺陷。

④ 收弧。收弧时，先在熔池前方做一熔孔，然后将电弧向后带 10mm 左右，再熄弧，并使其形成斜坡。

⑤ 接头。采用热接法。在弧坑后面 10mm 的坡口内引弧，当运条到弧坑根部时，应缩小焊条与焊接方向的夹角，同时将焊条顺着原先熔孔向坡口部顶一下，听到“噗噗”声后稍停，再恢复正常手法焊接。采用热接法时，更换焊条动作越快越好。

也可采用冷接法。在弧坑冷却后，用砂轮和扁铲对收弧处修一个 10 ~ 15mm 的斜坡，在斜坡上引弧并预热，使弧坑温度逐步升高，然后将焊条顺着原先熔孔迅速上顶，听到“噗噗”声后，稍作停顿，再恢复正常手法焊接。

2）灭弧焊手法

① 引弧。在定位焊缝上引弧，然后焊条在始焊部位坡口内做轻微快速横向摆动，当焊至定位焊缝尾部时，应稍作预热，并将焊条向上顶一下，听到“噗噗”声后，表明坡口根部已被焊透，第一个熔池已形成，并使熔池前方形成向坡口两侧各深入 0.5 ~ 1mm 的熔孔，然后焊条向斜下方灭弧。

② 焊条角度。焊条与焊接方向的夹角为 60° ~ 70°，如图 3-62b 所示。采用直线往返形运条法施焊。

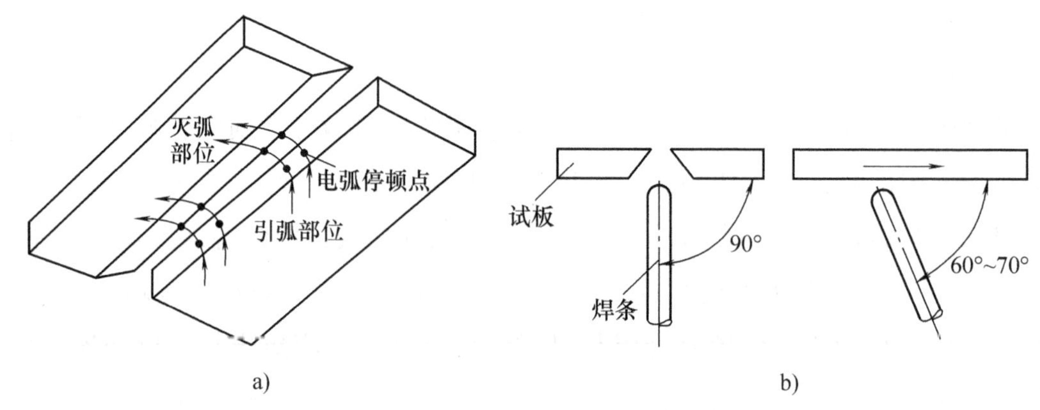

图 3-62　单面焊双面成形仰焊操作示意图

a）连弧法打底焊　b）焊条的角度

③ 焊接要点。采用两点击穿法，坡口左、右两侧钝边应完全熔化，并深入两侧母材各 0.5 ~ 1mm。灭弧动作要快，干净利落，并使焊条总是向上探，利用电弧吹力可有效地防止背面焊缝内凹。

灭弧与接弧时间要短，灭弧频率为 30 ~ 50 次/min，每次接弧位置要准确，焊条中心要对准熔池前端与母材的交界处。

④ 接头。更换焊条前，应在熔池前方做一熔孔，然后回带 10mm 左右再熄弧。迅速更换焊条后，在弧坑后面 10 ~ 15mm 坡口内引弧，用连弧手法运条到弧坑根部时，将焊条沿着预先做好的熔孔向坡口根部顶一下，听到“噗噗”声后，稍停，在熔池中部斜下方灭弧，随即恢复原来的灭弧焊手法。

（2）填充层焊接　可采用多层焊或多层多道焊。

1）多层焊。应将第一层焊渣、飞溅物清除干净，若有焊瘤应修磨平整。在

距焊缝始端10mm左右处引弧，然后将电弧拉回到起始焊处施焊（每次接头都应如此）。采用短弧月牙形或锯齿形运条法施焊，如图3-63所示。焊条与焊接方向夹角为85°~90°，焊条运条到焊缝两侧一定要稍停片刻，中间摆动速度要尽可能快，以形成较好的焊缝，保证让熔池呈椭圆形，大小一致，防止形成凸形焊缝。

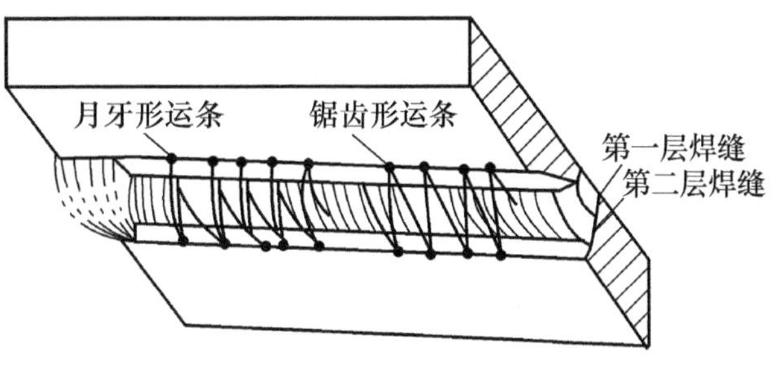

图3-63　V形坡口对接仰焊的运条方法

2）多层多道焊。宜用直线运条法，焊缝的排列顺序，如图3-64a所示，焊条的位置和角度应根据每条焊缝的位置做相应的调整，如图3-64b所示。每条焊缝要搭接1/2~2/3。并认真清查，以防止焊缝间脱节和夹渣。

填充层焊完后，其表面应距试件表面1mm左右，保证坡口的棱边不被熔化，以便盖面层焊接时控制焊缝的直线度。

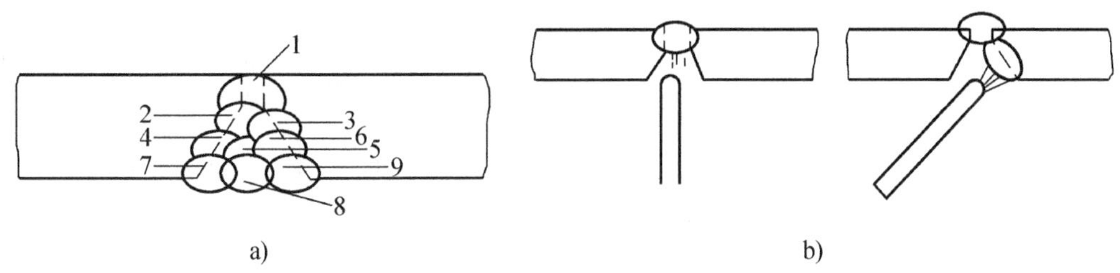

图3-64　V形坡口对接仰焊的多层多道焊

（3）盖面层焊接　盖面层焊接前需仔细清理焊渣及飞溅物。用直径3.2mm的焊条、月牙形或锯齿形运条法焊接。焊条与焊接方向夹角为85°~90°，焊条摆动到坡口边缘时稍作停顿，以坡口边缘熔化1~2mm为准，防止咬边。保持熔池外形平直，如有凸形出现，可使焊条在坡口两侧停留时间稍长一些，必要时做灭弧动作，以保证焊缝成形均匀、平整。更换焊条时采用热接法。更换焊条前，应对熔池填几滴熔滴金属，迅速更换焊条后，在弧坑前10mm左右处引弧，再把电弧拉到弧坑处划一小圆圈，使弧坑重新熔化，随后进行正常焊接。

采用碱性焊条电弧焊进行仰位板件的单面焊双面成形时，为了得到优良的焊接接头，应做到：正确选择焊接参数；注意观察，控制好熔孔大小、熔池温度和熔池形状；适时调整焊条角度、电弧长度；掌握好运条步伐、摆动幅度和在坡口两边的停留时间；眼到手到、不慌不乱。

四、仰焊的评分标准

仰焊的评分标准见表3-19。

表3-19　仰焊的评分标准

考核项目	考核内容	考核要求	配分	评分标准
安全文明生产	能正确执行安全技术操作规程	按达到规定的标准程度评定	5	根据现场纪律，视违反规定程度扣1～5分
	按有关文明生产的规定，做到工作地面整洁、焊件和工具摆放整齐	按达到规定的标准程度评定	5	根据现场纪律，视违反规定程度扣1～5分
主要项目	焊缝的外形尺寸	焊缝余高0～4mm，余高差≤3mm。焊缝宽度比坡口每侧增宽0.5～2.5mm，宽度差≤3mm	15	有一项不符合要求扣3分
		焊后角变形0°～3°，焊缝的错位量≤1.2mm	5	焊后角变形>3°扣3分；焊缝的错位量>1.2mm扣2分
	焊缝的外观质量	焊缝表面成形：波纹均匀、焊缝直度	10	视波纹不均匀、焊缝不直度扣1～10分
		焊缝表面无气孔、夹渣、焊瘤、裂纹、未熔合	10	焊缝表面有气孔、夹渣、焊瘤、裂纹、未熔合其中一项扣10分
		焊缝咬边深度≤0.5mm；焊缝两侧咬边累计总长不超过焊缝有效长度范围内的40mm	10	焊缝两侧咬边累计总长每5mm扣1分，咬边深度>0.5mm或累计总长>40mm，此项不得分
		未焊透深度≤1.5mm；总长不超过焊缝有效长度范围内的26mm	10	未焊透累计总长每5mm扣2分，未焊透深度>1.5mm或累计总长>26mm，此焊件按不及格论
		背面焊缝凹坑≤2mm	10	背面焊缝凹坑>2mm，此项不得分
	焊缝的内部质量	按GB/T 3323.1—2019《焊缝无损检测　射线检测　第1部分：X和伽马射线的胶片技术》标准对焊缝进行X射线检测	20	Ⅰ级片不扣分；Ⅱ级片扣5分；Ⅲ级片扣10分，Ⅳ以下为不及格

五、想一想

1. 仰焊操作的困难有哪些？
2. 电弧长度对仰焊缝质量有什么影响？
3. 仰焊操作应注意哪些安全事项？

项目六　管　焊

任务一　管子对接焊

一、学习目标

本项目主要要求在学习过程中，掌握水平转动、水平固定和垂直固定三种管对接焊的焊接方法，能够根据现场情况，通过调节焊接电流、电弧长度等焊接参数实现固定管子焊接。

二、准备

知识的准备

管材对接焊根据固定位置的不同可分为水平转动焊、水平固定焊、垂直固定焊、45°固定斜焊等几种形式，如图3-65所示。大部分管子的焊接只能单面焊，故多采用单面焊双面成形焊法。根据管子壁厚不同，可以开V形或U形坡口以保证焊透。下面简单介绍几种管焊方法的特点。

管子对接水平固定焊需经过仰焊、立焊、平焊三种焊接位置的转换焊接，焊接熔池在各种位置转换变化过程中形成，所以水平固定焊称为全位置焊。这种焊接位置操作难度较大，要使焊缝成形基本一致，就更有难度，这就要求焊工在焊接位置转换过程中，必须相应调整焊条角度才能控制好熔池形状，否则就会出现焊缝宽窄不一致、高低相差大的不良成形，尤其是平焊位容易出现下凹现象，仰焊位容易产生夹渣、未熔合和焊瘤等缺陷，焊缝易产生中间高、两侧咬边等缺陷。

转动管焊接在生产中是最为普遍的一种焊接位置，焊接质量容易得到保证，但如果操作不当也会产生缺陷。在焊接过程中管子随轴中心线转动，由于此时焊

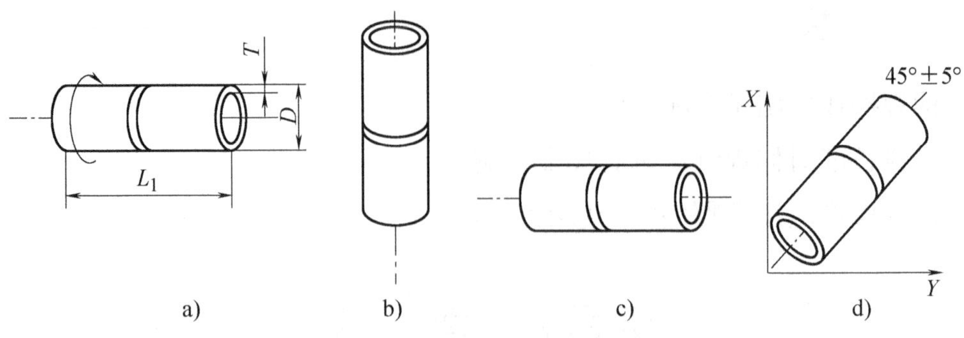

图 3-65　管材对接焊试件图

缝是一条变化的曲线，在焊接过程中焊条角度也要随焊接位置的不同而变化。

垂直固定管的焊接位置为横焊，其不同于板对接横焊的是：焊工在焊接过程中要不断地按着管子曲率移动身体，并逐渐调整焊条沿着管子圆周转动，给操作者带来了一定的困难。单面焊双面成形时，液态的金属受到重力的影响，极易下坠形成焊瘤或下坡口边缘熔合不良，坡口上侧则易产生咬边等缺陷。因此焊接过程中应该始终保持较短的电弧，较少的液态金属送给量和较快的间断熄弧频率，以有效控制熔池温度，从而防止液态金属下坠，并且焊条角度随着环形焊缝的周向变化而变化，以获得满意的焊缝成形。

操作的准备

1. 焊件的准备

1）20 钢管，三组，每组两根，每根壁厚 3.5mm，直径 57mm，长 200mm，60°±5°V 形坡口。

2）矫平。

3）清理坡口及坡口两侧各 20mm 范围内的油污、铁锈、水分及其他污染物，并清除毛刺。

2. 焊件装配技术要求

1）钝边 0.5～1mm，无毛刺，错边量≤0.5mm。

2）装配间隙为 2.0～2.5mm，上部（平焊位）为 2.5mm，下部（仰焊位）为 2.0mm，放大上半部间隙作为焊接时焊缝的收缩量，如图 3-66 所示。

3. 焊接材料

选择 E4303 焊条，焊条直径为 ϕ2.5mm。

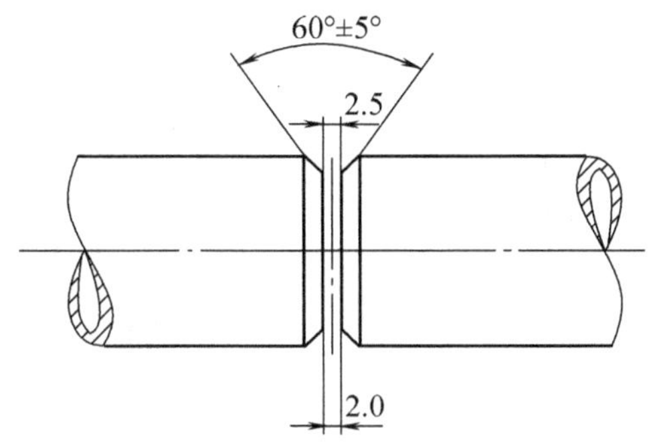

图 3-66　试件根部间隙

4. 焊接设备

ZX7-400B。

三、操作过程

1. 操作示意图

管对接焊实际操作如图 3-67 所示。

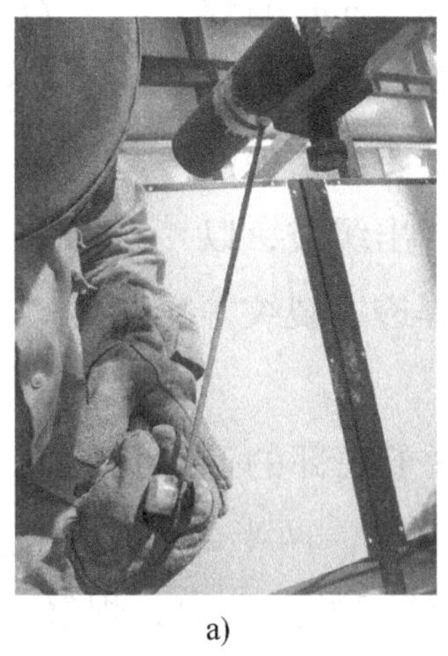

a)

b)

图 3-67　管对接焊实际操作

2. 水平固定管焊接

（1）坡口准备　由于焊缝是环形的，焊条角度变化很大（图 3-68），故操作比较困难，应注意每个环节的操作要领。

在坡口附近 20mm 左右的区域，用砂纸或钢丝刷打光，直至露出金属光泽。组装时，管子轴线中心必须对正，内外壁要齐平，避免产生错口现象。焊接时，由于管子处于吊焊位置，一般先从管子底部起焊。考虑到焊接时焊缝冷却收缩不

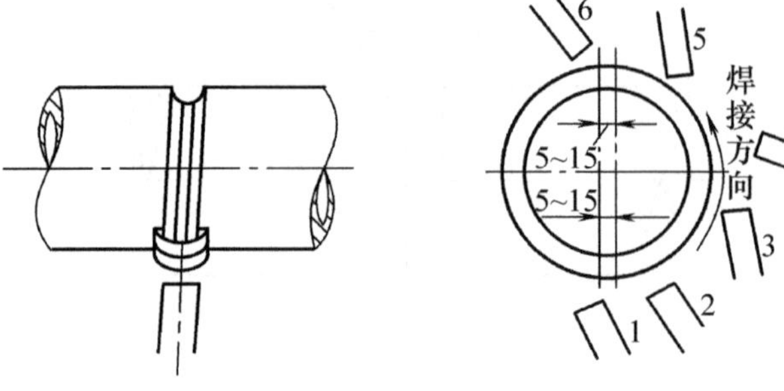

图 3-68　水平固定管焊接操作

均，所以对大直径管子，使平焊位置的接口间隙大于仰焊位置的间隙 0.5 ~ 2mm。接口间隙过大，焊接时容易烧穿面，形成焊瘤；间隙过小，会形成未焊透缺陷。如果对焊缝熔透要求不高，接口间隙可适当减小，以便于施焊。

（2）定位焊　一般以管径大小确定定位焊数量。ϕ57mm 钢管定位焊 2 处为宜，定位焊缝在水平或斜平位置上（图 3-69）。定位焊缝长度一般为 15 ~ 30mm，余高为 3 ~ 5mm。高度太小，容易开裂；高度太大，给以后正式焊接带来困难。定位焊时用直径为 ϕ2.5mm 的焊条，焊接电流 70 ~ 80A。起焊处要有足够的温度，以防止黏合，收尾时弧坑要填满。对于要求高的管子要严格控制定位焊质量，定位焊缝的两端用锉刀、砂轮打出缓坡，以保证接头焊透。当发现定位焊缝有凹陷、未焊透、裂纹等缺陷时，应铲除缺陷后重新定位焊。

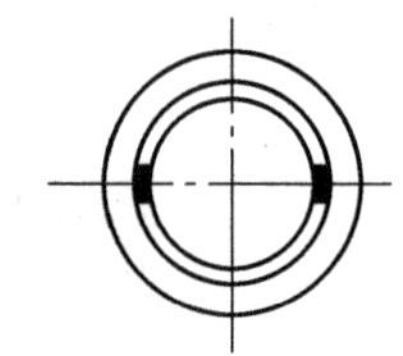

图 3-69　水平固定管定位焊示意图

（3）焊接要点　水平固定管焊接常从管子底部的仰焊位置开始，分两半焊接。先焊的一半叫前半部，后焊的一半叫后半部。两半部焊接都按照仰—立—平的顺序进行，这样操作有利于熔化金属与熔渣很好地分离，焊缝成形容易控制。水平固定管焊接的焊接参数见表 3-20。

表 3-20　水平固定管焊接的焊接参数

焊接层次	焊条直径/mm	焊接电流/A	电弧电压/V
打底层	2.5	75 ~ 80	22 ~ 26
盖面层	2.5	70 ~ 75	22 ~ 26

1）打底层焊接。用直径 ϕ2.5mm 的焊条，先在前半部仰焊的坡口边上直击法引弧后，将电弧引至坡口间隙中，用长弧烤热起焊处，经 2 ~ 3s，坡口两侧接

近熔化状态（即金属表面有“汗珠”时），立即压低电弧并往上顶，形成第二个熔池。如此反复，一直向前移动焊条。当发现熔池温度过高，熔化金属有下淌的趋势时，采取灭弧方法，待熔池稍有变暗，即重新引弧，引弧部位应在熔池前面。

为了消除或减少仰焊部位的内凹现象，除了合理选择坡口角度和电流之外，引弧动作要准确和稳定，灭弧动作要果断，要保持短弧，电弧在坡口两侧停留时间不宜过长。

从上向下焊接，操作位置在不断变化，焊条角度必须相应变化。到了平焊位置，易在背面产生焊瘤。在平焊位置操作时，电弧不能在熔池的前半部多停留，焊条可以小幅度地横向摆动，这样也可使背面有较好的成形。

后半部的操作方法与前半部相似，但要完成两处焊缝接头，其中仰焊接头比平焊接头难度更大，也是整个水平固定管焊接的关键。为了便于接头，在焊接前半部时，仰焊的起头处和平焊的收尾处都应超过管子垂直中心线 5 ~ 15mm。在焊接仰焊接头时，应把起焊处的厚焊缝用电弧割一部分（约 10mm），这样既割去了可能存在的缺陷，又形成缓坡割槽，便于接头。操作时先用长弧烤热接头部分（图 3-70a），运条至接头中心时立即拉平焊条压住熔化金属，依靠电弧吹力把液体金属推走而形成一缓坡割槽（图 3-70b、c、d）。焊接到接口中心时，切忌灭弧，必须将焊条向上顶一下，以打穿未熔化（或夹渣）的根部，使接头完全熔合。对于重要的管子，当使用碱性焊条焊接时，可用錾、锉等工具把仰焊接头处修成缓坡，然后再施焊。在焊接平焊接头时，也要先将其修成缓坡。

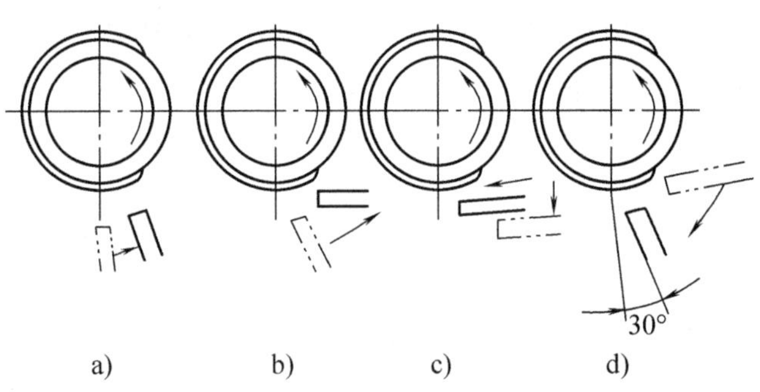

图 3-70 水平固定管仰焊接头操作法

当运条至斜立焊位置时，要采用顶弧焊，即将焊条前倾，并稍做横向摆动（图 3-71）。当距接头处 3 ~ 5mm 即将封闭时，绝不可灭弧。接头封闭时，应把焊条向里压一下，这时可听到电弧打穿焊缝根部的“噗噗”声，焊条在接头处来回摆动，保证充分熔合，填满弧坑后引弧到坡口的一侧熄弧。当与定位焊缝相接时，也需用上述方法接头。

2）盖面层焊接。焊好盖面层不单为了焊缝美观，也为了保证焊缝质量。如严重的咬边，焊缝过高或不足，焊缝与管子过渡陡急都是不允许的。图 3-72 所示是大管和中小管焊缝盖面层高、宽的要求。为了使焊缝中间高一些，运条方法可采用月牙形，摆动稍慢而平稳，使焊波均匀美观。运条至两侧要有足够的停留时间。若摆动太快，则熔滴过渡量太少，边角填不满，易出现咬边。

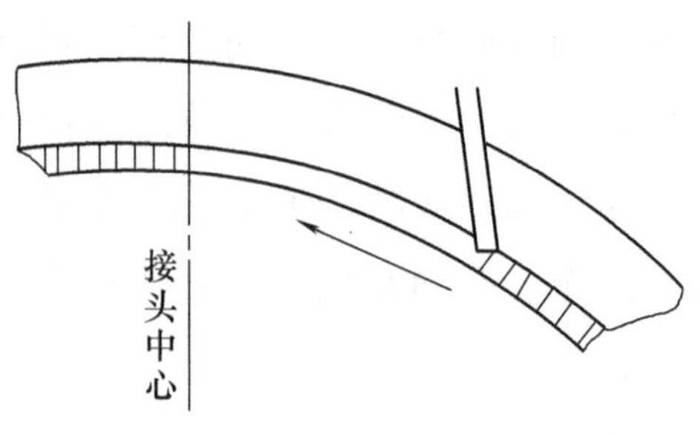

图 3-71　平焊位置接头用顶弧焊法

由于大管坡口上端太宽，盖面层可分三道焊成（图 3-72a）。第一道焊缝的宽度应占盖面层焊缝宽度的 2/3，第二道应占总宽度的 1/2，第三道压在第一、第二道上。这样既起到盖面层的加强作用，又达到使整个焊缝缓慢冷却的目的。

3. 水平转动管焊接

对于管段、法兰等可拆的、重量不大的焊件，可以应用转动焊接法。

（1）对口及定位焊　对口及定位焊方法与水平管子固定焊接相似，最好不采取在坡口内直接定位的方式，而用钢筋或适当尺寸的小钢板在管子外壁进行定位焊。

（2）焊接要点　对转动管子施焊（图 3-73），为了使根部容易焊透，一般在立焊部位焊接。为保证坡口两侧充分熔合，运条时可做适当横向摆动。由于管件可以转动，焊条不做向前运条。

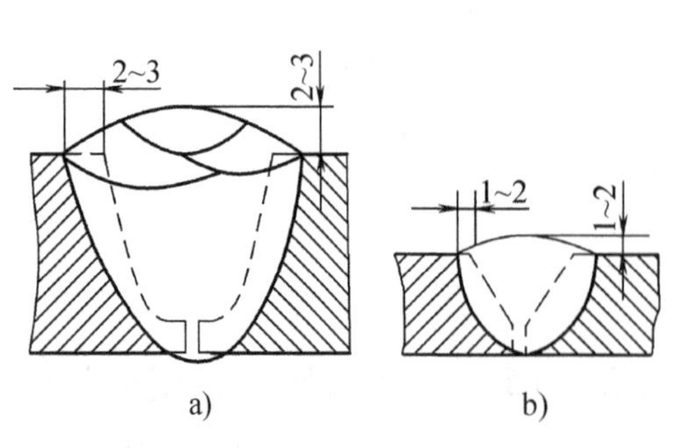

图 3-72　管子焊缝盖面层的要求

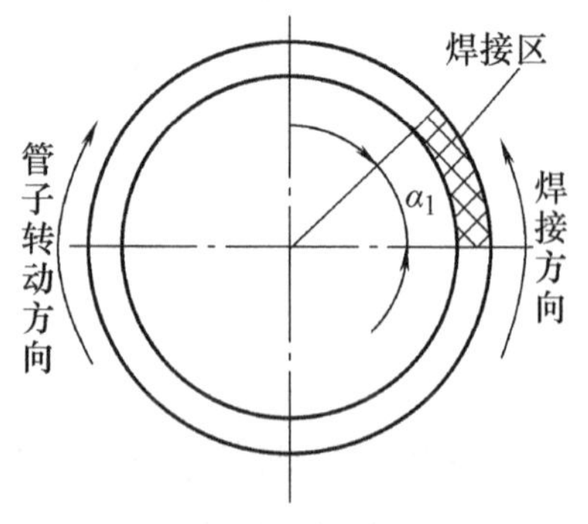

图 3-73　对转动管子施焊

水平转动管焊接的焊接参数见表 3-21。

表 3-21　水平转动管焊接的焊接参数

焊接层次	焊条直径/mm	焊接电流/A	电弧电压/V
打底层	2.5	75 ~ 80	22 ~ 26
盖面层	2.5	70 ~ 75	22 ~ 26

4. 垂直固定管焊接

垂直固定管焊接操作位置如图 3-74 所示。

（1）接口准备　按照管壁厚度选择坡口形式，经加工成形。组装时，若两管不等，产生错口，这时可将直径较小的管子置于下方，并使沿圆周方向的错口大小均匀，避免错口偏于一侧。当错口较大时，根部不可能焊透，会引起应力集中，从而导致焊缝根部破裂。错口大于 2mm 时，应经加工使内径相同。只有管子断面垂直于管子轴线组装时才能便于确定错口大小，也能保证接口对正。定位焊时方法与水平固定管相同。

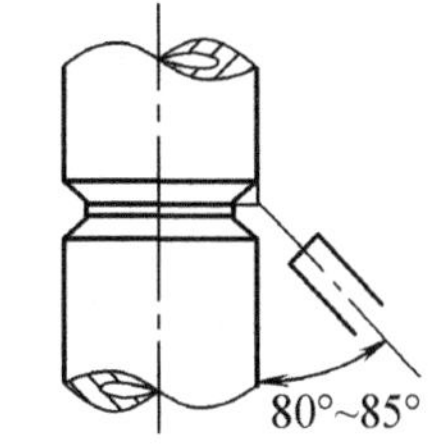

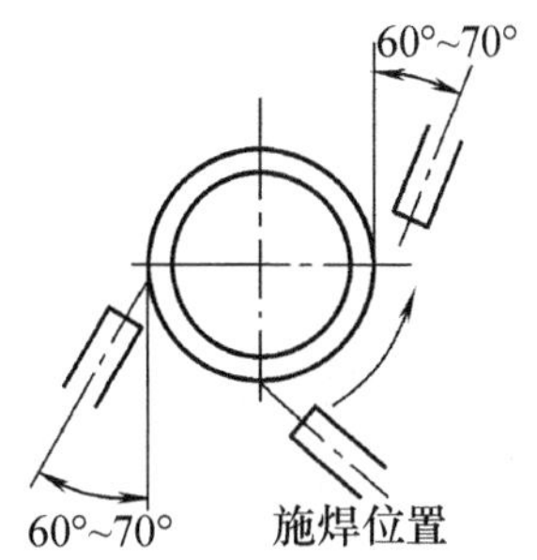

图 3-74　垂直固定管焊接操作位置

（2）焊接要点　垂直固定管焊接的焊接参数见表 3-22。

打底层焊接时，先选定始焊处，用直击法在坡口内引弧，拉长电弧烧热坡口，待坡口两侧接近熔化温度，压低电弧形成熔池，随后采用直线或斜齿形运条向前移动。运条时，焊条有两个倾斜角度，如图 3-74 所示。换焊条动作要快，当焊缝还未冷却时，再次引燃电弧。焊一圈回到始焊处，听到击穿声后，焊条略加摆动，并填满弧坑后收弧。打底层焊缝的位置在坡口正中略偏下，焊缝的上部不要有尖角，下部不要有黏合。

表 3-22　垂直固定管焊接的焊接参数

焊接层次	焊条直径/mm	焊接电流/A	电弧电压/V
打底层	2.5	75 ~ 80	22 ~ 26
盖面层	2.5	70 ~ 75	22 ~ 26

在焊接盖面层时，可按水平固定管焊接的操作顺序，但外表成形往往达不到要求，所以上、下焊缝焊速要快，中间焊缝焊速要慢，使盖面层成为凸形。焊缝间可不清理渣壳，以使温度缓慢下降。焊最后一道焊缝时，焊条垂直倾角要小，

以消除咬边现象。

四、管子对接焊的评分标准

管子对接焊的评分标准见表3-23。

表3-23　管子对接焊的评分标准

考核项目	考核内容	考核要求	配分	评分标准
安全文明生产	能正确执行安全技术操作规程	按达到规定的标准程度评定	5	根据现场纪律，视违反规定程度扣1~5分
	按有关文明生产的规定，做到工作地面整洁、焊件和工具摆放整齐	按达到规定的标准程度评定	5	根据现场纪律，视违反规定程度扣1~5分
主要项目	焊缝的外形尺寸	焊缝余高0~4mm，余高差≤3mm。焊缝宽度比坡口每侧增宽0.5~2.5mm，宽度差≤3mm	10	有一项不符合要求扣2分 焊脚尺寸不符合要求扣7分 凸、凹度不符合要求扣3分
		焊后角变形≤1mm，焊缝的错位量≤0.5mm	10	焊后角变形>1mm扣6分；焊缝的错位量>0.5mm扣4分
	通球检验	通球直径为49mm	10	通球检验不合格，此项不得分
	焊缝的外观质量	焊缝表面成形：波纹均匀、焊缝直度	10	视波纹不均匀、焊缝不直度扣1~10分
		焊缝表面无气孔、夹渣、焊瘤、裂纹、未熔合	10	焊缝表面有气孔、夹渣、焊瘤、裂纹、未熔合其中一项扣10分
		焊缝咬边深度≤0.5mm；焊缝两侧咬边累计总长不超过焊缝有效长度范围内的26mm	10	焊缝两侧咬边累计总长每5mm扣1分，咬边深度>0.5mm或累计总长>26mm，此项不得分
		背面焊缝凹坑深度≤1mm；总长不超过焊缝有效长度范围内的13mm	10	背面焊缝凹坑累计总长每5mm扣2分，凹坑深度>1mm或累计总长>13mm，此项不得分
	焊缝的内部质量	按GB/T 3323.1—2019《焊缝无损检测　射线检测　第1部分：X和伽马射线的胶片技术》标准对焊缝进行X射线检测	20	Ⅰ级片不扣分；Ⅱ级片扣5分；Ⅲ级片扣10分，Ⅳ级以下为不及格

五、想一想

1. 简述水平固定管的装配和定位焊的要求。
2. 简述水平固定管的焊接顺序。
3. 简述水平固定管接头处的操作方法。
4. 垂直固定管焊接与板对接横焊有哪些区别?
5. 简述如何进行水平转动管子的焊接。

任务二　管板对接焊

一、学习目标

本任务主要要求在学习过程中，掌握固定管板的焊接方法，能够根据现场情况，通过调节焊接电流、电弧长度等焊接参数实现固定管板焊接。

二、准备

知识的准备

固定管板焊接根据管板的空间位置不同，可分为垂直固定俯位焊、垂直固定仰位焊和水平固定焊三类，如图 3-75 所示。一般要求根部焊透，保证背面成形，正面焊脚对称。

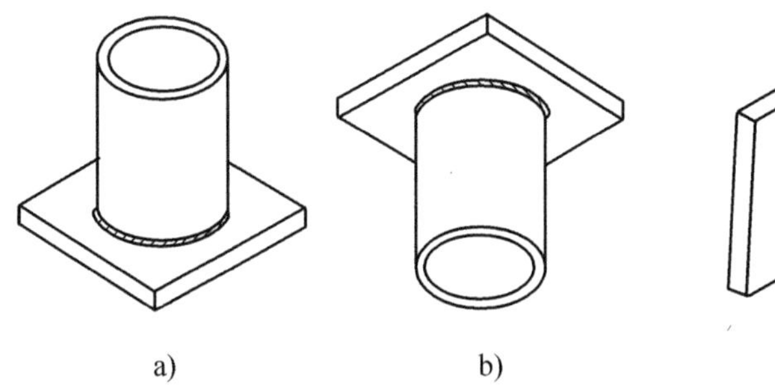

图 3-75　管板的焊接位置

a）垂直固定俯位焊　b）垂直固定仰位焊　c）水平固定焊

操作的准备

1. 焊件的准备

1）20 钢管，三根，每根壁厚 3. 5mm，直径 57mm，长 100mm。

2）20 钢板，三块，尺寸为 120mm × 120mm × 12mm，板材中心按管子内径加工通孔，如图 3-76 所示。

3）矫平。

4）清理试件管板孔周围 20mm 和管子端部 20mm 范围内的油污、铁锈、水分及其他污染物，并清除毛刺。

2. 焊件装配技术要求

1）钝边 0.5 ~ 1mm，无毛刺。

2）装配间隙。根部间隙试件上部平位留 3.2mm，下部仰位留 2.5mm，放大上半部间隙作为焊接时焊缝的收缩量，错边 ≤0.4mm，管子与管板相垂直。

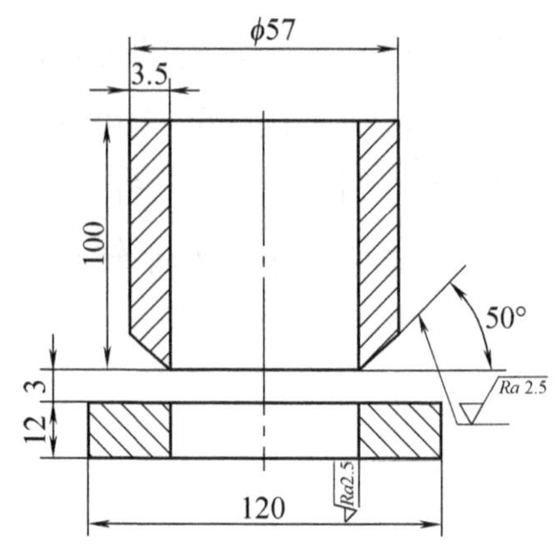

图 3-76　骑坐式管板焊试件

3）定位焊。采用两点固定试件的上半部分，即焊接时钟 2 点和 10 点位置，定位焊长度为 5 ~ 10mm，两端修磨成斜坡，以便于接头。定位焊焊缝厚度为 2 ~ 3mm，要求焊透，无夹杂、气孔缺陷。

3. 焊接材料

选择 E4303 焊条，焊条直径为 ϕ2.5mm。

4. 焊接设备

ZX7-400B。

三、操作过程

1. 操作示意图

管板对接焊实际操作如图 3-77 所示。

2. 骑坐式管板水平固定全位置焊

管板水平固定焊缝施焊时分前半圈（左）和后半圈（右）2 个半圈，每个半圈都存在仰、立、平三种不同位置焊接。将焊接处于焊接接口的某部位用 12 点钟的方式表示，焊条角度随焊接位置的改变而变化，如图 3-78 所示。

（1）焊接参数　骑坐式管板水平固定全位置焊焊接参数选择见表 3-24。

（2）打底层焊　打底层的焊接可以采用连弧焊手法进行，也可采用灭弧焊手法进行。

1）前半圈焊接（左侧）时，在仰焊 6 点钟位置前 5 ~ 10mm 处的坡口内引弧，

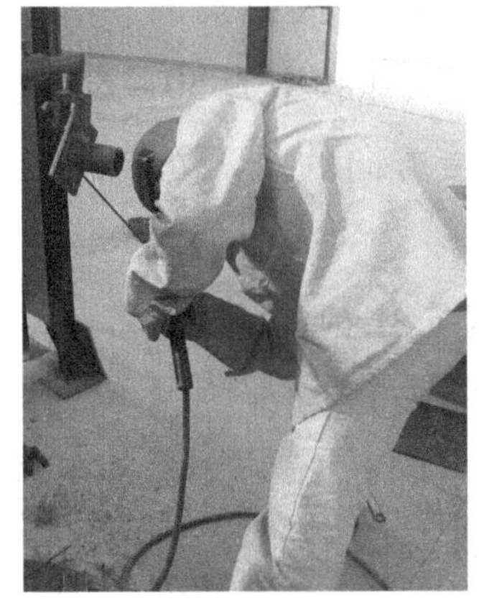

图 3-77　管板对接焊实际操作

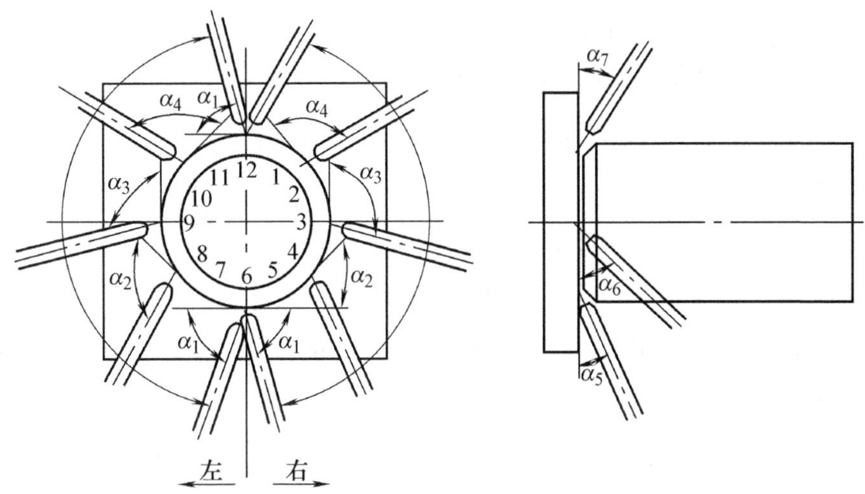

图 3-78　水平固定管板的焊接位置及焊条角度

$\alpha_1=80°\sim85°$　$\alpha_2=100°\sim105°$　$\alpha_3=100°\sim110°$

$\alpha_4=120°$　$\alpha_5=30°$　$\alpha_6=45°$　$\alpha_7=35°$

焊条在坡口根部管与板之间做微小横向摆动。当母材熔液与焊条熔滴连在一起后，第一个熔池形成，然后沿顺时针方向进行正常手法的焊接，直至焊缝超过 12 点钟位置 5～10mm 处熄弧。

表 3-24　骑坐式管板水平固定全位置焊焊接参数

焊 接 层 次	焊条直径/mm	焊接电流/A	电弧电压/V
打底层	2.5	70～80	22～24
填充层	3.2	100～120	22～26
盖面层	3.2	100～110	22～24

2）连弧焊采用月牙形或锯齿形运条法。当采用灭弧焊时，灭弧动作要快，不要拉长电弧，同时灭弧与接弧时间间隔要短，灭弧频率为50～60次/min。每次重新引燃电弧时，焊条中心要对准熔池前沿焊接方向的2/3处，每接触一次，焊缝增长2mm左右。

3）因管与板厚度差较大，焊接电弧应偏向孔板，并保证板孔边缘熔合良好。一般焊条与孔板的夹角为30°～35°，与焊接方向的夹角随着焊接位置的不同而改变。另外，在管板试件的6点钟至4点钟及2点钟至12点钟处，要保持熔池液面趋于水平，不使熔池金属下淌。运条轨迹如图3-79所示。

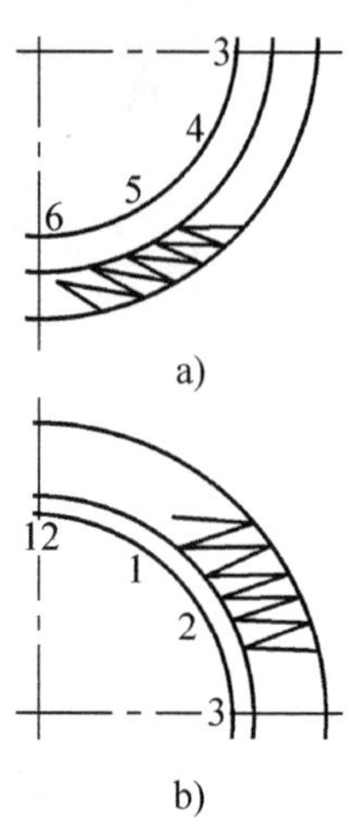

图3-79　管板焊接斜仰位及斜平位处的运条轨迹
a）斜仰位　b）斜平位

4）焊接过程中，要使熔池的形状和大小保持一致，使熔池中的熔液清晰明亮，熔孔始终深入每侧母材0.5～1mm。同时应始终伴有电弧击穿根部所发出的“噗噗”声，以保证根部焊透。

5）当运条到定位焊缝根部时，焊条要向管内压一下，听到“噗噗”声后，快速运条到定位焊缝另一端，再次将焊条向下压一下，另听到“噗噗”声后，稍作停留，再恢复原来的操作手法。

6）收弧时，将焊条逐渐引向坡口斜前方，或将电弧往回拉一小段，再慢慢提起电弧，使熔池逐渐变小，填满弧坑后熄弧。

7）更换焊条时接头有下面两种方法。

① 热接。当弧坑尚保持红热状态时，迅速更换焊条，在熔孔下面10mm处引弧，然后将电弧拉到熔孔处，焊条向里推一下，听到“噗噗”声后，稍作停留，再恢复原来的操作手法。

② 冷接。当熔池冷却后，必须将收弧处打磨出斜坡方向接头。更换焊条后，在打磨处附近引弧，运条到打磨斜坡根部时，焊条向里推一下，另听到“噗噗”声后，稍作停留，再恢复原来的操作手法。

8）后半圈的焊接方法与前半圈基本相同，但需在仰焊接头和平焊接头处多加注意。

一般在上、下两接头处，均打磨出斜坡。引弧后在斜坡后端起焊，运条到斜坡根部时，焊条向上顶，听到“噗噗”声后，稍作停顿，再进行正常手法焊接。

当焊缝即将封闭收口时，焊条向下压一下，听到“噗噗”声后，稍作停留，然后继续向前焊接10mm左右，填满弧坑后收弧。

9）打底焊缝应尽量平整，并保证坡口边缘清晰，以便填充层焊接。

（3）填充层焊接

1）清除打底层焊缝的焊渣，特别是死角。

2）填充层焊接可采用连弧焊手法或灭弧焊手法施焊。其焊接顺序、焊条角度、运条方法与打底层焊接相似，但运条摆幅比打底层稍宽。由于焊缝两侧是不同直径的同心圆，孔板侧比管子侧圆周长，所以运条时，在保持熔池液面趋于水平时，应加大焊条在孔板侧的向前移动间距，并相应地增加焊接停留时间。填充层的焊缝要薄一些，管子一侧坡口要填满，孔板一侧要超出管壁约2mm，使焊缝形成一个斜面，保证盖面层焊缝焊后焊脚对称。

（4）盖面层焊接　盖面层焊接既要考虑焊脚尺寸和对称性，又要使焊缝表面焊波均匀，无表面缺陷，焊缝两侧不产生咬边。

盖面层焊接前，应仔细清理填充层焊缝的焊渣，特别是死角。焊接时，可采用连弧焊手法或灭弧焊手法施焊。

1）连弧焊时，采用月牙形横拉短弧施焊。在仰焊部位6点钟前10mm左右焊趾处引弧，并使熔池呈椭圆形，上、下轮廓线基本处于水平位置。焊条摆动到管与板侧时要稍作停留，而且在板侧停留的时间要长些，以避免咬边。焊条与孔板的夹角从仰焊部位的45°逐渐过渡到平焊部位的60°左右，焊条与焊接方向的夹角随管子的弧度变化而改变。焊缝收口时要填满弧坑后收弧。

2）灭弧焊时，在仰焊部位6点钟前10mm左右的前一道焊缝上引弧，将熔化金属从管侧带到钢板上，向右推熔化金属，形成第一个浅的熔池。以后都是从管向板做斜圆圈形运条，电弧在板侧上停留时间稍长些。当焊至上爬坡焊时，电弧从钢板侧向管侧做斜圆圈形运条。焊缝收口时，要和前半圈收尾焊道吻合好，并填满弧坑后收弧。

3. 骑坐式管板垂直固定俯位焊

（1）焊接参数　骑坐式管板垂直俯位焊焊接参数选择见表3-25。

表3-25　骑坐式管板垂直俯位焊焊接参数

焊接层次	焊条直径/mm	焊接电流/A	电弧电压/V
打底层	2.5	70～80	22～24
盖面层	3.2	100～120	22～24

（2）打底层焊接

1）基本操作。打底层焊接采用连弧法焊接，在与定位焊点相对称的位置起焊，并在坡口内的孔板上引弧，进行预热。当孔板上形成熔池时，向管子一侧移动，待与孔弧熔池相连后，压低电弧使管子坡口击穿并形成熔孔，然后采用小锯齿形或直线运条法进行正常焊接，焊条角度如图3-80所示。焊接过程中，焊条角度要基本保持不变，运条速度要均匀平稳，电弧在坡口根部与孔板边缘应稍作停留。要严格控制电弧长度（保持短弧），使电弧的1/3在熔池前，用来击穿和熔化坡口根部，2/3覆盖在熔池上，用来保护熔池，防止产生气孔。要注意熔池温度，保持熔池开关和大小基本一致，以免产生未焊透、内凹和焊瘤等缺陷。

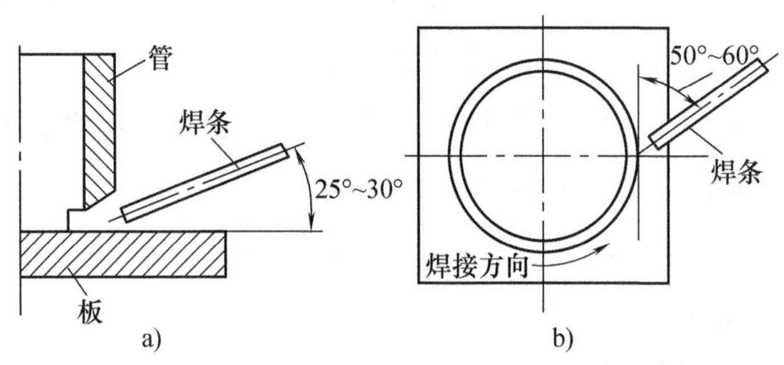

图3-80　骑坐式管板垂直俯位打底层焊接时的焊条角度

a）焊条与管板间的夹角　b）焊条与焊缝切线间的夹角

2）更换焊条的方法。当每根焊条即将焊完前，向焊接相反方向回焊10～15mm，并逐渐拉长电弧至熄灭，以消除收尾气孔或将其带至表面，以便在换焊条后将其熔化。接头尽量采用热接头，如图3-81所示，即在熔池未冷却前，在*A*点引弧，稍作上下摆动移至*B*点，压低电弧，当根部击穿并形成熔孔后，转入正常焊接。

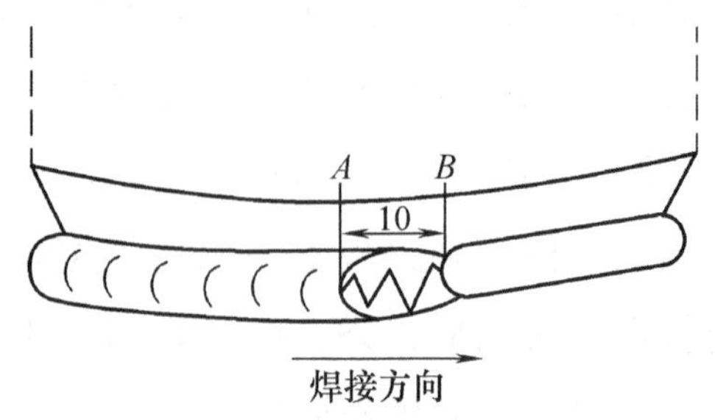

图3-81　骑坐式管板打底层焊接接头方法

3）接头焊法。应先将焊缝始端修磨成斜坡形，待焊至斜坡前沿时，压低电弧，稍作停留，然后恢复正常弧长，焊至与始焊缝重叠约为10mm处，填满弧坑即可熄弧。

（3）盖面层焊接　盖面层必须保证管子不咬边，焊脚对称。盖面层采用两道焊，后道焊缝覆盖前一道焊缝的1/3～2/3，应避免在两焊缝间形成沟槽和焊缝上

凸，盖面层焊接时焊条角度如图 3-82 所示。

4. 骑坐式管板垂直固定仰位焊

垂直固定管板仰焊难度并不太大，因为打底层熔池被管子坡口面托着，实际上与横焊类似，焊接过程中要尽量压低电弧，利用电弧吹力将熔敷金属吹入熔池。

（1）焊缝分布　三层四道，仰焊焊缝分布如图 3-83 所示。

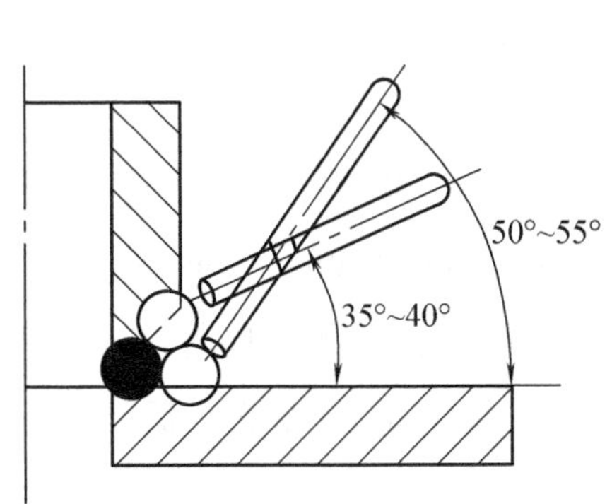

图 3-82　盖面层焊接时焊条角度

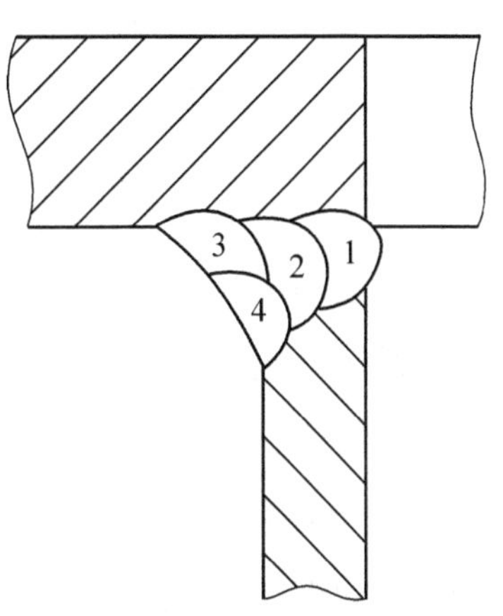

图 3-83　仰焊焊缝分布

（2）焊接参数　见表 3-26。

表 3-26　骑坐式管板垂直仰位焊焊接参数

焊接层次	焊条直径/mm	焊接电流/A
打底层	2.5	60 ~ 80
填充层	2.5	70 ~ 90
盖面层	2.5	70 ~ 80

（3）打底层焊接　必须保证焊根熔合好，背面焊缝美观。

在左侧定位焊缝上引燃电弧，稍预热后，将焊条向背部下压，形成熔孔后，开始小幅度锯齿形横向摆动，转入正常焊接。仰焊打底时的焊条角度如图 3-84 所示。

焊接时，电弧尽可能短，电弧在两侧稍停留，必须看孔板与管子坡口根部熔合在一起后，才能继续往前焊。收弧稍偏向孔板，以免烧穿小管。

焊缝接头和收弧操作要点同前，注意必须在熔池前面引弧，回烧一段后再转入正常焊接，这样操作可将引弧时在焊缝表面留下的小气孔熔化掉，提高焊件的合格率。

焊最后一段封闭焊缝前，最好将已焊好的焊缝两端磨成斜面，以便接头。

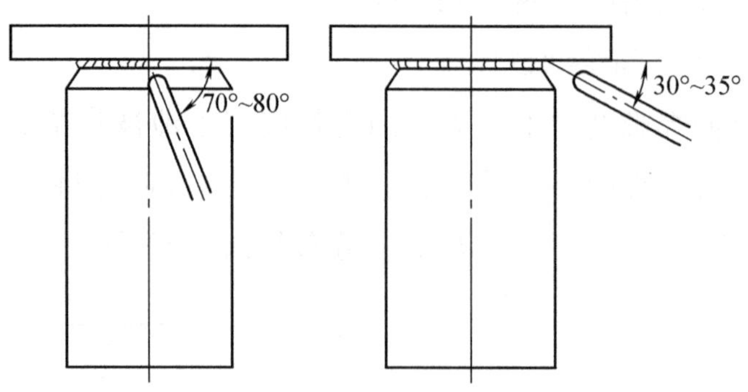

图 3-84　仰焊打底时的焊条角度

（4）填充层焊接　填充层焊接的焊条角度、操作要领与打底层焊接相同，但焊条摆幅和焊接速度都稍大些，必须保证焊缝两侧熔合好，表面平整。

开始填充焊前，先除净打底焊缝上的飞溅和焊渣，并将局部凸出的焊缝磨平。

（5）盖面层焊接　盖面层有两条焊缝，先焊上面的焊缝，后焊下面的焊缝。盖面层焊接时的焊条角度如图 3-85 所示。

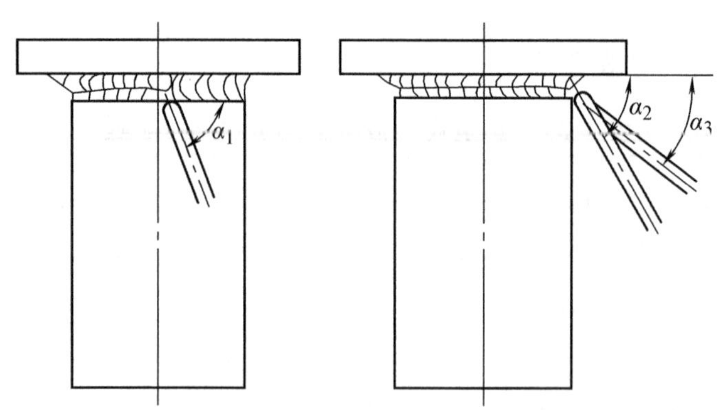

图 3-85　盖面层焊接时的焊条角度

$\alpha_1=70°\sim80°$　$\alpha_2=60°\sim70°$　$\alpha_3=50°\sim60°$

焊上面的盖面焊缝时，摆动幅度和间距都较大，保证孔板焊脚达到 9～10mm 就行了。焊缝的下沿能压住填充焊缝的 1/3～1/2。

焊下面的盖面焊缝时，要保证管子上焊脚达到 9～10mm，焊缝上沿与上面的焊缝熔合好，并将斜面补平，防止表面出现环形凹槽或凸起。

盖面焊缝的焊接顺序、摆动方法、收弧与焊缝接头的方法与打底层焊接相同。

四、管板焊接的评分标准

管板焊接的评分标准见表 3-27。

表 3-27　管板焊接的评分标准

考核项目	考核内容	考核要求	配分	评分标准
安全文明生产	能正确执行安全技术操作规程	按达到规定的标准程度评定	5	根据现场纪律，视违反规定程度扣 1 ~5 分
	按有关文明生产的规定，做到工作地面整洁、焊件和工具摆放整齐	按达到规定的标准程度评定	5	根据现场纪律，视违反规定程度扣 1 ~5 分
主要项目	焊缝的外形尺寸	焊脚尺寸 6 ~ 8mm，凸、凹度≤1.5mm	10	焊脚尺寸不符合要求扣 7 分；凸、凹度不符合要求扣 3 分
		焊后角变形 0° ~ 3°，焊缝的错位量≤1.2mm	10	焊后角变形 >3°扣 3 分；焊缝的错位量 >1.2mm 扣 2 分
	通球检验	通球直径为 49mm	8	通球检验不合格，此项不得分
	焊缝的外观质量	焊缝表面成形：波纹均匀、焊缝直度	8	视波纹不均匀、焊缝不直度扣1 ~8 分
		焊缝表面无气孔、夹渣、焊瘤、裂纹、未熔合	8	焊缝表面有气孔、夹渣、焊瘤、裂纹、未熔合其中一项扣 8 分
		焊缝咬边深度≤0.5mm；焊缝两侧咬边累计总长不超过焊缝有效长度范围内的 32mm	10	焊缝两侧咬边累计总长每 5mm 扣 1 分，咬边深度 >0.5mm 或累计总长 >32mm，此项不得分
		未焊透深度≤1mm；总长不超过焊缝有效长度范围内的 16mm	8	未焊透累计总长每 5mm 扣 2 分，未焊透深度 >1mm 或累计总长 >16mm，此焊件按不及格论
		背面焊缝凹坑深度≤1mm；总长不超过焊缝有效长度范围内的 16mm	8	背面焊缝凹坑累计总长每 5mm 扣 2 分，凹坑深度 >1mm 或累计总长 >16mm，此项不得分
	焊缝的内部质量	按 GB/T 3323.1—2019《焊缝无损检测　射线检测　第 1 部分：X 和伽马射线的胶片技术》标准对焊缝进行 X 射线检测	20	Ⅰ级片不扣分；Ⅱ级片扣 5 分；Ⅲ级片扣 10 分，Ⅳ以下为不及格

五、想一想

1. 垂直固定管板平焊，焊条角度应如何掌握？
2. 垂直固定管板焊接时，更换焊条有哪些方法？
3. 固定管板焊接中哪些部位采用间断熄弧法操作？
4. 有哪几种运条方法在固定管板焊接中应用？各适用于什么情况？
5. 简述骑坐式管板垂直固定俯位打底焊接时如何进行封闭接头。

项目七　碳弧气刨

一、学习目标

本项目主要要求在学习过程中，熟掌握碳弧气刨工艺参数的选择，能够对碳弧气刨的各种参数进行调节；掌握手工碳弧气刨技术，能够根据现场情况，调节焊接电流、电弧长度，实现钢板的手工碳弧气刨。

二、准备

知识的准备

碳弧气刨是用碳棒（或石墨）电极与工件间产生的电弧将金属熔化，并用压缩空气将熔化金属吹掉，实现在金属表面形成沟槽的方法。碳弧气刨主要用于挑焊根，返修前清理缺陷并开坡口，开焊接坡口（主要是 U 形坡口），清理铸件毛刺、飞刺、浇冒口以及切割不锈钢中薄板等。

操作的准备

1. 准备工作

开始气刨前，要检查电缆及气管是否完好，电源极性是否正确（一般采用直流反接，即碳棒接正极），并根据碳棒直径选择并调节好电流，调节碳棒伸出长度为 70 ~ 100mm，调节好出风口，使出风口对准刨槽。

（1）碳弧气刨工具　碳弧气刨工具即碳弧气刨枪，对其要求是导电性良好；压缩空气吹出来集中而准确；电极夹持牢固，更换方便；外壳绝缘良好；自重轻，

使用方便。

1）钳式侧面送风气刨枪。钳式侧面送风气刨枪如图3-86所示。在钳口端部装有喷嘴，喷嘴钻有小孔，压缩空气从小孔喷出，并集中吹在碳棒电弧的后侧。

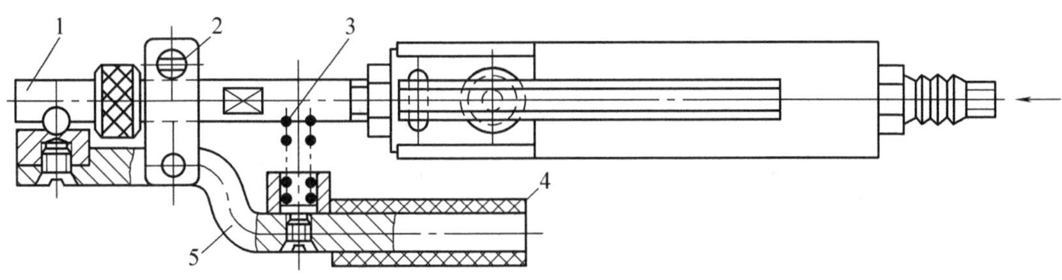

图3-86　钳式侧面送风气刨枪

1—钳口　2—夹箍　3—弹簧　4—橡胶管　5—杠杆

其优点是：压缩空气紧贴着碳棒吹出，当碳棒伸出长度在较大范围变化时，始终能吹到熔化的铁液上，使铁液被吹走；碳棒前面的金属不受压缩空气的冷却；碳棒伸出长度调节方便，各种直径或扁形碳棒都能使用。

其缺点是只能向单一方向进行气刨，因此在有些使用场合显得不够灵活。另外，大多背面钳口无绝缘，易与工件短路而烧坏。

这种气刨枪也可用电焊钳改装制成，对现有气刨枪也可修改制成两侧送风式。对喷嘴结构适当改进后，使熔渣在刨削过程中更易吹掉，防止了黏渣。

2）圆周送风式气刨枪。这种气刨枪如图3-87所示。在枪头部分有分瓣弹性夹头（可根据碳棒的不同而调换），圆周方向有若干方形出风槽，压缩空气由出风槽沿碳棒四周吹出，碳棒冷却均匀。刨削时熔渣从刨槽的两侧吹出，刨槽的前端无熔渣堆积，易看清刨削方向。枪体自重轻，使用灵活。

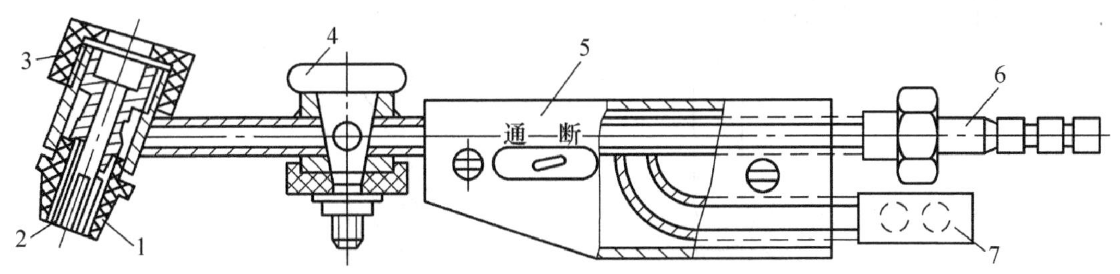

图3-87　圆周送风式气刨枪

1—喷嘴　2—分瓣弹性夹头　3—绝缘帽　4—压缩空气开关　5—手柄　6—气管接头　7—电缆接头

（2）电源设备　碳弧气刨采用弧焊整流器和直流电源。对电源外特性的要求与焊条电弧焊相同，即要求具有陡降外特性，故一般具有陡降外特性的直流弧焊设备均可用作碳弧气刨电源。但因碳弧气刨一般所需电流较大，连续工作时间长，所以应选用功率较大的弧焊整流器和直流弧焊机，如 ZXG-500 型、ZXG-1000 型。

（3）电极　碳弧气刨用碳棒做电极，且碳棒应具有导电性良好、电弧稳定、耐高温、成本低廉、损耗少等特点。在保管碳棒时应保持干燥，使用前如发现碳棒受潮，应经烘干后使用，烘干温度为180℃左右，保温时间为10h。

（4）压缩空气　碳弧气刨用的压缩空气应清洁、干燥，必要时应采用过滤装置。且碳弧气刨用的压缩空气应有足够的压力和流量，常用的压力为 0.4 ~ 0.6MPa，流量为 0.85 ~1.7m^3/min。

2. 起弧

起弧之前必须打开气阀，先送压缩空气，随后引燃电弧，以免产生夹碳缺陷。在垂直位置气刨时，应由上向下刨削。

3. 刨削

刨削时碳棒与刨槽夹角一般为45°左右。夹角大，刨槽深，夹角小，刨槽浅。起弧后应将气刨枪手柄慢慢按下，等刨削到一定深度时，再平稳前进。

在刨削的过程中，碳棒既不能横向摆动，也不能前后摆动，否则刨出的槽就不整齐光滑。如果一次刨槽不够宽，可增大碳棒直径或重复刨削。对碳棒移动的要求是：准、平、正。准，是深浅准和刨槽的路线准。在进行厚钢板的深坡口刨削时，宜采用分段多层刨削法，即先刨一浅槽，然后沿槽再深刨。平，是碳棒移动要平稳，若在操作中稍有上下波动，则刨槽表面就会凹凸不平。正，是碳棒要端正，要求碳棒中心线应与刨槽中心线重合，如图3-88a 所示。否则，如图3-88b 所示，会使刨槽的形状不对称。

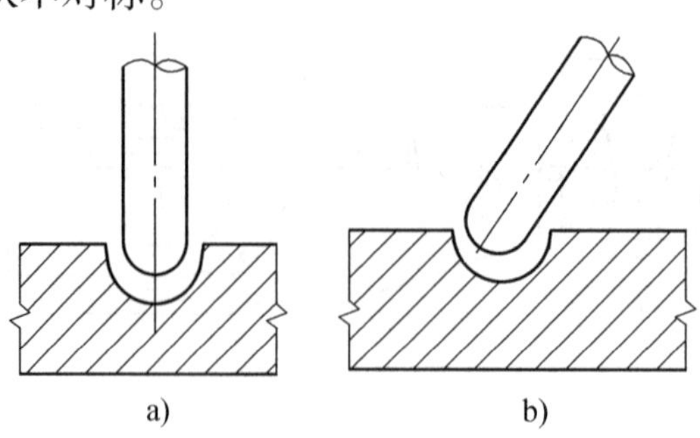

图3-88　碳棒的位置

4. 排渣方向的掌握

由于压缩空气是从电弧后面吹来的，所以在操作时，压缩空气的方向如果偏一点，渣就会偏向槽的一侧。压缩空气吹得正，那么渣都被吹到电弧的前部，而且一直往前，直到刨完为止。这样刨出来的槽两侧渣最少，可节省很多清理工作。但是这种方法由于前面的准线被渣覆盖住而妨碍操作，所以较难掌握。

通常的方法是使压缩空气稍微吹偏一点，把一部分渣翻到槽的外侧，但不能吹向操作位置的一侧，如图3-89 所示。不然，吹起来的铁液会落到身上，严重时还会引起烧伤。若压缩空气集中吹向槽的一侧，则造成熔渣集中在这一侧，多而厚，散热就慢，同时引起黏渣。

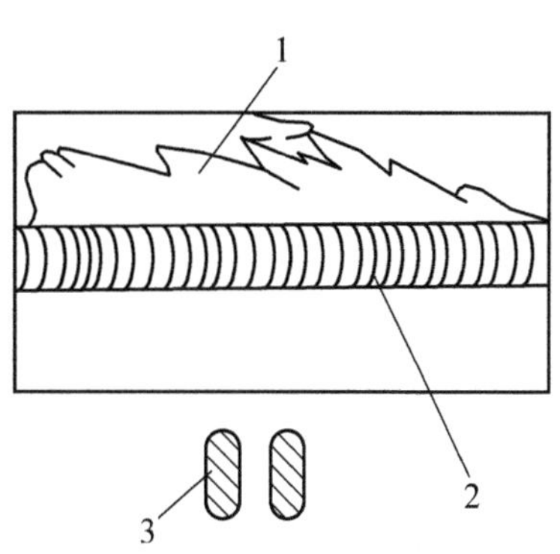

图 3-89　渣翻到槽的外侧
1—渣　2—刨槽　3—操作位置

5. 刨削尺寸的掌握

要获得所需刨槽尺寸，除了选择好合理的刨削工艺参数外，还必须靠操作去控制。同样直径的碳棒，当采用不同操作方法或不同的电流和刨削速度时，可以刨出不同宽度和深度的刨槽。例如，对 12 ~ 20mm 厚的低碳钢板，用直径 8mm 碳棒，最深可刨到 7.5mm，最宽可刨到 13mm。

控制刨槽尺寸的操作要领可分为两类：一类是轻而快的合理配合，适于刨削浅槽；一类是重而慢的合理配合，这种方法得到的刨槽较深。

轻而快，如图 3-90a 所示。这种方法是指：手柄要按轻一点，刨浅一些，而刨削速度要快一些。这样得到的刨槽底部是圆弧形的，虽然有时也略成 V 形，但没有直线部分。在这种情况下，电弧的一部分热量散失到空气中去，使金属熔化较浅，电弧能量的利用率不高。当采用较大电流和这种轻而快的手法时，刨出的槽表面光滑，熔渣容易清除。但采用这种方法电流不能过大，根据试验结果，刨 4 ~ 6mm 深、10 ~ 12mm 宽的槽时，采用 300 ~ 350A 的电流、15 ~ 6mm/s 的速度最为合适。

若采用轻而慢的操作方法，电弧会把刨槽两侧熔化，造成黏渣。

重而慢，如图 3-90b 所示。这种方法是指：手柄要按重一些，往深处刨，刨削速度要慢一些。这种方法得到的刨槽较深，截面呈 U 形。在小电流的情况下，用这种方法得到的槽形与用第一种方法所得到的一样。这种操作方法，电弧的位置较深，离刨槽的边缘较远，所以不会引起黏渣。但碳棒不能按得过重，否则易造成夹碳。此外，由于槽过深，熔渣就不易吹上来，使停留在电弧前面的铁液挡住电弧，电弧不能直接作用在铁液后面未熔化的金属上，只能靠铁液传导热量去熔化金属，生产率就要下降。若刨槽表面不光滑，还会导致黏渣。所以，采用这种操作方法时，恰当掌握“重”字十分关键。

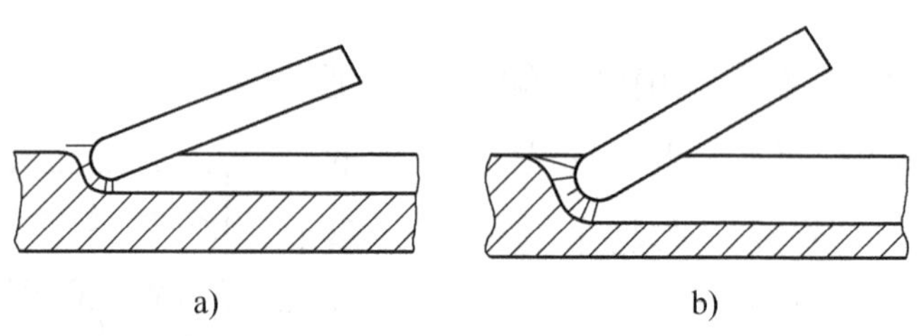

图 3-90　刨槽尺寸的控制

a）轻而快　b）重而慢

6. 收弧

碳弧气刨收弧时不允许熔化的铁液留在刨槽里。这是因为在熔化的铁液中，碳和氧都比较多，而且碳弧气刨的熄弧处往往也是后来焊接的收弧坑。而在收弧坑处一般比较容易出现裂缝和气孔，如果让铁液留下来，就会导致焊接时在收弧坑出现缺陷。因此，在气刨完毕后应先断弧，待碳棒冷却后再关闭压缩空气。如果允许，可采用过渡式收弧，如图 3-91 所示。

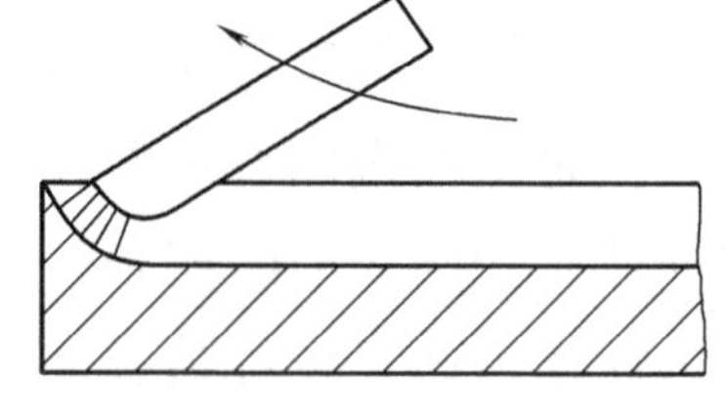

图 3-91　过渡式收弧

按照以上几方面进行操作的同时还应注意安全问题：碳弧气刨的弧光较强，操作人员应戴深色的护目镜；操作时应尽可能顺风向操作，并注意防止铁液及熔渣烧损工作服及烫伤身体，还应注意场地防火；在容器或狭小部位操作时，必须加强抽风及排烟的措施；在气刨时使用电流较大，应注意防止焊机过载和长时间使用而过热。

三、想一想

1. 碳弧气刨的作用是什么？
2. 简述怎样进行碳弧气刨操作。

工程实例　航空母舰

在当今世界，是否拥有航空母舰成为了一个海洋军事强国的标志，除了建造航母需要极为复杂的工序之外，也很少有国家能够养得起航母。辽宁舰和山东舰的先后服役，让我国海军综合实力得到了大幅度增长，我国离海洋军事强国的路也更近了一步。

辽宁号航空母舰是中国人民解放军海军隶下的一艘可以搭载固定翼飞机的航空母舰，也是中国第一艘服役的航空母舰，2012 年 9 月 25 日开始正式服役。

中国人民解放军海军山东舰是中国首艘自主建造的国产航母，基于对前苏联库兹涅佐夫级航空母舰、中国辽宁号航空母舰的研究，由中国自行改进研发而成，是中国真正意义上的第一艘国产航空母舰，2019 年 12 月 18 日开始正式服役。

如今，我国的航母令国人扬眉吐气，但在其发展的过程中，并不是一帆风顺的，也曾遇到过很多困境。

建造航母所需要的钢材不同于其他钢材，不仅需要超高的强度，同时还需要强劲的抗冲击、耐腐蚀、低磁等性能。高强度的钢材也提升了焊接航母的难度，而航母的焊接质量，直接关系到其出海巡航和作战的能力。面对这一难题，中科院院士、我国著名的焊接专家潘际銮先生带领他的团队，不负众望，攻艰克难，成功地解决了航母的焊接难题，从而使得辽宁舰顺利下水，同时让我国山东舰的建造周期大幅度缩短，为我国早日进入海洋军事强国做出了贡献。

实训任务书

一、实训课题

焊条电弧焊平敷焊

二、实训目的

掌握焊条电弧焊焊接过程中的引弧、起头、运条、接头、收尾等基本操作技术，并且掌握平敷焊技术，达到焊缝的高度和宽度符合要求，焊缝表面均匀，无缺陷。

三、实训学时

2 学时。

四、实训准备

1）焊接设备：ZX7-400B。

2）清理板料范围内的油污、铁锈、水分及其他污染物，并清除毛刺。

五、实训步骤与内容

1）引弧。

2）运条。

六、操作技术要点

1）在引弧时，如果发生焊条和焊件黏在一起时，只要将焊条左右摇动几下，就可脱离焊件。如果这时还不能脱离焊件，就应立即将焊钳放松，使焊接回路断开，待焊条稍冷后再拆下。

2）起头时焊件温度较低，所以起点处熔深较浅。可在引弧后先将电弧稍微拉长，对起头处预热，然后再适当缩短电弧进行正式焊接。

七、得分及完成情况分析

操作规范得分	外观尺寸得分	外观质量得分	内部质量得分

完成情况分析：

实训任务书

一、实训课题

平对接焊技能训练

二、实训目的

掌握平对接焊单面焊双面成形基本技能，能实现 I 形坡口和 V 形坡口的平对接焊和不开坡口平角焊。

三、实训学时

4 学时。

四、实训准备

1）焊接设备：ZX7-400B。

2）清理板料范围内的油污、铁锈、水分及其他污染物，并清除毛刺。

3）正确组对装配，预留反变形。

五、实训步骤与内容

1）6mm 钢板 I 形坡口对接焊。

2）12mm 板 V 形坡口平对接焊。

3）不开坡口平角焊。

六、操作技术要点

1）选择正确的焊接参数，遵守操作规范，否则容易在根部出现未焊透，或出现焊瘤；当运条和焊条角度不当时，熔渣和熔池金属不能良好分离，容易引起夹渣。

2）单面焊双面成形的主要要求是焊件背面能焊出质量符合要求的焊缝，其关键是正面打底层的焊接。

七、得分及完成情况分析

操作规范得分	外观尺寸得分	外观质量得分	内部质量得分

完成情况分析：

实训任务书

一、实训课题

立焊技能训练

二、实训目的

掌握立焊的跳弧法及灭弧法，掌握立焊技术，能够熟练进行立平敷焊，并实现立对接焊和立角焊。

三、实训学时

4 学时。

四、实训准备

1）焊接设备：ZX7-400B。

2）清理坡口及坡口两侧各 20mm 范围内的油污、铁锈、水分及其他污染物，并清除毛刺。

3）修磨钝边 0.5 ~ 1mm，无毛刺。装配平整，始端间隙为 3.2mm，末端间隙为 4.0mm，预留反变形。

五、实训步骤与内容

1）立对接焊。

2）立角焊。

六、操作技术要点

1）运条到焊缝中间时要加快运条速度，否则熔化的金属就会下淌，形成凸形焊道，导致施焊下一层焊缝时产生未焊透和夹渣。

2）运条时，焊条与试件的下倾角为 70° ~80°。第二层填充层要将凸凹不平的成形在这一层得到调整，为焊好表面层打好基础；另外，这层焊缝一般应低于焊件表面 1mm 左右，而且焊缝中间应有些凹，以保证表层焊缝成形美观。

七、得分及完成情况分析

操作规范得分	外观尺寸得分	外观质量得分	内部质量得分

完成情况分析：

实训任务书

一、实训课题

横焊技能训练

二、实训目的

掌握横对接焊操作技术，能够根据现场情况，通过调节焊接电流、电弧长度等焊接参数实现横对接焊。

三、实训学时

4 学时。

四、实训准备

1）焊接设备：ZX7-400B。

2）清理坡口及坡口两侧各 20mm 范围内的油污、铁锈、水分及其他污染物，并清除毛刺。

3）按要求装配，预留反变形。

五、实训步骤与内容

1）装配、定位焊。

2）打底层焊接。

3）填充层焊接。

4）盖面层焊接。

六、操作技术要点

在横焊时，熔融金属在自重作用下易下淌，在焊缝上侧易产生咬边，下侧易产生下坠或焊瘤等缺陷。因此，要选用较小直径的焊条，小的焊接电流，多层多道焊，短弧操作。

七、得分及完成情况分析

操作规范得分	外观尺寸得分	外观质量得分	内部质量得分

完成情况分析：

实训任务书

一、实训课题

仰焊技能训练

二、实训目的

掌握仰焊操作技术，能够根据现场情况，通过调节焊接电流、电弧长度等焊接参数实现仰焊。

三、实训学时

4 学时。

四、实训准备

1）焊接设备：ZX7-400B。

2）清理坡口及坡口两侧各 20mm 范围内的油污、铁锈、水分及其他污染物，并清除毛刺。

3）按要求装配，预留反变形。

五、实训步骤与内容

1）装配、定位焊。

2）打底层焊接。

3）填充层焊接。

4）盖面层焊接。

六、操作技术要点

仰焊施焊时采用小直径焊条，短弧焊接。焊接电流要合适，电流太小则根部焊不透，太大则容易引起熔融金属下坠。

七、得分及完成情况分析

操作规范得分	外观尺寸得分	外观质量得分	内部质量得分

完成情况分析：

实训任务书

一、实训课题

管焊技能训练

二、实训目的

掌握水平转动、水平固定和垂直固定焊三种管对接焊和管板焊的焊接方法，能够根据现场情况，通过调节焊接电流、电弧长度等焊接参数实现对接焊。

三、实训学时

4 学时。

四、实训准备

1）焊接设备：ZX7-400B。

2）清理坡口及坡口两侧各 20mm 范围内的油污、铁锈、水分及其他污染物，并清除毛刺。

3）按要求装配。

五、实训步骤与内容

1）装配、定位焊。

2）打底层焊接。

3）填充层焊接。

4）盖面层焊接。

六、操作技术要点

焊接大直径管子时，使平焊位置的接口间隙大于仰焊位置的间隙 0.5 ~2mm。接口间隙过大，焊接时容易烧穿而形成焊瘤；间隙过小，会形成未焊透缺陷。如果对焊缝熔透要求不高，接口间隙也可适当减小，以便于施焊。

七、得分及完成情况分析

操作规范得分	外观尺寸得分	外观质量得分	内部质量得分

完成情况分析：

实训任务书

一、实训课题

碳弧气刨技能训练

二、实训目的

熟练掌握碳弧气刨工艺参数的选择，能够对碳弧气刨的各种参数进行调节；掌握手工碳弧气刨技术，能够根据现场情况，调节焊接电流、电弧长度，实现钢板的手工碳弧气刨。

三、实训学时

2 学时。

四、实训准备

1）焊接设备：碳弧气刨枪。

2）清理坡口及坡口两侧各 20mm 范围内的油污、铁锈、水分及其他污染物，并清除毛刺。

3）按要求装配，预留反变形。

五、实训步骤与内容

1）起弧。起弧之前必须打开气阀，先送压缩空气，随后引燃电弧，以免产生夹碳缺陷。在垂直位置气刨时，应由上向下刨削。

2）刨削。刨削时碳棒与刨槽夹角一般为 45°左右。夹角大，刨槽深；夹角小，刨槽浅。

3）收弧。碳弧气刨收弧时，不允许熔化的铁液留在刨槽里。

六、操作技术要点

在刨削的过程中，碳棒既不能横向摆动也不能前后摆动，否则刨出的槽就不整齐光滑了。如果一次刨槽不够宽，可增大碳棒直径或重复刨削。对碳棒移动的要求是：准、平、正。

七、得分及完成情况分析

操作规范得分	外观尺寸得分	外观质量得分	内部质量得分

完成情况分析：

第四单元

CO_2气体保护焊

知识目标

1）掌握保护气体的种类及用途。

2）能够根据母材选择相应的焊接材料、焊接参数。

能力目标

1）熟练掌握 CO_2 气体保护焊设备的安装和调试。

2）熟练掌握各种位置的板板对接、管板焊接、管管对接技术。

素养目标

在实践操作中，要培养学生分析问题的能力，要注重培养学生的用气安全意识、环境保护意识等职业素养。

企业场景

挖掘机（图4-1）又称挖掘机械，是用铲斗挖掘高于或低于承机面的物料，并装入运输车辆或卸至堆料场的土方机械。从近几年工程机械的发展来看，挖掘机发展相对较快，已经成为工程建设中最主要的工程机械之一。挖掘机的动臂、斗杆、车架等均承受周期性疲劳载荷，对焊接质量要求高，主要采用Q345钢焊接，由于焊接量大，且需要全位置焊接，因此通常采用 CO_2 气体保护焊，兼顾了焊接质量与效率。

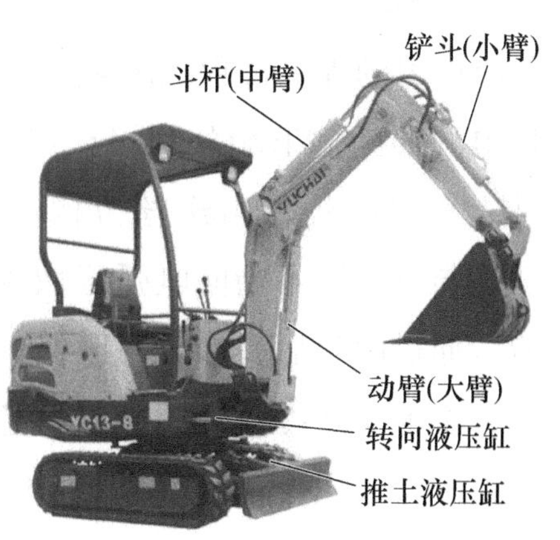

图4-1　挖掘机

项目一　平敷焊

一、学习目标

了解气体保护焊的原理，掌握保护气体的种类及用途，能够在不同的场合选择不同的保护气体；并熟练掌握气体保护焊焊机连线及操作（开机、关机、调节电流及调节送丝速度、送气机构等）。

二、准备

知识的准备

1. 原理

气体保护电弧焊（简称气体保护焊）是用外加气体作为电弧介质并保护电弧和焊接区的电弧焊方法。

气体保护焊按照焊接保护气体的种类划分有氩弧焊、氦弧焊、氮弧焊、氢原子焊、CO_2 气体保护焊等方法。按操作方式的不同，又可分为手工、半自动和自动气体保护焊。

CO_2 气体保护焊是用 CO_2 作为保护气体，依靠焊丝与焊件之间产生的电弧来熔化金属的气体保护焊方法，简称 CO_2 焊。

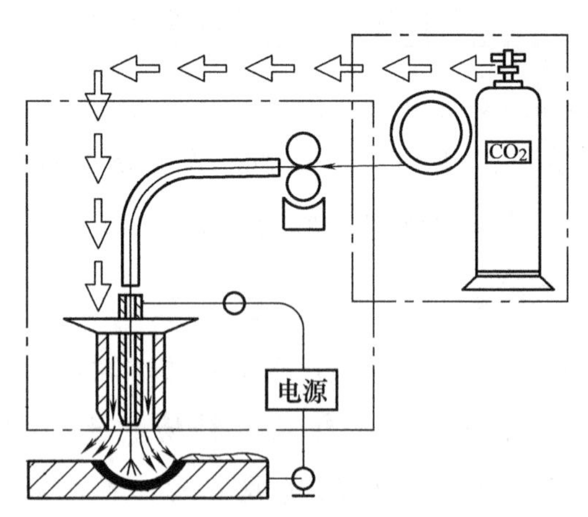

图 4-2　CO_2 焊焊接过程

CO_2 焊的焊接过程如图 4-2 所示。焊接电源的两输出端分别接在焊枪与焊件上。盘状焊丝由送丝机构带动，经软管与导电嘴不断向电弧区域送给。同时，CO_2 气体以一定的压力和流量进入焊枪，通过喷嘴后，形成一股保护气流，使熔池和电弧与空气隔绝。随着焊枪的移动，熔池金属冷却凝固形成焊缝。

CO_2 焊采用交流电源焊接时，电弧不稳定，飞溅较大，所以必须使用直流电源。

2. 焊接用具

（1）焊枪　输送保护气体，保护电弧与熔池，连接焊接电路，使焊丝与工件间产生电弧，送进焊丝，熔化后对熔池进行填充。当按下焊枪上的触发开关时，它会发送一个信号给电焊机的控制系统，从而开始发挥其功能。CO_2 焊的焊枪如图 4- 3 所示。

（2）喷嘴和绝缘体　喷嘴能将保护气体的气流引导到熔池。喷嘴是由纯铜或黄铜制成的，而且必须与焊接电流绝缘，如图 4-4 所示。

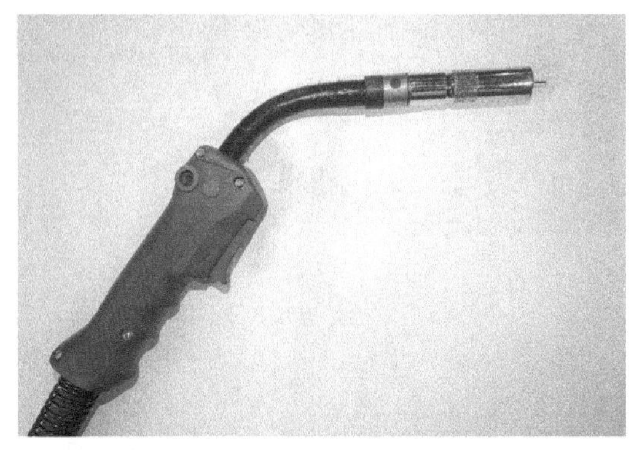

图 4-3　焊枪

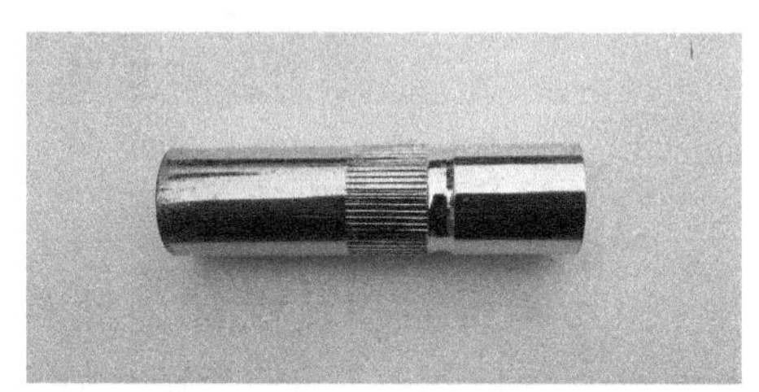

图 4-4　喷嘴

（3）扩散器和导电嘴　扩散器的侧面有小孔，保证保护气体从焊枪流到喷嘴，要保持小孔的清洁和畅通，无残渣。与扩散器端部相连的是导电嘴，扩散器携带电流至导电管，并在引弧后带电。扩散器的小螺钉将焊枪衬管的端部固定在扩散器上，当更换扩散器或焊枪衬管时，需要将这个螺钉松开。

送丝式焊枪上最常见的耗材是导电嘴。导电嘴容易磨损，需及时更换，要保证导电嘴处于良好的状况，以保证电弧的稳定性。

如图 4-5 所示为将焊枪端部的喷嘴取下来后，看到的绝缘体、扩散器和导电嘴。

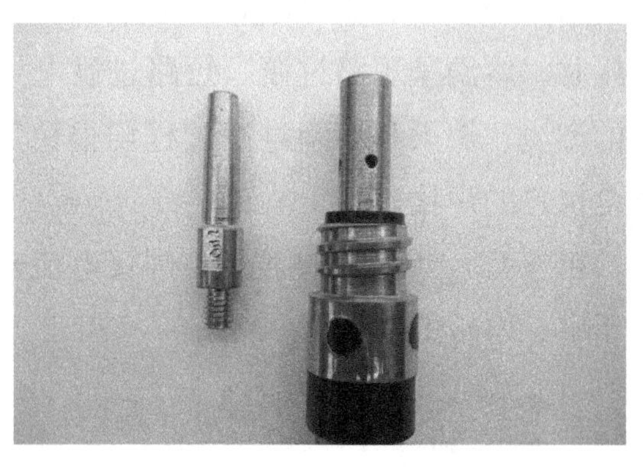

图 4-5　扩散器和导电嘴

（4）焊件夹钳　焊件夹钳也称为接地夹钳，要确定焊件夹钳可靠地连接到裸露的金属上，而且在大焊件上应尽量靠近焊接区。焊件夹钳连接到脏污、铁锈或有油漆的金属上会导致焊接电弧不稳定。

（5）焊枪电缆和送丝管 在焊枪电缆里面有一根铜导线，用以传送焊接电流；有一根软管以输送保护气体；还有一个钢制螺旋状衬管，用以携带焊丝使其通过电缆。焊枪衬管使用一段时间后会老化和损坏，需要更换。图4-6所示为焊枪电缆和送丝管。

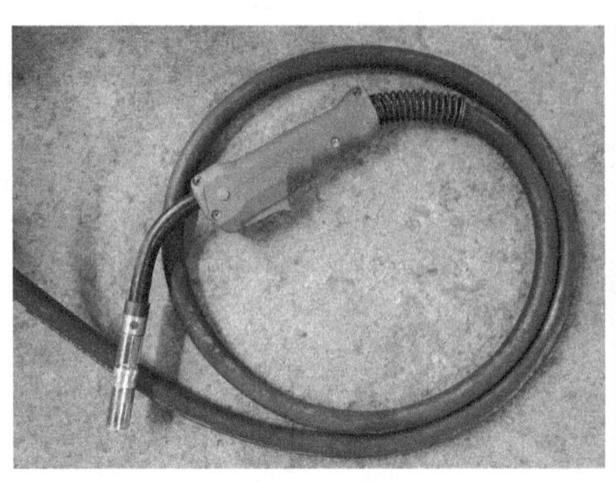
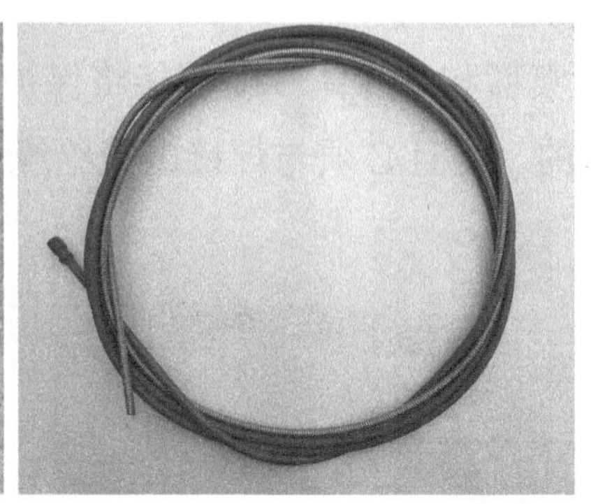

图4-6 焊枪电缆和送丝管

（6）调压器和流量计 流量计通常与调压器组合在一起，用来指示保护气体的流量。图4-7所示为CO_2焊调压器和流量计。

图4-7 调压器和流量计

3. 熔滴过渡

CO_2焊的熔滴过渡主要有短路过渡和滴状过渡两种形式。

采用细焊丝、小电流和低电弧电压焊接时，熔滴呈短路过渡。短路过渡电弧的燃烧、熄灭和熔滴过渡过程均很稳定，飞溅也小，焊缝成形好，适用于薄板及全位置的焊接。

粗丝CO_2焊滴状过渡时，焊接电流较大，电弧穿透力强，熔深较深，所以多用于中、厚板的焊接。

操作的准备

1. 焊件的准备

1）板料1块，材料为Q235A钢，板件的尺寸为300mm×120mm×12mm，如图4-8所示。

2）矫平。

3）清理板件正、反两侧各20mm范围内的油污、铁锈、水分及其他污染物，至露出金属光泽。

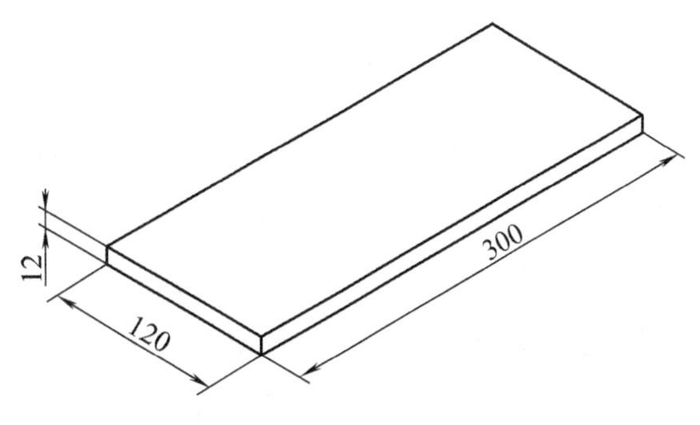

图4-8　板件备料图

2. 焊接材料

选择H08Mn2SiA焊丝，焊丝直径为ϕ1.2mm，注意焊丝使用前对焊丝表面进行清理。CO_2气体纯度要求达到99.5%。

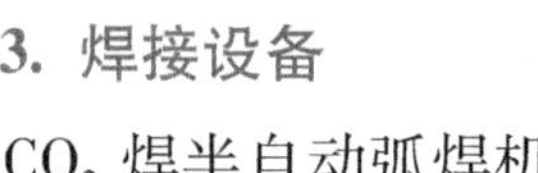

3. 焊接设备

CO_2焊半自动弧焊机。

三、操作过程

1. 焊接参数（表4-1）

表4-1　平敷焊时的焊接参数

焊丝牌号及直径/mm	焊接电流/A	电弧电压/V	焊接速度/(m/h)	CO_2气体流量/(L/min)
H08Mn2SiA 1.2	110～140	18～22	18～30	10～12

2. 操作示意图

平敷焊实际操作如图4-9所示。

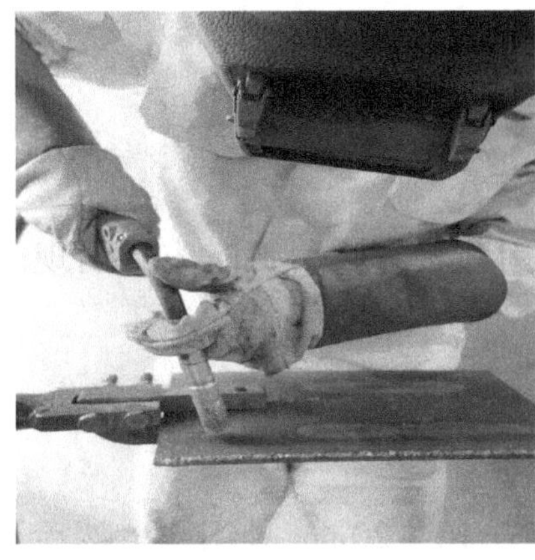
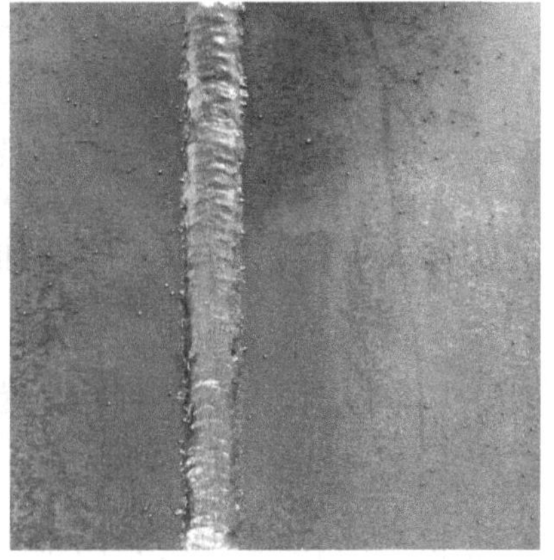

图4-9　平敷焊实际操作

3. 焊接操作

（1）引弧

1）采用直接短路法引弧，引弧前保持焊丝端头与焊件间的距离为 2～3mm（不要接触过紧），喷嘴与焊件间的距离为 10～15mm。

2）按动焊枪开关，引燃电弧。此时焊枪有抬起趋势，必须用均衡的力来控制好焊枪，将焊枪向下压，尽量减少焊枪回弹，保持喷嘴与焊件间距离。

（2）直线焊接　直接焊接形成的焊缝宽度稍窄，焊缝偏高，熔深要浅些。在操作过程中，整条焊缝的形成，往往在始焊端、焊缝的连接、终焊端等处最容易产生缺陷，所以要采取特殊处理措施。

1）始焊端焊件处于较低的温度，应在引弧之后，先将电弧稍微拉长一些，以此对焊缝端部适当预热，然后再压低电弧进行起始端焊接（图 4-10a、b），这样可以获得具有一定熔深和成形比较整齐的焊缝。图 4-10c 所示为采取过短的电弧起焊而造成焊缝成形不整齐。

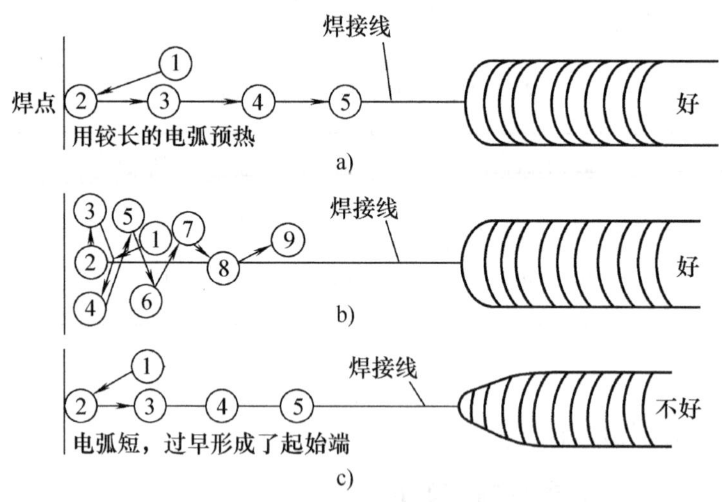

图 4-10　起始端运丝法对焊缝成形的影响

a）长弧预热起焊的直线焊接　b）长弧预热起焊的摆动焊接　c）短弧起焊的直线焊接

若是重要焊件的焊接，可在焊件端加引弧板，将引弧时容易出现的缺陷留在引弧板上。

2）焊缝接头连接时，接头的好坏直接影响焊缝质量，其接头的处理，如图 4-11 所示。

直线焊缝连接的方法是：在原熔池前方 10～20mm 处引弧，然后迅速将电弧引向原熔池中心，待熔化金属与原熔池边缘吻合后，再将电弧引向前方，使焊丝

保持一定的高度和角度，并以稳定的速度向前移动，如图4-11a所示。

摆动焊缝连接的方法是：在原熔池前方10～20mm处引弧，然后以直线方式将电弧引向接头处，在接头中心开始摆动，并在向前移动的同时，逐渐加大摆幅（保持形成的焊缝与原焊缝宽度相同），最后转入正常焊接，如图4-11b所示。

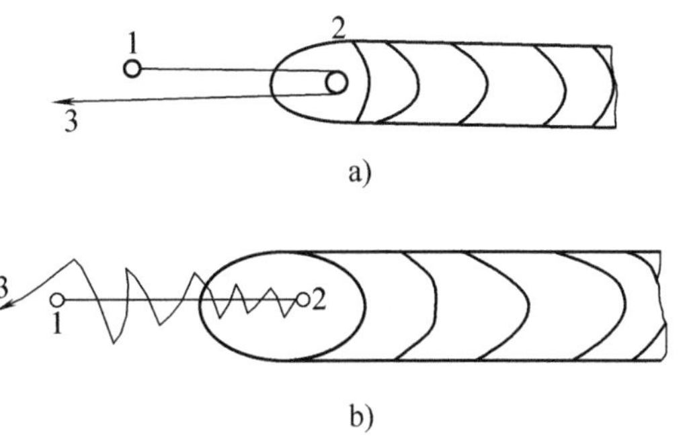

图4-11　焊缝接头连接的方法

a）直线焊缝连接　b）摆动焊缝连接

3）焊缝终焊端若出现过深的弧坑，会使焊缝收尾处产生裂纹和缩孔等缺陷。若采用细丝CO_2保护气体短路过渡焊接，其电弧长度短，弧坑较小，不需专门处理。若采用直径大于1.6mm的粗丝大电流焊接并使用长弧喷射过渡，则弧坑较大且凹坑较深。所以，在收弧时，如果焊机没有电流衰减装置，应采用多次断续引弧方式填充弧坑，直至将弧坑填平。

直线焊接焊枪的运动方向有两种：一种是焊枪自右向左移动，称为左焊法；另一种是焊枪自左向右移动，称为右焊法，如图4-12所示。

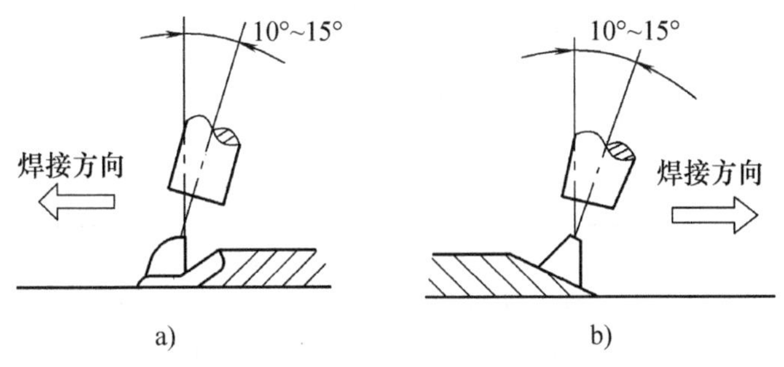

图4-12　CO_2焊时焊枪的运动方向

a）左焊法　b）右焊法

① 左焊法。左焊法操作时，电弧的吹力作用在熔池及其前沿处，将熔池金属向前推延。由于电弧不直接作用在母材上，因此熔深较浅，焊道平坦且变宽，飞溅较大，保护效果好。采用左焊法虽然观察熔池困难些，但易于掌握焊接方向，不易焊偏。

② 右焊法。右焊法操作时，电弧直接作用到母材上，熔深较大，焊道窄而高，飞溅略小，但不易准确掌握焊接方向，容易焊偏，尤其对接焊时更明显。

一般CO_2焊，均采用左焊法，前倾角为10°～15°。

（3）摆动焊接　在半自动 CO_2 焊时，为了获得较宽的焊缝，往往采用横向摆动运丝方式，常用的摆动方式有锯齿形、月牙形、正三角形、斜圆圈形等几种，如图 4-13 所示。

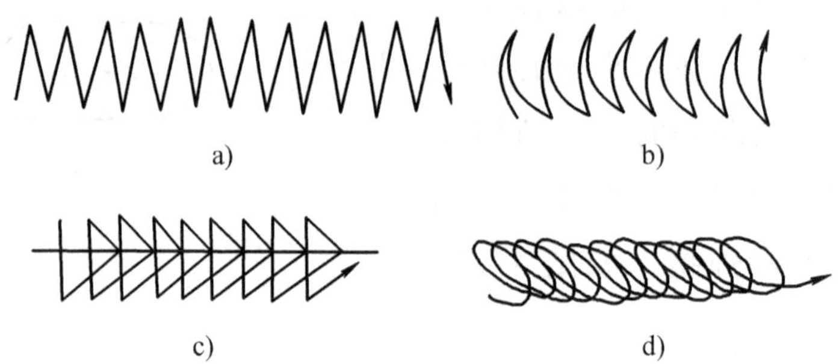

图 4-13　半自动 CO_2 焊时焊枪的几种摆动方式

a）锯齿形　b）月牙形　c）正三角形　d）斜圆圈形

摆动焊接时，横向摆动运丝角度和起始端的运丝要领与直线焊接一样。在横向摆动运丝时要注意以下要领的掌握：左右摆动的幅度要一致，摆动到焊缝中心时，速度应稍快，而到两侧时，要稍作停顿；摆动的幅度不能过大，否则，熔池温度高的部分不能起到良好的保护作用。一般摆动幅度限制在喷嘴内径的 1.5 倍范围内。

四、CO_2 气体保护平敷焊的评分标准

CO_2 气体保护平敷焊的评分标准见表 4-2。

表 4-2　CO_2 气体保护平敷焊的评分标准

考核项目		考核要求	配分	评分标准
焊缝外观检查	焊缝长度	280～300mm	10	每短 5mm 扣 2 分
	焊缝宽度	14～18mm	10	每超 1mm 扣 2 分
	焊缝高度	1～3mm	10	每超 1mm 扣 2 分
	焊缝成形	要求波纹细、均、光滑	8	酌情扣分
	平直度	要求基本平直、整齐	8	酌情扣分
	起焊熔合	要求起焊饱满熔合好	10	酌情扣分
	弧坑	无	10	一处扣 2 分
	接头	要求不脱节，不凸高	16	每处接头不良扣 2 分
	夹渣、气孔	缺陷尺寸≤3mm	18	缺陷尺寸≤1mm，每个扣 1 分；1mm<缺陷尺寸≤2mm，每个扣 2 分；2mm<缺陷尺寸≤3mm，每个扣 3 分；缺陷尺寸≥3mm，每个扣 5 分

五、想一想

1. 气体保护焊中常用的保护气体有哪几种？
2. 简述右焊法和左焊法的特点。

项目二　平板对接焊

一、学习目标

熟练使用 CO_2 焊弧焊机；能够根据母材选择相应的焊接材料、焊接参数，掌握平对接焊操作方法，实现板-板平对接焊。

CO_2 气体保护焊平板对接焊

二、准备

操作的准备

1. 焊件的准备

1）板料 2 块，材料为 Q235A 钢，板件尺寸为 300mm×100mm×12mm，坡口尺寸如图 4-14 所示。

2）矫平。

3）清理板件正、反两侧各 20mm 范围内的油污、铁锈、水分及其他污染物，至露出金属光泽。

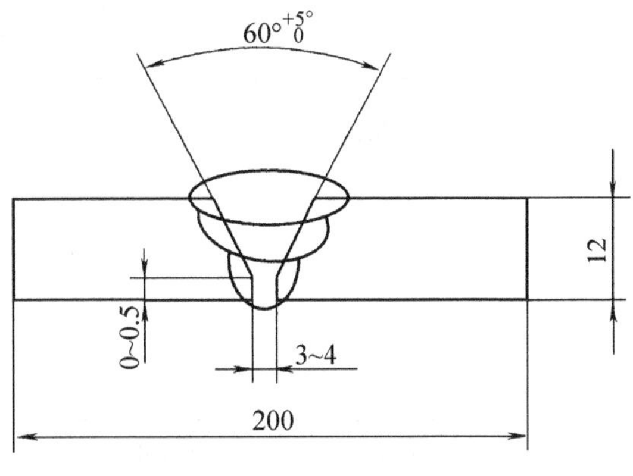

图 4-14　板件备料图

2. 焊件装配技术要求

1）装配平整，如图 4-15 所示。

2）装配间隙为 3 ~4mm。

3）置反变形量 3°。

4）边量≤1.2mm。

3. 焊接材料

选择 H08Mn2SiA 焊丝，焊丝直径为 $\phi1.2$mm，注意焊丝使用前对焊丝表面进行清理。CO_2 气体纯度要求达到 99.5%。

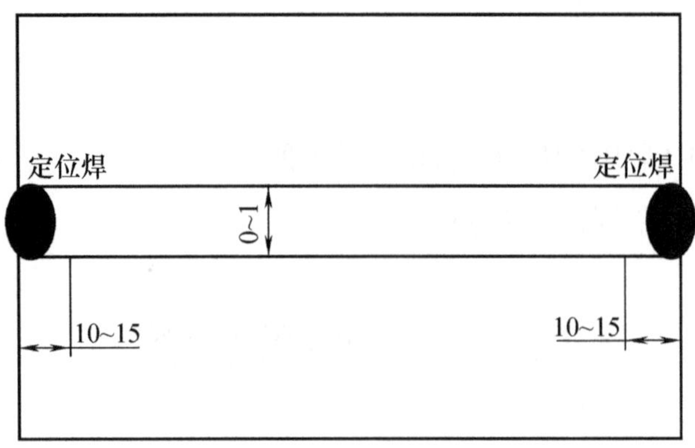

图 4-15　板-板平对接焊装配图

4. 焊接设备

CO_2 焊半自动弧焊机。

装配及定位焊

三、操作过程

1. 定位焊

采用与焊件相同的焊丝进行定位焊，并于焊件坡口内侧进行定位焊接，焊点长度为 10～15mm。组装中定位焊的焊缝长度如图 4-16 所示。

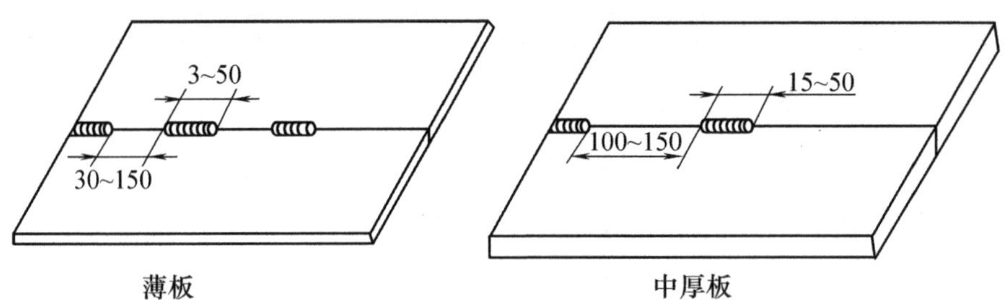

图 4-16　组装中定位焊的焊缝长度

2. 焊接参数（表 4-3）

表 4-3　板-板平对接焊焊接参数

名称	焊丝直径/mm	焊丝伸出长度/mm	焊接电流/A	电弧电压/V	CO_2 气流量/(L/min)
定位焊	1.2	10～20	90～120	18～21	10～15
打底焊					10～15
填充焊					15～20
盖面焊					15～20

3. 操作示意图

平板对接焊实际操作如图 4-17 所示。

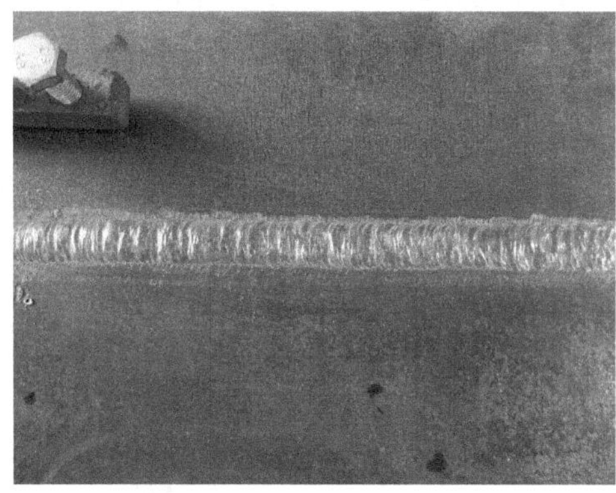

图 4-17　平板对接焊实际操作

4. 操作要点

采用左焊法，焊接层次为三层三道，焊枪角度如图 4-18 所示。

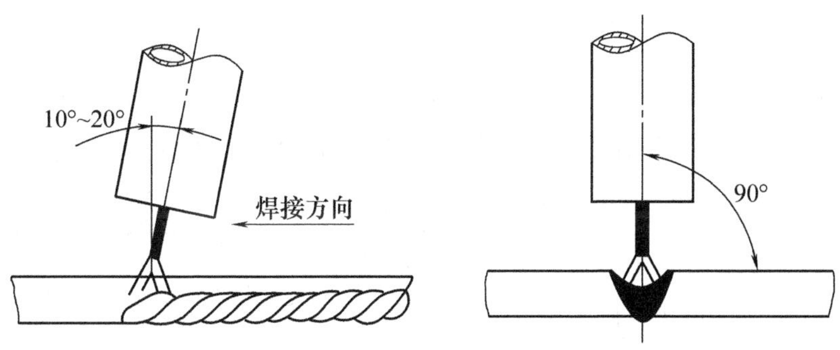

图 4-18　焊枪角度

（1）打底层焊接　将焊件间隙小的一端放于右侧，在离焊件右端点焊焊缝约 20mm 坡口的一侧引弧。然后开始向左焊接打底焊缝，焊枪沿坡口两侧做小幅度横向摆动，并控制电弧在离底边 2 ~3mm 处燃烧，当坡口底部熔孔直径达 3 ~4mm 时，转入正常焊接。

打底层焊接时的注意事项：

1）电弧始终在坡口内做小幅度横向摆动，并在坡口两侧稍微停留（图 4-19），使熔孔直径比间隙大 0. 5 ~1mm，焊接时应根据间隙和熔孔直径的变化调整横向摆动幅度和焊接速度，尽可能维持熔孔直径不变，以获得宽窄和高低均匀的反面焊缝。

2）依靠电弧在坡口两侧的停留时间，保证坡口两侧熔合良好，使打底焊缝两侧与坡口结合处稍下凹，焊缝表面平整，如图 4-20 所示。

3）打底层焊接时，要严格控制喷嘴的高度，电弧必须在离坡口底部 2 ~ 3mm 处燃烧，保证打底层厚度不超过 4mm。

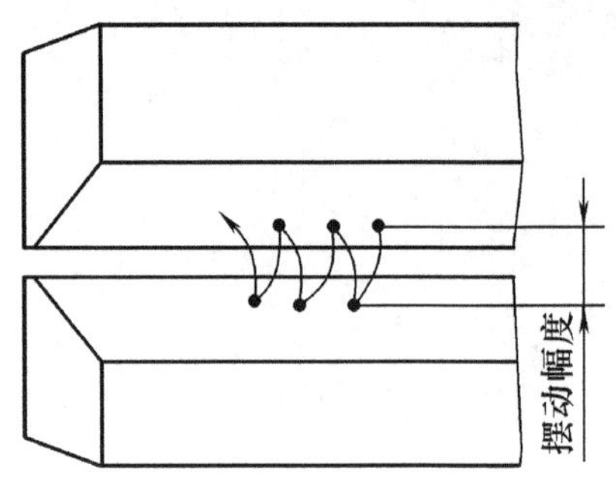

图 4-19　无垫板对接焊缝的根部焊缝的运条图

（焊丝横摆到圆点“·”处稍停留）

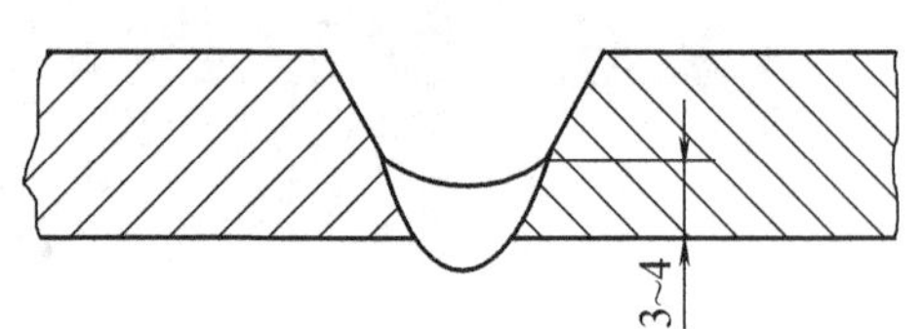

图 4-20　打底焊缝

（2）填充层焊接　调试填充层工艺参数，在试板右端开始焊填充层，焊枪的横向摆动幅度稍大于打底层，注意熔池两侧熔合情况，保证焊缝表面平整并稍下凹，并使填充层的高度应低于母材表面 1.5 ~ 2mm，焊接时不允许烧化坡口棱边，如图 4-21 所示。

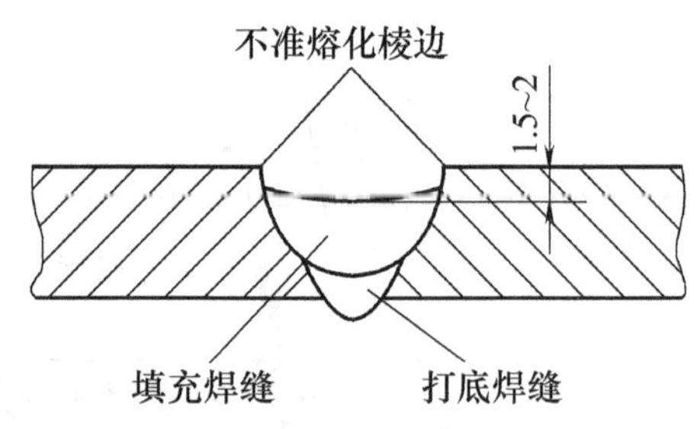

图 4-21　填充层焊缝示意图

（3）盖面层焊接　调试好盖面层工艺参数后，从右端开始焊接，需注意下列事项：

1）保持喷嘴高度，焊接熔池边缘应超过坡口棱边 0.5 ~ 1.5mm，并防止咬边。

2）焊枪横向摆动幅度应比填充焊时稍大，尽量保持焊接速度均匀，使焊缝外形美观。

3）收弧时一定要填满弧坑，并且收弧弧长要短，以免产生弧坑裂纹。

（4）填满弧坑的方法　终止焊接时，填满弧坑的处理方法可参照图 4-22 所示的几种方法。

四、CO_2 气体保护板-板平对接焊的评分标准

CO_2 气体保护板-板平对接焊的评分标准见表 4-4。

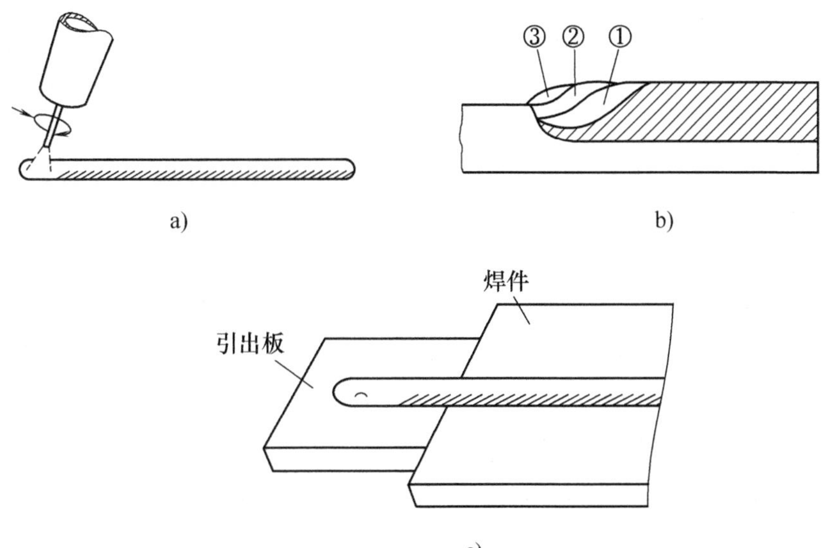

图 4-22　填满弧坑的处理方法

a）回转法　b）断续回焊法　c）用引出板

表 4-4　CO_2 气体保护板-板平对接焊的评分标准

	考核项目	考核要求	配分	评分标准
焊缝外观检查	焊缝宽度	焊缝每侧增宽 0.5～2mm	3	每超 1mm 扣 1 分
	焊缝宽度差	≤3mm	3	每超 1mm 扣 1 分
	焊缝余高	1～3（0～3）mm	5	每超 1mm 扣 1 分
	咬边	深度≤0.5mm	5	深度＞0.5mm，扣 5 分；深度＜0.5mm，每 3mm 长扣 2 分
	焊缝成形	要求波纹细、均、光滑	3	酌情扣分
	未焊透	深度≤1.5mm	5	深度＞1.5mm，扣 5 分；深度＜1.5mm，每 3mm 长扣 2 分
	起焊熔合	要求起焊饱满熔合好	3	酌情扣分
	弧坑	无	5	一处扣 2 分
	接头	要求不脱节，不凸高	5	每处接头不良扣 2 分
	夹渣、气孔	缺陷尺寸≤3mm	5	缺陷尺寸≤1mm，每个扣 1 分；1mm＜缺陷尺寸≤2mm，每个扣 2 分；2mm＜缺陷尺寸≤3mm，每个扣 3 分；缺陷尺寸≥3mm，每个扣 5 分

（续）

考核项目		考核要求	配分	评分标准
焊缝外观检查	背面凹坑	深度≤2mm	3	深度 > 2mm，扣 3 分；深度 < 1.5mm，每 5mm 长扣 1 分
	背面焊缝余高	1～3mm	5	每超 1mm 扣 1 分
	错边	≤1.2mm	5	>1.2mm 扣 5 分
	角变形	≤3°	5	>3°扣 5 分
	裂纹、焊瘤、烧穿	倒扣分	-20	任出一项，扣 20 分
焊缝内部质量检查		按 GB/T 3323.1—2019《焊缝无损检测　射线检测　第 1 部分：X 和伽马射线的胶片技术》标准对焊缝进行 X 射线检测	40	Ⅰ级片无缺陷不扣分；Ⅰ级片有缺陷扣 5 分；Ⅱ级片扣 10 分；Ⅲ级片扣 20 分；Ⅳ级片扣 40 分

五、想一想

1. CO_2 焊时，如何选择焊丝直径和焊接电流？

2. 打底焊、填充焊、盖面焊的焊枪摆动有何区别？为什么？

项目三　板-板T形角接焊

一、学习目标

能够根据母材选择相应的焊接材料、焊接参数，掌握板-板 T 形角接焊操作方法。

二、准备

操作的准备

1. 焊件的准备

1）板料 2 块，材料为 Q235A 钢。其中一块尺寸为 300mm×110mm×10mm，立板尺寸为 300mm×50mm×10mm。

2）矫平。

3）清理板件正、反两侧各 20mm 范围内的油污、铁锈、水分及其他污染物，至露出金属光泽。

2. 焊件装配技术要求

1）装配。将焊件装配成90°T形接头，不留间隙。

2）装配完毕应校正焊件，保证立板的垂直度。

3. 焊接材料

选择H08Mn2SiA焊丝，焊丝直径为ϕ1.2mm，注意焊丝使用前对焊丝表面进行清理。CO_2气体纯度要求达到99.5%。

4. 焊接设备

CO_2焊半自动弧焊机。

三、操作过程

1. 定位焊

采用与焊件相同的焊丝进行定位焊，焊点长度为10～15mm，T形角接焊的定位焊如图4-23所示。

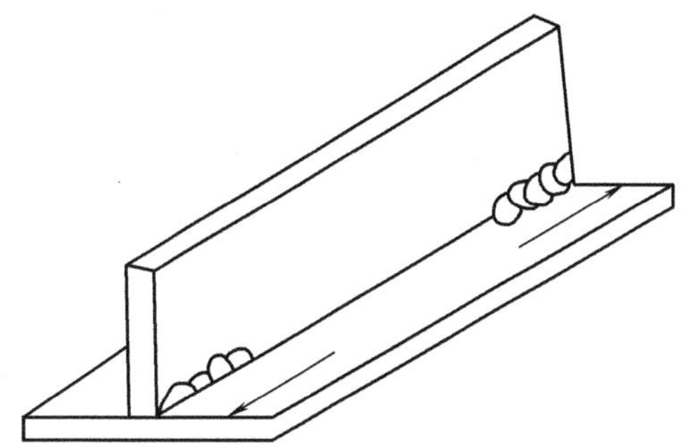

图4-23　T形角接焊的定位焊

2. 焊接参数（见表4-5）

表4-5　T形角接焊的焊接参数

焊接层	焊接电流/A	电弧电压/V	焊接速度/(cm/s)	气体流量/(L/min)	焊脚尺寸/mm	焊丝及其直径/mm
第一层	180～200	22～24	0.5～0.8	10～15	6～6.5	H08Mn2SiA ϕ1.2
其他各层	160～180	22～24	0.4～0.6	10～15	6～6.5	

3. 操作示意图

板-板T形角接焊实际操作如图4-24所示。

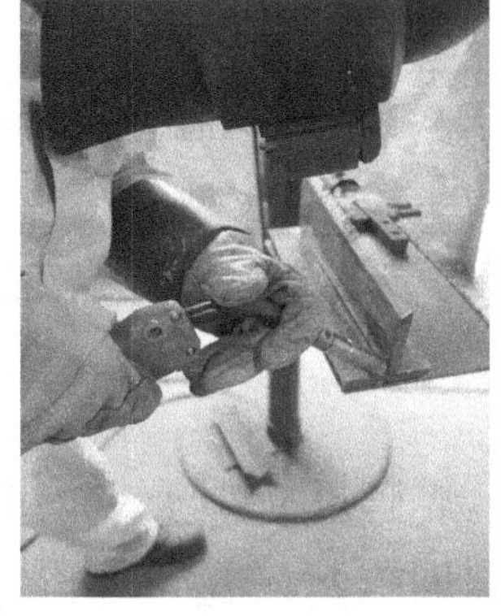
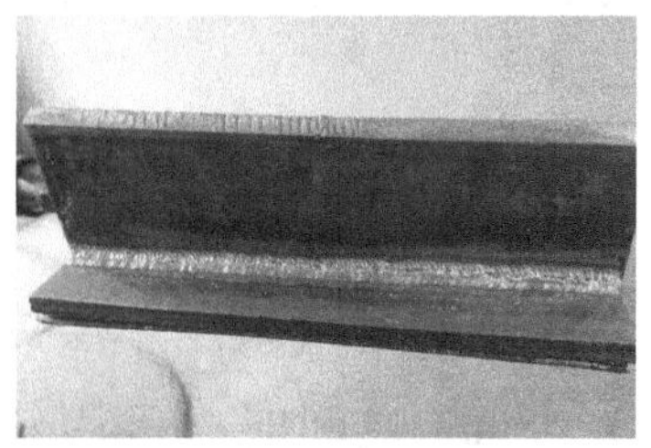

图4-24　板-板T形角接焊实际操作

4. 操作要点

进行T形角接焊时，极易产生咬边、未焊透、焊缝下垂等缺陷。为了防止这些缺陷，在操作时，除了正确地选择焊接参数外，还要根据板厚和焊脚尺寸来控制焊丝的角度。

（1）焊丝倾角　不等厚度焊件，焊丝的倾角应使电弧偏向厚板，使两板受热均匀；等厚度焊件，一般焊丝与水平板夹角为40°~45°（图4-25）。

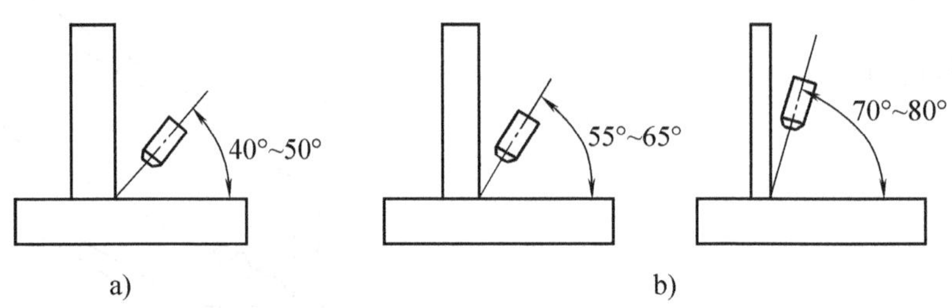

图4-25　T形角接焊时焊丝的角度

a）两板等厚　b）两板不等厚

（2）焊丝位置　当焊脚尺寸在5mm以下时，可按图4-26中*A*的方式将焊丝指向夹角处；当焊脚尺寸在5mm以上时，可使焊丝距分角线1~2mm处进行焊接，这样可获得等角角焊缝（图4-26中*B*），否则易使立板产生咬边和平板焊缝下垂。

（3）焊丝前倾角　焊丝的前倾角为10°~25°，如图4-27所示。

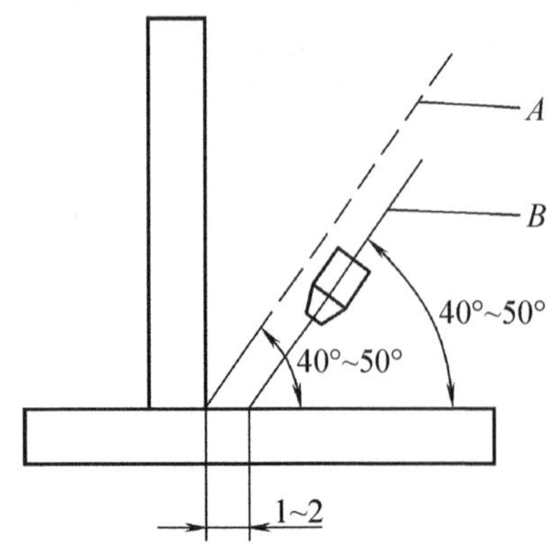

图4-26　横角焊时的焊丝位置

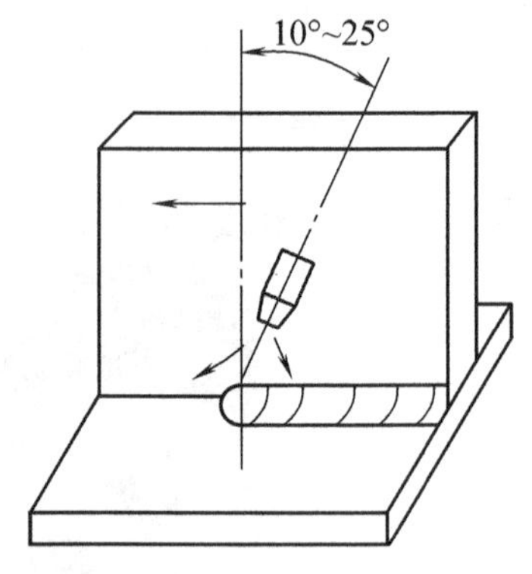

图4-27　焊丝的前倾角

焊脚尺寸小于8mm时，可采用单层焊。焊脚尺寸小于5mm时，可采用直线移动法焊接；在5~8mm之间时，可用斜圆圈形运丝法，并以左焊法进行焊接（图4-28）。

焊脚尺寸大于8mm时，应采用多层多道焊（图4-29）。多层焊的第一层操作与单层焊类似，焊丝距焊件夹角线1~2mm，采用左焊法得到6mm的焊脚。第二层焊缝的第一条焊缝，焊丝指向第一层焊缝与水平板的焊脚处，进行直线焊接或小幅摆动焊接，达到所需的焊脚，并保证焊缝平直。

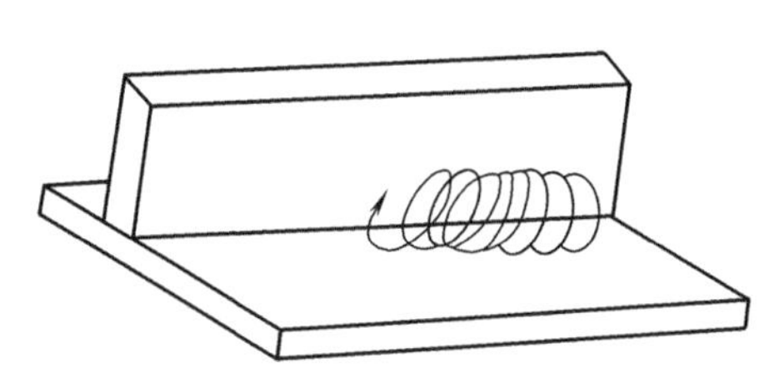
图4-28 T形角接焊时的斜圆圈形运丝法

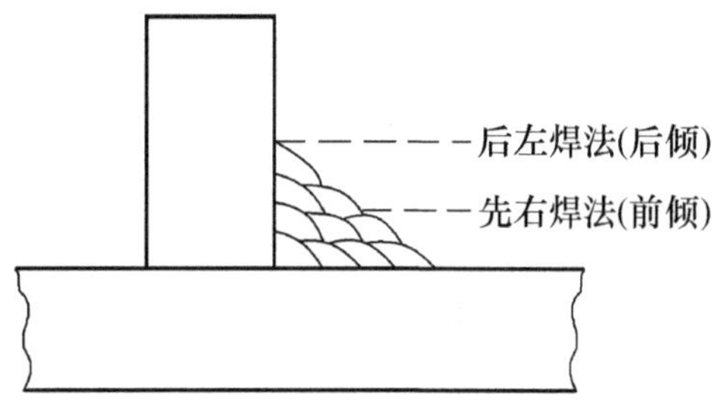

图4-29 多层多道焊

无论是多层多道焊还是单层单道焊，在操作时每层的焊脚尺寸应限制在6~7mm范围内，以防止焊脚过大熔敷金属下垂、在立板上咬边、水平板上产生焊瘤等缺陷，同时要保持焊脚尺寸从头至尾一致，均匀美观。其起始端和终焊端的操作要领同水平位置焊。

四、CO_2 气体保护板-板T形角接焊的评分标准

CO_2 气体保护板-板T形角接焊的评分标准见表4-6。

表4-6 CO_2 气体保护板-板T形角接焊的评分标准

考核项目		考核要求	配分	评分标准
焊缝外观检查	焊脚尺寸	5mm≤K≤7mm	5	K>7mm或K<5mm扣10分
	焊脚尺寸差	≤2mm	5	>2mm，扣10分
	咬边	深度≤0.5mm	10	深度>0.5mm，扣15分；深度<0.5mm，每3mm长扣4分
	焊缝成形	要求波纹细、均、光滑	10	酌情扣分
	起焊熔合	要求起焊饱满熔合好	10	酌情扣分
	接头	要求不脱节，不凸高	10	每处接头不良扣2分
	夹渣、气孔	缺陷尺寸≤3mm	10	缺陷尺寸≤1mm，每个扣2分；1mm<缺陷尺寸≤2mm，每个扣3分；2mm<缺陷尺寸≤3mm，每个扣4分；缺陷尺寸≥3mm，每个扣5分
	裂纹、焊瘤、未焊透	倒扣分	-20	任出一项，扣20分

（续）

考核项目	考核要求	配分	评分标准
焊缝内部质量检查	按 GB/T 3323.1—2019《焊缝无损检测 射线检测 第1部分：X和伽马射线的胶片技术》标准对焊缝进行X射线检测	40	Ⅰ级片无缺陷不扣分；Ⅰ级片有缺陷扣5分；Ⅱ级片扣10分；Ⅲ级片扣20分；Ⅳ级片扣40分

五、想一想

1. CO_2 焊时，如何选择焊丝直径和焊接电流？
2. 打底焊、填充焊、盖面焊的焊枪摆动有何区别？为什么？

项目四 平板对接立焊

一、学习目标

了解平板对接立焊的特点，根据现场情况，选择合理的焊接电流和运条方法，掌握板对接立焊技术。

二、准备

知识的准备

在平板对接立焊单面焊双面成形时，熔池下部焊道对熔池起到依托作用，采用细焊丝焊接，短路过渡形式，有利于实现单面焊双面成形。但焊接电流不宜过大，否则会产生液态金属下淌，使焊缝正面和背面出现焊瘤。焊枪的摆动频率应稍快，焊后焊缝要薄而且均匀。

立焊有向上立和向下立两种焊接法。向下立焊减小了熔透深度，一般板厚6mm以下的薄板用向下立焊，厚板用向上立焊。向下立焊时焊缝外观好，但易未焊透，应尽量避免摆动，如图4-30所示。

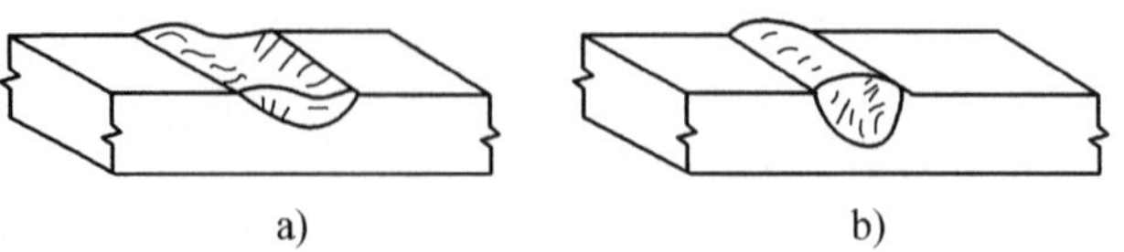

图4-30 向下立焊与向上立焊生成的焊缝示意图
a）向下立焊焊缝 b）向上立焊焊缝

向上立焊时熔深大，虽然单道焊时成形不好，焊缝窄而高，但采用横向摆动时，却可以获得良好的焊缝成形。

操作的准备

1. 焊件的准备

1）板料2块，材料为Q235A钢，每块板件的尺寸如图4-31所示。

2）矫平。

3）清理坡口及坡口正、反两侧各20mm范围内的油污、铁锈、水分及其他污染物，至露出金属光泽，并清除毛刺。

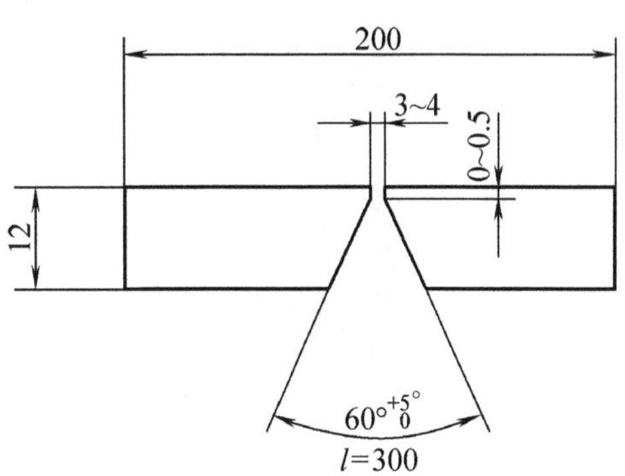

图4-31　板件备料图

2. 焊件装配技术要求

（1）装配要求　起始端间隙为0.8～3.0mm，末端间隙为1.5～3.2mm；预留反变形量为3°；错边量小于1.2mm。

（2）定位焊　定位焊时，沿坡口内距两端约20mm处引弧，定位焊缝长度约为20mm。

3. 焊接材料

定位焊和正式焊接均采用CO_2焊进行施焊，选择H08Mn2SiA焊丝，焊丝直径为ϕ1.2mm，注意焊丝使用前对焊丝表面进行清理。CO_2气体纯度要求达到99.5%。

4. 焊接设备

CO_2焊半自动弧焊机。

CO_2气体保护焊平板对接立焊

三、操作过程

1. 焊接参数（见表4-7）

表4-7　板对接立焊焊接参数

名　称	运丝方式	焊接电流/A	电弧电压/V	CO_2气流量/(L/min)
定位焊	直线运动	90～120	18～21	10～15
打底焊	直线运动	90～120		12～15
填充焊	小月牙形摆动	110～140		12～15
盖面焊	月牙形摆动	90～120		13～16

2. 操作示意图

平板对接立焊实际操作如图 4-32 所示。

图 4-32　平板对接立焊实际操作

3. 焊接操作

（1）打底层焊接　采用直线移动向下立焊方式进行。操作时焊丝在运行中的角度与位置如图 4-33 所示。按表 4-7 所示打底焊的焊接参数调整好焊机。引弧前将焊件间隙小的一端朝上，并立放稳定，然后在离焊件上端边缘 10～15mm 的坡口面引弧，引弧后将电弧迅速转移至焊缝的中心线的上端处，控制电弧在离坡口底边 2～3mm 处燃烧。当坡口底出现熔孔时，即转入正常向下立焊。

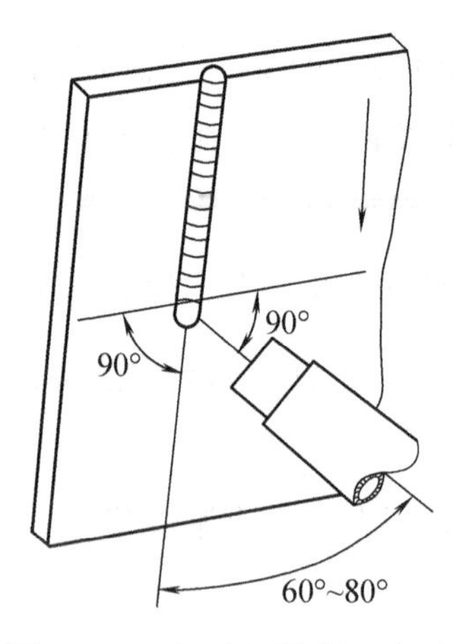

图 4-33　向下立焊焊丝角度

在直线移动向下立焊过程中，一要严格控制焊丝的操作角度保持不变，并控制熔孔直径比间隙大 0.5mm 左右，打底焊时，要视间隙和熔孔直径的变化调整向下立焊的移动速度，注意维持熔孔直径保持不变，保证焊缝背面焊透和成形均匀；二要严格控制喷嘴的高度和焊丝的操作角度，使 CO_2 气流及电弧的吹力始终托住熔池，保证打底层厚度不大于 4mm。

注意：如果焊接电流过大、电弧电压过高或焊接速度过慢，可能发生如图 4-34a 所示的缺陷。合适的焊接参数和焊丝位置应如图 4-34b 所示。

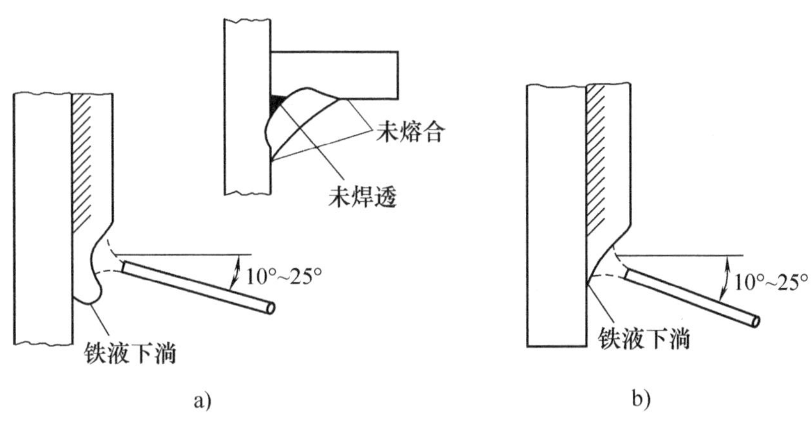

图 4-34　向下立焊操作要点

（2）填充层焊接　采用小月牙形摆动方式（图 4-35a）进行向上立焊。焊丝角度如图 4-36 所示，焊丝对着前进方向，保持 ±10°的角度。按表 4-7 所示的填充层焊接参数调整好焊机。在对接立缝坡口内引弧，焊枪沿坡口两侧做小月牙形摆动，进行填充层的向上立焊。向上立焊的过程中，注意观察熔池两侧坡口熔合情况，保证焊缝表面平整，并使填充层高度低于焊件表面 1～2mm，保持坡口棱边不被熔化。

（3）盖面层焊接　采用月牙形摆动的方式向上立焊，如图 4-35b 所示。焊丝操作角度如图 4-36所示。

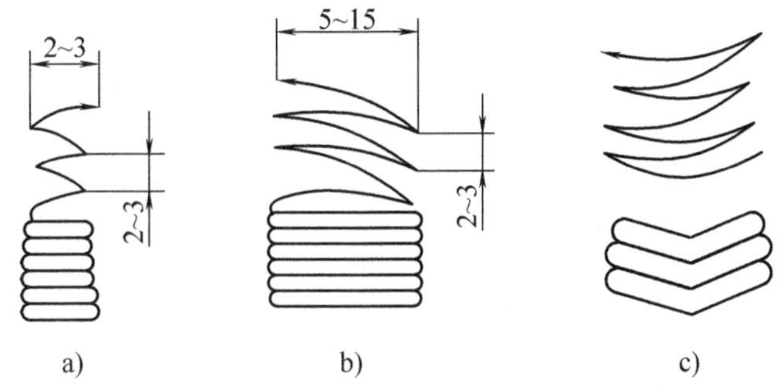

图 4-35　向上立焊时的横向摆动运丝法

a）小月牙形摆动　b）月牙形摆动　c）不推荐的月牙形摆动

注意：向上立焊开坡口的对接焊接，根部焊道的操作如图 4-37 所示。摆动速度要比平焊位置时的摆动快 2～2.5 倍。

为了防止咬边，焊枪沿焊缝两边的摆动应保证熔池熔化范围超出棱边 1～2mm，并保持摆动速度均匀。收弧时，注意填满弧坑。

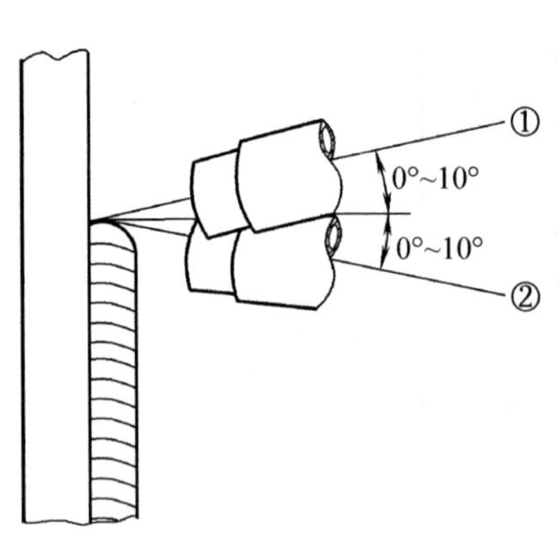
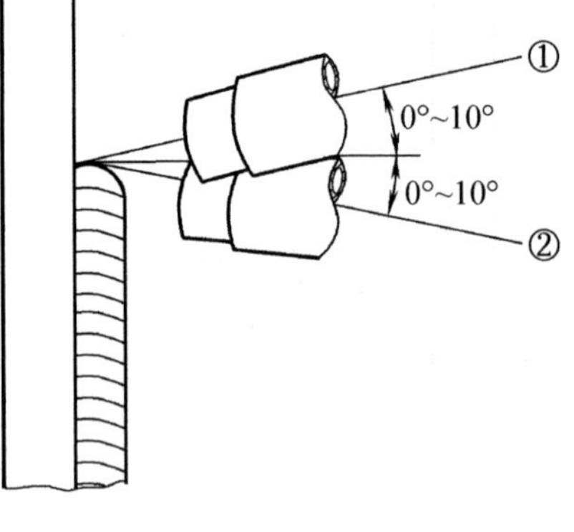

图 4-36 向上立焊焊丝角度

图 4-37 无垫板对接向上立焊根部焊道的操作

四、CO_2 气体保护平板对接立焊的评分标准

CO_2 气体保护平板对接立焊的评分标准见表 4-8。

表 4-8 CO_2 气体保护平板对接立焊的评分标准

考核项目		考核要求	配分	评分标准
焊缝外观检查	焊缝宽度	≤20mm	4	>20mm，扣 4 分
	焊缝宽度差	≤3mm	4	>3mm，扣 4 分
	焊缝余高	0 ~ 3mm	4	>3mm，扣 4 分
	焊缝余高差	≤3mm	3	>3mm，扣 3 分
	错边量	≤1.2mm	3	>1.2mm，扣 3 分
	背面凹坑	深度≤2mm	3	深度 >2mm，扣 3 分；深度≤2mm，每 5mm 扣 1 分
	背面焊缝余高	-1.5 ~ 3mm	3	>3mm，扣 3 分
	咬边	深度≤0.5mm	8	深度 >0.5mm，扣 8 分；深度 <0.5mm，每 3mm 长扣 2 分
	焊缝成形	要求波纹细、均、光滑	5	酌情扣分
	起焊熔合	要求起焊饱满熔合好	5	酌情扣分
	接头	要求不脱节，不凸高	5	每处接头不良扣 2 分
	夹渣、气孔	缺陷尺寸≤3mm	9	缺陷尺寸≤1mm，每个扣 1 分；1mm <缺陷尺寸≤2mm，每个扣 2 分；2mm <缺陷尺寸≤3mm，每个扣 3 分；缺陷尺寸≥3mm，每个扣 4 分
	角变形	≤3°	4	>3°，扣 4 分
	裂纹、烧穿	倒扣分	-20	任出一项，扣 20 分

（续）

考核项目	考核要求	配分	评分标准
焊缝内部质量检查	按 GB/T 3323.1—2019《焊缝无损检测　射线检测　第1部分：X和伽马射线的胶片技术》标准对焊缝进行X射线检测	40	Ⅰ级片无缺陷不扣分；Ⅰ级片有缺陷扣5分；Ⅱ级片扣10分；Ⅲ级片扣20分；Ⅳ级片扣40分

五、想一想

1. 如何进行向下和向上立焊？
2. 对立焊焊件焊接质量有什么要求？怎样保证焊接质量？

项目五　平板对接横焊

一、学习目标

了解板对板对接横焊的特点，能够根据现场情况，自己组对，调节焊接电流、送丝速度采用合适的运条方法，采用横焊技术，实现板-板对接。

二、准备

知识的准备

横焊比较容易操作，因为熔池有下面的板托着，可以像平焊那样操作，但熔池是在垂直面上，焊缝凝固时无法得到对称的表面，焊缝表面不对称，最高点移向下方，如图4-38所示。

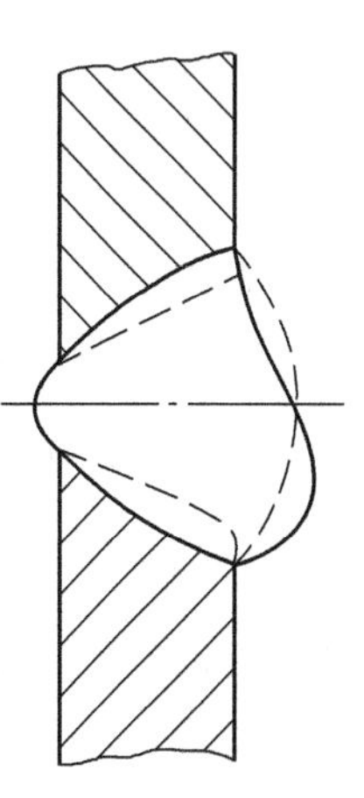

图4-38　横焊缝表面不对称

横焊过程中必须使熔池尽量小，使焊缝表面尽可能对称，另外可用多道焊，以调整焊缝表面的形状。因此，横焊通常都采用多层多道焊。

横焊时，由于焊缝较多，角变形较大，而角变形的大小既与焊接参数有关，又与焊缝层数及每层焊缝数目、焊缝间的间歇时间有关。通常熔池大、焊缝间间歇时间短、层间温度高时角变形大，反之角变形小。因此初学者应根据实习过程中的操作情况，摸索角变形的规律，提前留出反变形量，以防止焊后焊件板角变形超差。

操作的准备

1. 焊件的准备

1）板料2块，材料为Q235A，每块板件的尺寸如图4-39所示。

2）矫平。

3）清理坡口及坡口正、反两侧各20mm范围内的油污、铁锈、水分及其他污染物，至露出金属光泽，并清除毛刺。

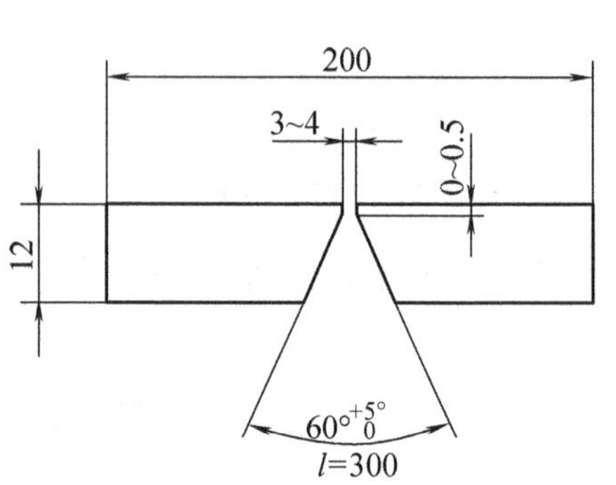

图4-39　板件备料图

2. 焊件装配技术要求

（1）装配要求　装配间隙：始端为3mm，终端为3.3mm；钝边：0～0.5mm；预置反变形量：5°～6°；错边量：≤1.2mm。

（2）定位焊　采用与焊件相同牌号的焊丝进行定位焊，并在坡口内两端进行定位焊接，焊点长度为10～15mm，如图4-40所示。

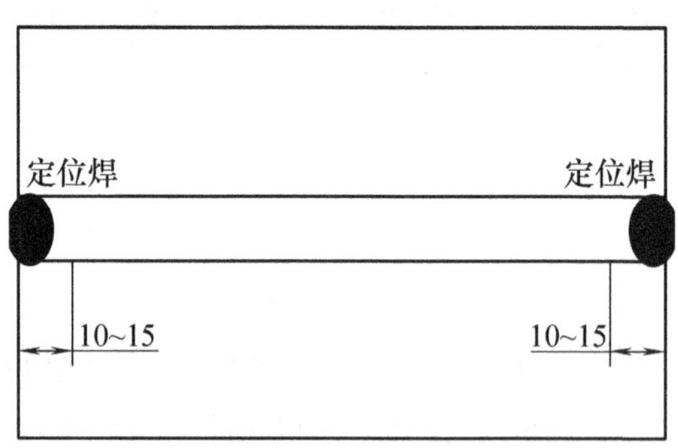

图4-40　板-板对接横焊装配图

（3）单面焊双面成形。

3. 焊接材料

定位焊和正式焊接均采用CO_2焊进行施焊，选择H08Mn2SiA焊丝，焊丝直径为ϕ1mm，注意焊丝使用前对焊丝表面进行清理。CO_2气体纯度要求达到99.5%。

4. 焊接设备

CO_2焊半自动弧焊机。

三、操作过程

CO₂ 气体保护焊
平板对接横焊

1. 焊接参数（表 4-9）

表 4-9 板对接横焊参数

焊接层次	焊丝直径/mm	焊丝伸出长度/mm	焊接电流/A	电弧电压/V	CO_2 气流量/(L/min)
打底层	1.0	10～15	90～100	18～20	10
填充层			110～120	20～22	
盖面层			110～120	20～22	

2. 操作示意图

平板对接横焊实际操作如图 4-41 所示。

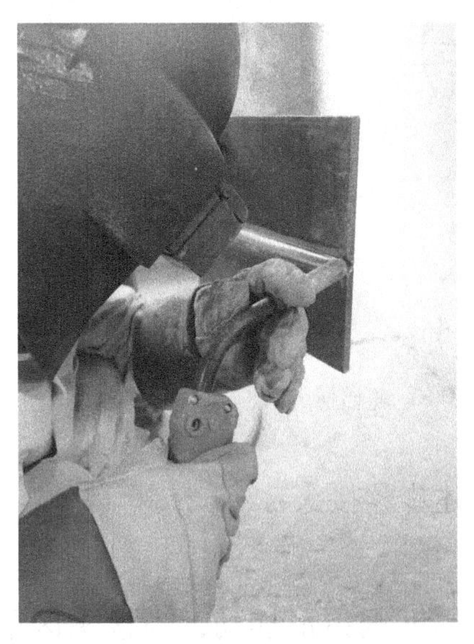

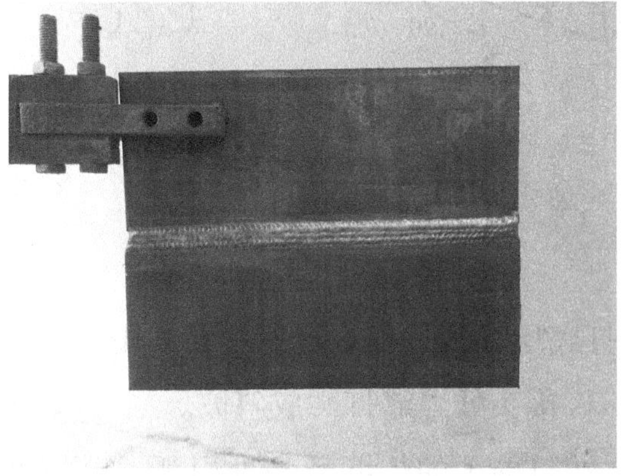

图 4-41 平板对接横焊实际操作

3. 焊接操作

横焊时熔池虽有下面托着较易操作，但焊缝表面不易对称，所以焊接时必须使熔池尽量小，另外采用多道焊的方法来调整焊缝外表面形状，最后获得较对称的焊缝外表。

横焊时的焊件角变形较大，它除了与焊接参数有关外，又与焊缝层数、每层焊缝数目及焊缝间的间歇时间有关。通常熔池大、焊缝间间歇时间短、层间温度高时角变形则大，反之则小。

横焊时采用左焊法，三层六道，按1~6顺序焊接，焊道分布如图4-42所示。将焊板垂直固定于焊接夹具上，焊缝处于水平位置，间隙小的一端放于右侧。

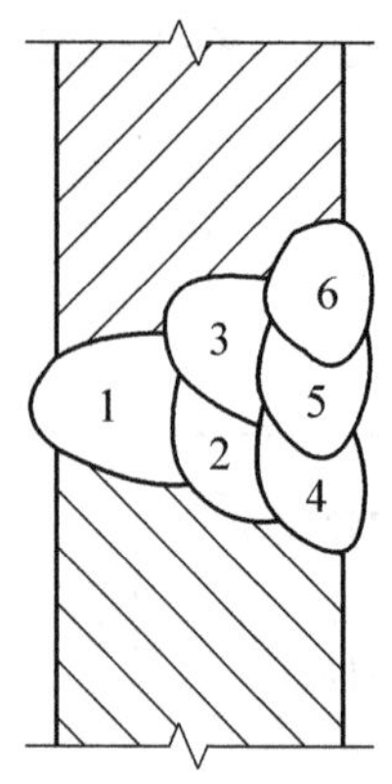

图4-42　焊道分布

（1）打底层焊接　调试好焊接参数后，按图4-43a所示的焊枪角度，从右向左进行焊接。

在焊件定位焊缝上引弧，以小幅度锯齿形摆动，自右向左焊接，当预焊点左侧形成熔孔后，保持熔孔边缘超过坡口上、下棱边0.5~1mm。焊接过程中要仔细观察熔池和熔孔，根据间隙调整焊接速度及焊枪摆幅，尽可能地维持熔孔直径不变，焊至左端收弧。

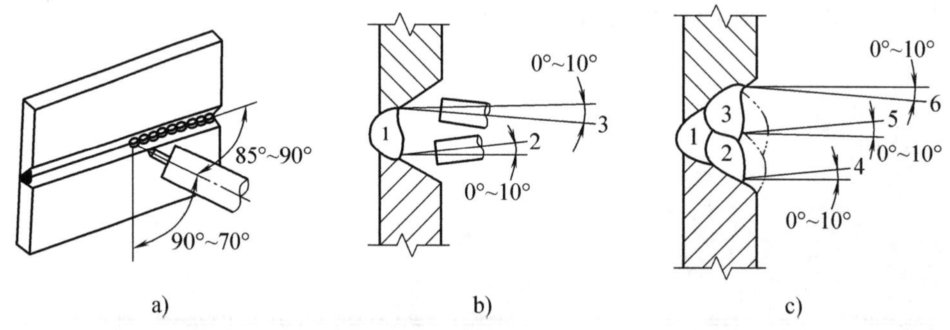

图4-43　横焊时焊枪角度及对中位置

a）打底层焊接　b）填充层焊接　c）盖面层焊接

若打底层焊接过程中电弧中断，则应按下述步骤接头：

1）将接头处焊缝打磨成斜坡。

2）在打磨了的焊缝最高处引弧，并以小幅度锯齿形摆动，当接头区前端形成熔孔后，继续焊完打底焊缝。

焊完打底层焊缝后，先除净飞溅及焊缝表面焊渣，然后用角向磨光机将局部凸起的焊缝磨平。

（2）填充层焊接　调试好填充层焊接参数，按图4-43b所示的焊枪对中位置及角度进行填充层焊道2与3的焊接。整个填充层厚度应低于母材1.5~2mm，且不得熔化坡口棱边。

1）焊填充层焊道2时，焊枪成0°~10°俯角，电弧以打底焊缝的下缘为中心做横向摆动，保证下坡口熔合好。

2）焊填充层焊道 3 时，焊枪成 0°～10°仰角，电弧以打底层焊缝的上缘为中心，在焊道 2 和上坡口面间摆动，保证熔合良好。

3）清除填充层焊缝的表面焊渣及飞溅，并用角向磨光机打磨局部凸起处。

（3）盖面层焊接　调试好盖面层焊接参数，按图 4-43c 所示的焊枪对中位置及角度进行盖面层的焊接，操作要领基本同填充层焊接。

收弧时必须填满弧坑，并使弧坑尽量短。

（4）注意事项　横焊时，焊丝位置如图 4-44 所示，应避免图 4-44a 的情况，因焊丝所指处不易焊透。

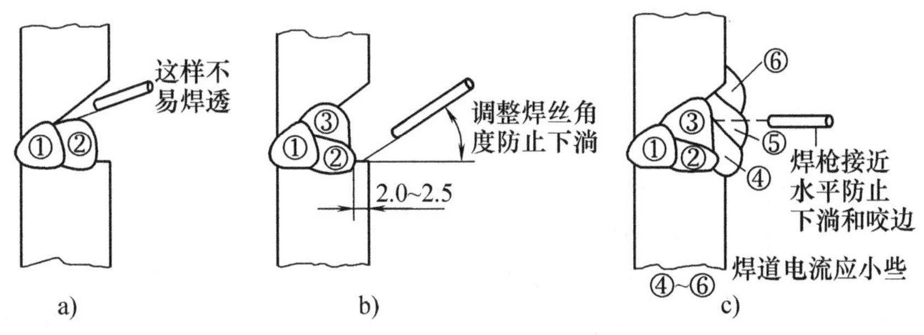

图 4-44　多层横焊操作注意事项

四、CO_2 气体保护平板对接横焊的评分标准

CO_2 气体保护平板对接横焊的评分标准见表 4-10。

表 4-10　CO_2 气体保护平板对接横焊的评分标准

考核项目		考核要求	配分	评分标准
焊缝的外观检查	焊缝宽度	≤20mm	4	>20mm，扣 4 分
	焊缝宽度差	≤3mm	4	>3mm，扣 4 分
	焊缝余高	0～3mm	4	>3mm，扣 4 分
	焊缝余高差	≤3mm	3	>3mm，扣 3 分
	错口	≤1.2mm	3	>1.2mm，扣 3 分
	背面凹坑	深度≤2mm	3	深度>2mm，扣 3 分；深度≤2mm，每 5mm 扣 1 分
	背面焊缝余高	-1.5～3mm	3	>3mm，扣 3 分
	咬边	深度≤0.5mm	8	深度>0.5mm，扣 8 分；深度<0.5mm，每 3mm 长扣 2 分

（续）

考核项目		考核要求	配　分	评分标准
焊缝的外观检查	焊缝成形	要求波纹细、均、光滑	5	酌情扣分
	起焊熔合	要求起焊饱满熔合好	5	酌情扣分
	接头	要求不脱节，不凸高	5	每处接头不良扣 2 分
	夹渣、气孔	缺陷尺寸≤3mm	9	缺陷尺寸≤1mm，每个扣 1 分；1mm<缺陷尺寸≤2mm，每个扣 2 分；2mm<缺陷尺寸≤3mm，每个扣 3 分；缺陷尺寸≥3mm，每个扣 4 分
	角变形	≤3°	4	>3°，扣 4 分
	裂纹、烧穿	倒扣分	-20	任出一项，扣 20 分
焊缝内部质量检查		按 GB/T 3323.1—2019《焊缝无损检测　射线检测　第 1 部分：X 和伽马射线的胶片技术》标准对焊缝进行 X 射线检测	40	Ⅰ级片无缺陷不扣分；Ⅰ级片有缺陷扣 5 分；Ⅱ级片扣 10 分；Ⅲ级片扣 20 分；Ⅳ级片扣 40 分

五、想一想

1. CO_2 气体保护横焊有何特点？

2. 板-板横焊，在打底层焊接、填充层焊接、盖面层焊接时对焊枪角度各有什么要求？

项目六　平板对接仰焊

一、学习目标

了解板对板对接仰焊的特点，能够根据现场情况，自己组对，调节焊接电流、送丝速度，采用适当的运条方法，通过单面焊双面成形，实现板对板仰焊。

二、准备

知识的准备

仰焊位置的焊接是低合金钢板单面焊双面成形技术中最难掌握的一种。在仰焊时焊接熔池倒悬在试件坡口内，液态金属和熔渣受重力作用极易下坠，从而造成在坡口内侧易产生焊瘤，坡口外侧背面易产生凹陷等缺陷。在焊接过程中，熔池温度越高，上述现象就越严重。且易伤人，给焊工操作带来困难。飞溅物还易使焊枪喷嘴内发生堵塞。在操作时焊枪角度应作较大的倾斜，以减少飞溅物带来的影响。

操作的准备

1. 焊件的准备

1）材料为Q235A钢，尺寸为300mm×100mm×12mm，坡口加工角度为30°±1°，不留钝边。

2）矫平。

3）清理坡口及坡口正、反两侧各20mm范围内的油污、铁锈、水分及其他污染物，至露出金属光泽，并清除毛刺。

2. 焊件装配技术要求

（1）装配要求　板对板仰焊件组对的各项尺寸见表4-11。

表4-11　板对板仰焊件组对的各项尺寸

坡口角度/(°)	间隙/mm	钝边/mm	反变形角度/(°)	错边量/mm
60±1	2.0~3.0	0.5~1	3	≤0.5

（2）定位焊　定位焊点可选在焊件的两端，定位焊缝长度为10~15mm，定位焊缝要牢固可靠，特别是终焊端，更应牢靠。定位焊时使用的焊丝及焊接参数与正式焊接时相同。定位焊后将焊缝表面的飞溅物清理干净。

（3）单面焊双面成形。

3. 焊接材料

定位焊和正式焊接均采用CO_2焊进行施焊，选择H08Mn2SiA焊丝，焊丝直径为ϕ1.2mm。注意焊丝使用前对焊丝表面进行清理。CO_2气体纯度要求达到99.5%。

4. 焊接设备

CO_2 焊半自动弧焊机。

三、操作过程

1. 焊接参数（表4-12）

表4-12　平板对接仰焊参数

焊接层次	焊接电流/A	电弧电压/V	CO_2 气流量/(L/min)	焊丝直径/mm	伸出长度/mm
打底层	90～120	18～21	12～15	1.2	10～15
填充层					
盖面层					

2. 焊接层次与焊接方法

1）采用右焊法，可以进行直线焊接，当熔池温度上升、铁液稍有下淌趋势时，焊枪可做适当摆动。

2）焊接层次为三层三道焊接，图4-45所示为仰焊焊层及焊道分布示意图。

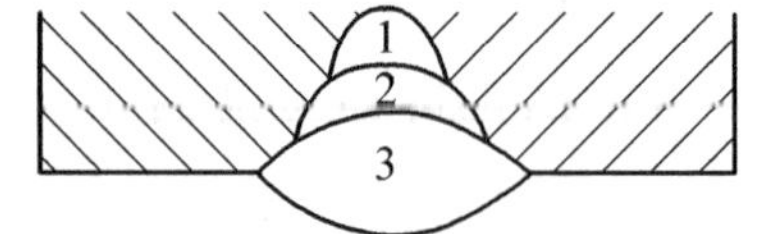

图4-45　仰焊焊层及焊道分布

3）在施焊前及施焊过程中，应检查、清理导电嘴和喷嘴，并检查送丝情况。

3. 操作示意图

平板对接仰焊实际操作如图4-46所示。

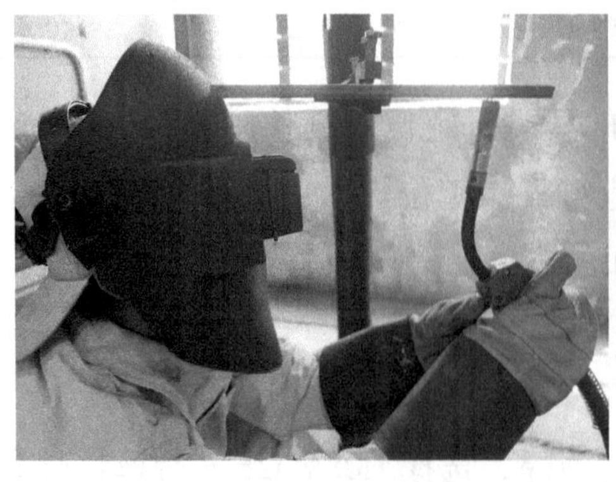

图4-46　平板对接仰焊实际操作

4. 焊接操作

将焊件仰位装卡在焊接工位上，间隙小的一端为始焊端。

(1) 打底层焊接 调试好焊接参数，在定位焊缝的始端引燃电弧，做小幅横向摆动。在向前运行至坡口根部形成熔孔后，转入正常焊接。打底层焊接时的焊枪角度如图4-47所示。

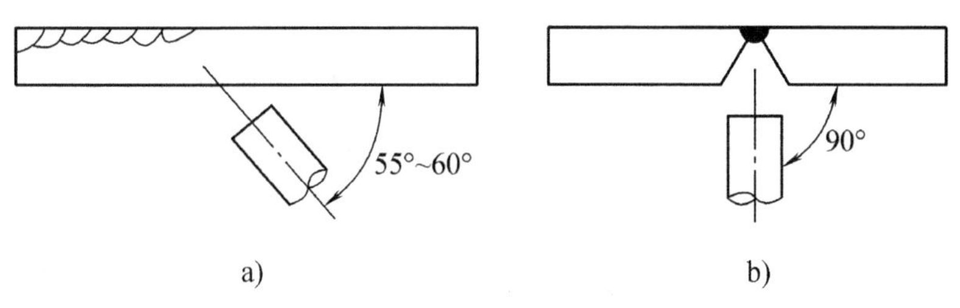

图4-47 打底层焊接时焊枪的角度

a) 焊枪倾角 b) 焊枪夹角

在打底层焊接时应注意如下事项：

1) 应增加电弧在坡口内侧两端的停靠时间，并减小熔孔尺寸。

2) 焊接电弧在摆动时，其摆幅以熔化坡口钝边每侧0.5mm为宜。通常采用中间摆动速度快、两端稍加停顿的锯齿形摆动方法。

(2) 填充层焊接 在焊接前，先清理焊缝表面的氧化物及飞溅颗粒，并用角向磨光机打磨打底层焊接凸起的地方。填充时焊枪与焊接方向的夹角为65°~75°，焊枪横向摆动方法与打底焊时相同，但摆幅应稍大于打底焊，在坡口两侧停留时间也应稍长。

填充层焊完以后，焊缝表面应以距试件表面1~1.5mm为宜。

(3) 盖面层焊接 焊接前先清理填充层及坡口边缘。盖面层焊接时焊枪的角度及摆动方法与填充焊时相同，但摆幅应更宽些，在坡口边缘棱角处电弧要适当停留，但电弧不得深入坡口边缘太多，电弧横向摆动要均匀平稳，以免产生咬边。

在盖面层焊完以后，应清理焊缝表面，但不得打磨表面。

四、CO_2气体保护平板对接仰焊的评分标准

CO_2气体保护平板对接仰焊的评分标准见表4-13。

表 4-13 CO_2 气体保护平板对接仰焊评分标准

考核项目		考核要求	配分	评分标准
焊缝的外观检查	焊缝宽度	≤20mm	4	>20mm，扣4分
	焊缝宽度差	≤3mm	4	>3mm，扣4分
	焊缝余高	-1.5~3mm	4	>4mm，扣4分
	焊缝余高差	≤4.5mm	4	>4.5mm，扣4分
	背面凹坑	深度≤1.5mm	4	深度>1.5mm，扣4分；深度≤1.5mm，每5mm扣1分
	背面焊缝余高	-1.5~3mm	4	>3mm，扣3分
	咬边	深度≤0.5mm	8	深度>0.5mm，扣8分；深度<0.5mm，每3mm长扣2分
	焊缝成形	要求波纹细、均、光滑	5	酌情扣分
	起焊熔合	要求起焊饱满熔合好	5	酌情扣分
	接头	要求不脱节，不凸高	5	每处接头不良扣2分
	夹渣、气孔	缺陷尺寸≤3mm	9	缺陷尺寸≤1mm，每个扣1分；1mm<缺陷尺寸≤2mm，每个扣2分；2mm<缺陷尺寸≤3mm，每个扣3分；缺陷尺寸≥3mm，每个扣4分
	角变形	≤3°	4	>3°，扣4分
	裂纹、烧穿	倒扣分	-20	任出一项，扣20分
焊缝内部质量检查		按GB/T 3323.1—2019《焊缝无损检测 射线检测 第1部分：X和伽马射线的胶片技术》标准对焊缝进行X射线检测	40	Ⅰ级片无缺陷不扣分；Ⅱ级片有缺陷扣5分；Ⅱ级片扣10分；Ⅲ级片扣20分；Ⅳ级片扣40分

五、想一想

1. 板对板对接仰焊有何特点？
2. 板厚为12mm的焊件分几层焊接，各层焊接有哪些操作要点？

项目七 插入式管板焊接

一、学习目标

掌握 CO_2 焊的坡口形式，能够根据实际情况选择合适的坡口形式，并根据现场情况，自己组对，调节焊接电流、送丝速度，在掌握板-板T形角接的基础上，实现垂直俯位的插入式管板焊接。

二、准备

操作的准备

1. 焊件的准备

1）焊件材料为20钢，试件的尺寸如图4-48所示。

2）板矫平。

3）清理管子焊接端外壁40mm处，孔板内壁及其四周20mm范围内油污、铁锈、水分及其他污物，至露出金属光泽。

2. 焊件装配技术要求

1）定位焊。一点定位。采用与焊件相同牌号的焊丝进行定位焊，焊点长度10～15mm，要求焊透，焊角不能过高。

2）管子应垂直于孔板。

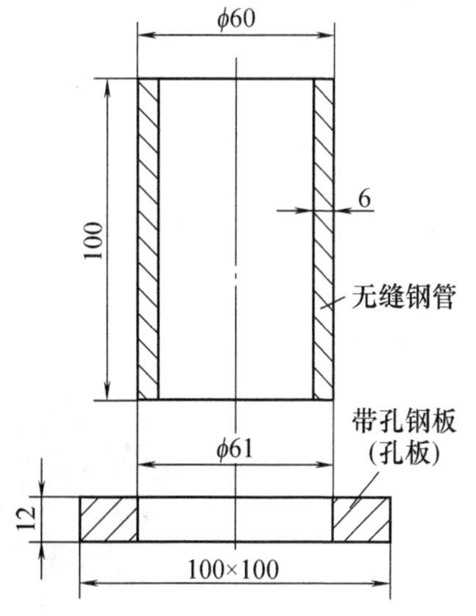

图4-48　试件备料图

3. 焊接材料

选择H08Mn2SiA焊丝，焊丝直径为ϕ1.2mm，注意焊丝使用前对焊丝表面进行清理。CO_2气体纯度要求达到99.5%。

4. 焊接设备

CO_2焊半自动弧焊机。

三、操作过程

1. 焊枪角度与焊法

采用单层单道左焊法，焊枪角度如图4-49所示。

2. 焊接参数（表4-14）

3. 操作示意图

插入式管板焊接实际操作如图4-50所示。

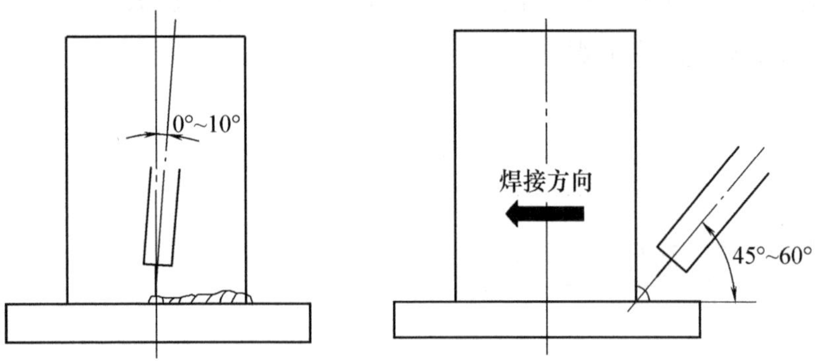

图 4-49　焊枪角度

表 4-14　插入式管板焊接参数

焊丝直径 /mm	焊丝伸出长度 /mm	焊接电流 /A	电弧电压 /V	CO_2 气流量 /(L/min)
1.2	15～20	90～120	18～21	15

图 4-50　插入式管板焊接实际操作

4. 焊接操作

1）在定位焊点的对面引弧，从右向左沿管子外圆焊接，焊至距定位焊缝约 20mm 处收弧，磨去定位焊缝，将焊缝始端及收弧端磨成斜面。

2）将焊件转 180°，在收弧处引弧，完成余下 1/2 焊缝。

3）封闭焊缝，填满弧坑，并使接头不要太高。

四、CO_2 气体保护插入式管板焊的评分标准

CO_2 气体保护插入式管板焊的评分标准见表4-15。

表4-15　CO_2 气体保护插入式管板焊的评分标准

考核项目		考核要求	配分	评分标准
焊缝的外观检查	板侧焊脚尺寸	$5\text{mm} \leq K \leq 7\text{mm}$	10	$K>7\text{mm}$ 或 $K<5\text{mm}$ 扣10分
	板侧焊脚尺寸差	≤2mm	10	>2mm，扣10分
	管侧焊脚尺寸	$5\text{mm} \leq K \leq 7\text{mm}$	10	$K>7\text{mm}$ 或 $K<5\text{mm}$ 扣10分
	管侧焊脚尺寸差	≤2mm	10	>2mm，扣10分
	咬边	深度≤0.5mm	15	深度>0.5mm，扣15分；深度<0.5mm，每3mm长扣4分
	焊缝成形	要求波纹细、均、光滑	10	酌情扣分
	起焊熔合	要求起焊饱满熔合好	10	酌情扣分
	接头	要求不脱节，不凸高	10	每处接头不良扣2分
	夹渣、气孔	缺陷尺寸≤3mm	15	缺陷尺寸≤1mm，每个扣2分；1mm<缺陷尺寸≤2mm，每个扣3分；2mm<缺陷尺寸≤3mm，每个扣4分；缺陷尺寸≥3mm，每个扣5分
	裂纹、焊瘤、未焊透	倒扣分	-20	任出一项，扣20分

五、想一想

1. CO_2 焊常用哪些坡口形式？

2. T形角焊时焊丝的倾斜角度和运丝方式有何要求？

项目八　骑坐式管板焊接

一、学习目标

了解骑坐式管板焊的特点，并根据现场情况，自己组对，调节焊接电流、送丝速度，实现骑坐式管板焊接。

二、准备

知识的准备

骑坐式管板焊接的难度在于管子与孔板厚度存在差异，造成散热不同，熔化情况也不同。在焊接时除了要保证焊透和双面成形外，还要保证焊脚尺寸达到规定要求的尺寸，所以它的相对难度要大。在根部焊接操作中电弧热量应偏向板端，焊接填充层、盖面层时，电弧热量也应该偏向板端。

操作的准备

1. 焊件的准备

1）材料为 Q235A 钢，焊件及坡口尺寸如图 4-51 所示。

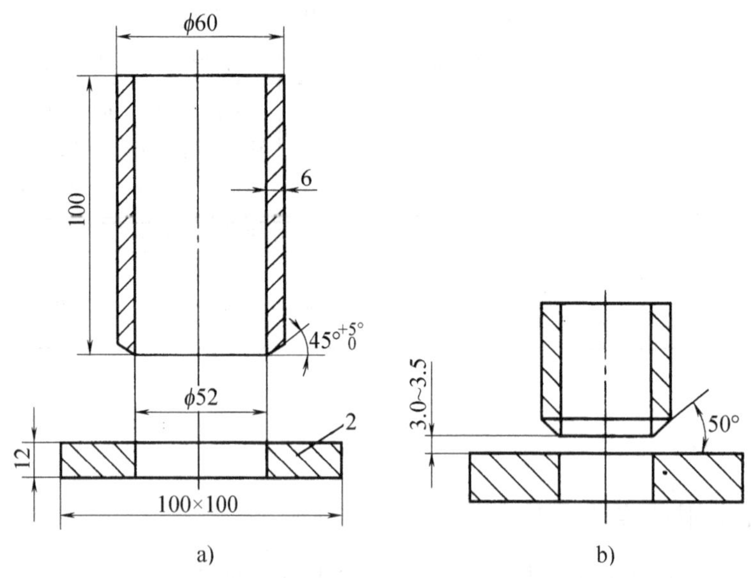

图 4-51　骑坐式管板试件及坡口尺寸

a）试件尺寸　b）坡口尺寸

2）矫平。

3）清理管子焊接端外壁 40mm 处，孔板内壁及其四周 20mm 范围内油污、铁锈、水分及其他污物，至露出金属光泽。

2. 焊件装配技术要求

1）定位焊。焊件组对时，一定要保证管板相互垂直，采用一点定位。

2）采用与焊件相同的焊丝，在坡口内进行定位焊，焊点长度为10～15mm，且必须焊透和无缺陷。

3）焊点两端应预先打磨成斜坡形，以便接头。

3. 焊接材料

选择H08Mn2SiA焊丝，焊丝直径为ϕ1.2mm，注意焊丝使用前对焊丝表面进行清理。CO_2气体纯度要求达到99.5%。

4. 焊接设备

CO_2焊半自动弧焊机。

三、操作过程

1. 焊接参数（表4-16）

表4-16 骑坐式管板焊接参数

焊接层次	焊丝直径/mm	焊丝伸出长度/mm	焊接电流/A	电弧电压/V	CO_2气流量/(L/min)
打底层	1.2	10～12	90～120	18～21	15
盖面层1					
盖面层2					

2. 操作示意图

骑坐式管板焊接实际操作如图4-52所示。

图4-52 骑坐式管板焊接实际操作

3. 焊接操作

（1）打底层焊接 采用左焊法。在与定位焊点相对称的位置起焊，并在坡口内的孔板上起弧，进行预热，并压低电弧在坡口内形成熔孔，熔孔尺寸一般以深入上坡口 0.8～1mm 为宜。焊枪做上下小幅摆动，电弧在坡口根部与孔板边缘应稍作停留。随着焊缝弧度的变化，手腕应不断转动，保持熔孔的大小基本不变，以免产生未焊透、内凹和焊瘤等缺陷。打底层焊接焊枪的角度如图 4-53 所示。

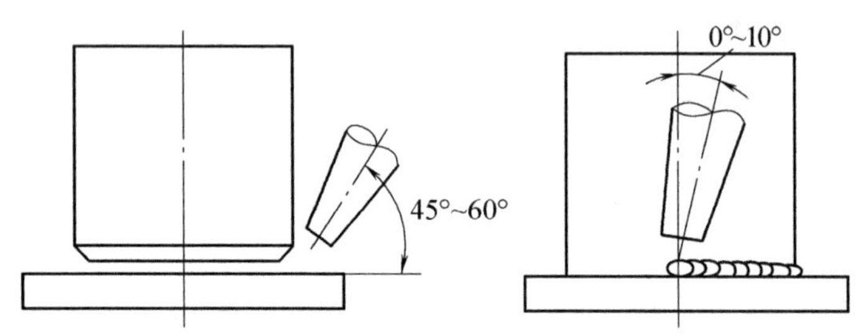

图 4-53 打底层焊接焊枪的角度

（2）盖面层焊接 必须保证管子不咬边，焊脚对称。焊接参数选择好以后，为了保证余高均匀，采用两道盖面，且在焊接过程中，熔池边缘需超过坡口棱边 0.5～2mm。

焊第一道时使用较大电流，焊枪与垂直管的夹角减小，并指向距根部 2～3mm 处，这时得到不等焊脚焊缝；焊第二道时应以小电流施焊，焊枪指向第一道焊缝的凹陷处，采用左向焊法即得到表现平滑的等焊脚焊缝。焊枪的角度如图 4-54 所示。

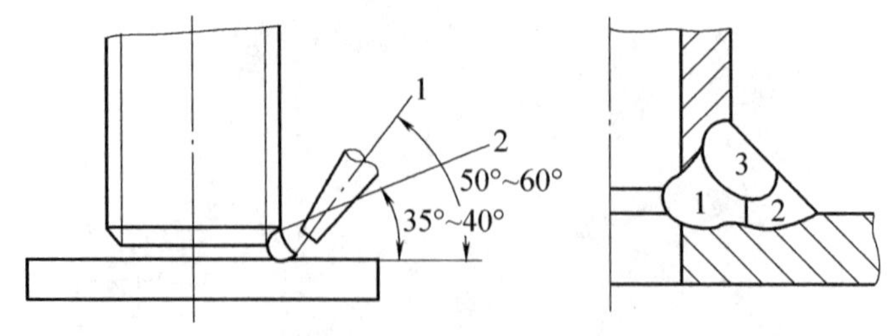

图 4-54 盖面层焊接焊枪的角度

四、CO_2 气体保护骑坐式管板焊的评分标准

CO_2 气体保护骑坐式管板焊的评分标准见表 4-17。

表 4-17　CO_2 气体保护骑坐式管板焊的评分标准

考核项目		考核要求	配分	评分标准
焊缝的外观检查	板侧焊脚尺寸	$5\text{mm} \leqslant K \leqslant 7\text{mm}$	6	$K > 7\text{mm}$ 或 $K < 5\text{mm}$ 扣 6 分
	板侧焊脚尺寸差	≤2mm	6	>2mm，扣 6 分
	管侧焊脚尺寸	$5\text{mm} \leqslant K \leqslant 7\text{mm}$	6	$K > 7\text{mm}$ 或 $K < 5\text{mm}$ 扣 6 分
	管侧焊脚尺寸差	≤2mm	6	>2mm，扣 6 分
	咬边	深度≤0.5mm	10	深度 > 0.5mm，扣 10 分；深度 < 0.5mm，每 3mm 长扣 4 分
	焊缝成形	要求波纹细、均、光滑	6	酌情扣分
	起焊熔合	要求起焊饱满熔合好	6	酌情扣分
	接头	要求不脱节，不凸高	6	每处接头不良扣 2 分
	夹渣、气孔	缺陷尺寸≤3mm	10	缺陷尺寸 ≤ 1mm，每个扣 1 分；1mm < 缺陷尺寸≤2mm，每个扣 2 分；2mm < 缺陷尺寸≤3mm，每个扣 3 分；缺陷尺寸≥3mm，每个扣 5 分
	裂纹、焊瘤、未焊透	倒扣分	-20	任出一项，扣 20 分
焊缝内部质量检查		按 GB/T 3323.1—2019《焊缝无损检测　射线检测　第 1 部分：X 和伽马射线的胶片技术》标准对焊缝进行 X 射线检测	38	Ⅰ级片无缺陷不扣分；Ⅰ级片有缺陷扣 5 分；Ⅱ级片扣 10 分；Ⅲ级片扣 20 分；Ⅳ级片扣 40 分

五、想一想

1. 骑坐式管板焊有何特点？
2. 骑坐式管板焊采用几层焊接？焊接操作时有何要求？

项目九　板管插入式水平固定角焊

一、学习目标

了解板管插入式水平固定角焊的特点，能够根据现场情况，自己组对，调节焊接电流、送丝速度。采用合适的运条方法，应用 T 形接头平焊、立焊、仰焊的操作技能，通过单面焊双面成形实现板管插入式水平固定焊接。

二、准备

知识的准备

这是插入式管板最难焊的位置，需同时掌握 T 形接头平焊、立焊、仰焊的操作技能，并根据管子曲率调整焊枪角度。

操作的准备

1. 焊件的准备

1）材料为20钢，焊件及坡口的尺寸如图4-55所示。

2）矫平。

3）清理坡口及坡口正、反两侧各20mm范围内的油污、铁锈、水分及其他污染物，至露出金属光泽，并清除毛刺。

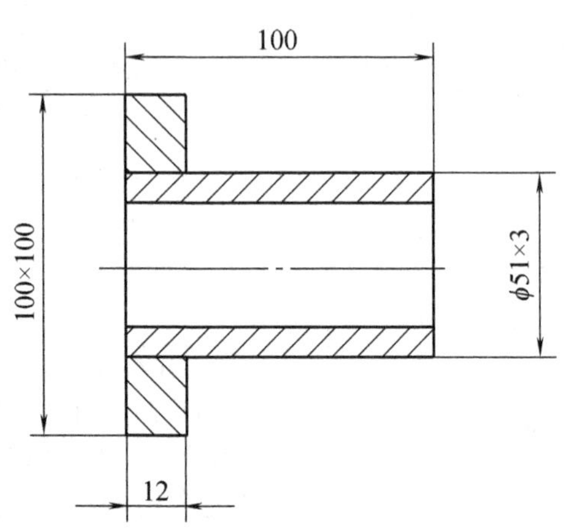

图4-55　试件及坡口尺寸

2. 焊件装配技术要求

（1）装配要求　管子应垂直于管板。

（2）定位焊　一点定位，焊点长度为10～15mm，要求焊透，焊脚不能过高。

（3）焊接要求　单面焊双面成形，$K=5^{+2}_{0}$mm。

3. 焊接材料

定位焊和正式焊接均采用CO_2焊进行施焊，选择H08Mn2SiA焊丝，焊丝直径为ϕ1.2mm，注意焊丝使用前对焊丝表面进行清理。CO_2气体纯度要求达到99.5%。

4. 焊接设备

CO_2焊半自动弧焊机。

三、操作过程

1. 焊接参数（见表4-18）

表4-18　板管插入式水平固定角焊焊接参数

焊接层次	焊丝直径/mm	焊丝伸出长度/mm	焊接电流/A	电弧电压/V	CO_2气流量/(L/min)
打底层	1.2	15～20	90～110	18～20	10
盖面层			110～130	20～22	15

2. 操作示意图

板管插入式水平固定角焊实际操作如图 4-56 所示。

图 4-56　板管插入式水平固定角焊实际操作

3. 焊接操作

本实例因管壁较薄，焊脚高度不大，故可采用单道焊或二层二道焊（一层打底焊和一层盖面焊）。焊接时的焊枪角度与焊法，如图 4-57 所示。

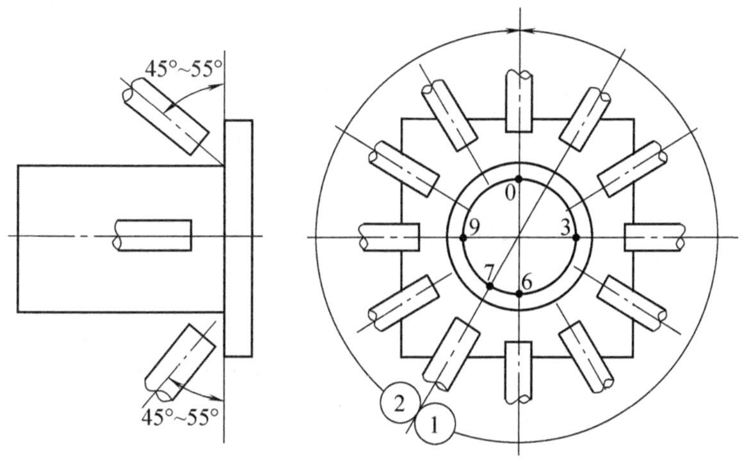

图 4-57　焊枪角度与焊法

① 从 7 点开始沿逆时针方向焊至 0 点　② 从 7 点开始沿顺时针方向焊至 0 点

1）将管板焊件固定于焊接固定架上，保证管子轴线处于水平位置，并使定位焊缝不得位于时钟 6 点位置。

2）调整好焊接参数，在 7 点处引弧，沿逆时针方向焊至 3 点处断弧，不必填满弧坑，但断弧后不能移开焊枪。

3）迅速改变焊工体位，从 3 点处引弧，仍按逆时针方向由 3 点焊到 0 点。

4）将 0 点处焊缝磨成斜面。

5）从 7 点处引弧，沿顺时针方向焊至 0 点，注意接头应平整，并填满弧坑。

若采用两层两道焊，则按上述要求和次序再焊一次。焊第一层时焊接速度要快，保证根部焊透，焊枪不摆动，使焊脚较小。盖面焊时焊枪摆动，以保证焊缝两侧熔合好，并使焊脚尺寸符合规定要求。

注意：上述步骤实际上是一气呵成，焊工应根据管子的曲率变化，不断地转腕和改变体位，连续焊接，按逆、顺时针方向焊完一圈焊缝。

四、CO_2 气体保护板管插入式水平固定焊的评分标准

CO_2 气体保护板管插入式水平固定焊的评分标准见表 4-19。

五、想一想

1. 板管插入式水平固定角焊有何特点？
2. 板管插入式水平固定角焊时，对焊枪的角度和焊接顺序有何要求？

表 4-19　CO_2 气体保护板管插入式水平固定焊的评分标准

考核项目		考核要求	配分	评分标准
焊缝的外观检查	板侧焊脚尺寸	5mm≤K≤7mm	6	K > 7mm 或 K < 5mm 扣 6 分
	板侧焊脚尺寸差	≤2mm	6	> 2mm，扣 6 分
	管侧焊脚尺寸	5mm≤K≤7mm	6	K > 7mm 或 K < 5mm 扣 6 分
	管侧焊脚尺寸差	≤2mm	6	> 2mm，扣 6 分
	咬边	深度≤0.5mm	10	深度 > 0.5mm，扣 10 分；深度 < 0.5mm，每 3mm 长扣 4 分
	焊缝成形	要求波纹细、均、光滑	6	酌情扣分
	起焊熔合	要求起焊饱满熔合好	6	酌情扣分
	接头	要求不脱节，不凸高	6	每处接头不良扣 2 分
	夹渣、气孔	缺陷尺寸≤3mm	10	缺陷尺寸≤1mm，每个扣 1 分；1mm < 缺陷尺寸≤2mm，每个扣 2 分；2mm < 缺陷尺寸≤3mm，每个扣 3 分；缺陷尺寸≥3mm，每个扣 5 分
	裂纹、焊瘤、未焊透	倒扣分	-20	任出一项，扣 20 分

（续）

考核项目	考核要求	配分	评分标准
焊缝内部质量检查	按 GB/T 3323.1—2019《焊缝无损检测　射线检测　第 1 部分：X 和伽马射线的胶片技术》标准对焊缝进行 X 射线检测	38	Ⅰ级片无缺陷不扣分；Ⅰ级片有缺陷扣 5 分；Ⅱ级片扣 10 分；Ⅲ级片扣 20 分；Ⅳ级片扣 40 分

项目十　大直径管对接水平转动焊

一、学习目标

理解大直径管对接水平转动焊的特点，掌握水平旋转管时焊枪位置和焊接参数的选用，实现大直径管 U 形坡口对接水平转动焊。

二、准备

知识的准备

一般是管子处在水平位置绕自身轴回转进行焊接，如图 4-58a 所示。薄壁管焊丝处于水平位置时，相当于进行向下立焊。厚壁管应处于平焊位置进行焊接。焊丝逆转动方向偏离最高点 1 距离（称为位移），位移 l 要适当。厚壁管焊接时焊丝位置对焊缝形状的影响如图 4-58b所示。

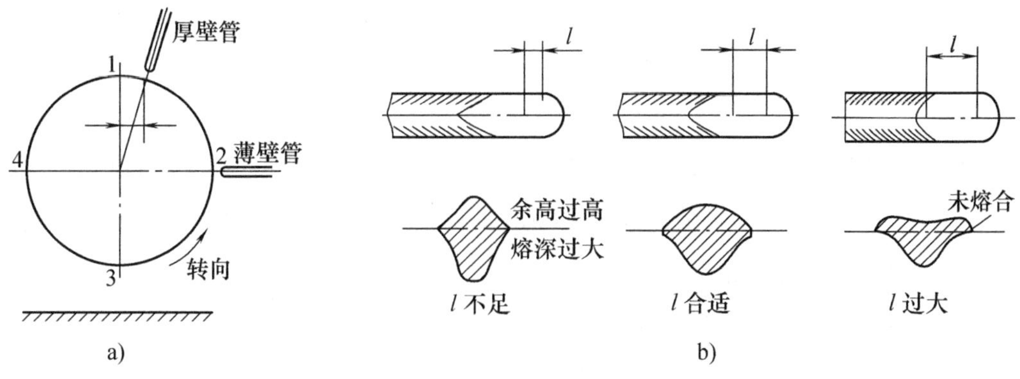

图 4-58　水平旋转管焊接时焊丝位置与焊道成形的关系

a）焊丝偏离位置　b）厚壁管焊丝位置的影响

焊接水平旋转管最关键的问题是焊枪的位置，它将严重影响焊缝成形。特别是焊接厚壁管子时，焊枪应该在管子的上部，与管子旋转方向相反，处于与中心线位移为 l 的位置。位移 l 的大小对焊缝成形有明显的影响：l 太小时，焊道堆高过大；太大时焊道满溢，焊缝两侧熔合不良。所以，位移 l 应取合适数值。

操作的准备

1. 焊件的准备

1）材料为20钢，焊件及坡口尺寸如图4-59所示。

2）矫平。

3）清除管子坡口面及其端部内、外表面20mm范围内的油污、铁锈、水分及其他污物，至露出金属光泽。

2. 焊件装配技术要求

（1）装配间隙　装配间隙为3mm，钝边为1mm。管子对接焊件装配胎具如图4-60所示。

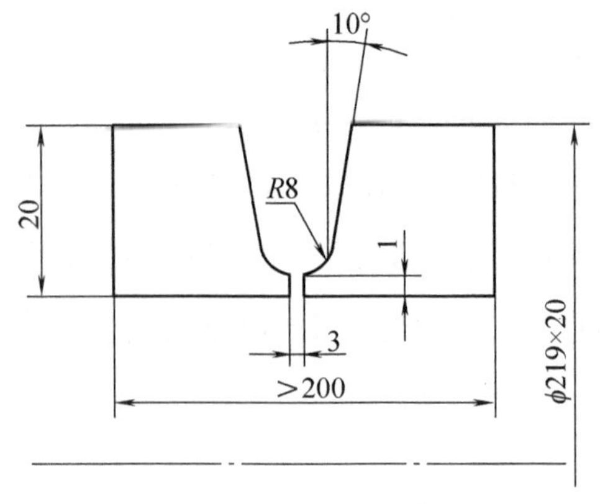

图4-59　板件备料图

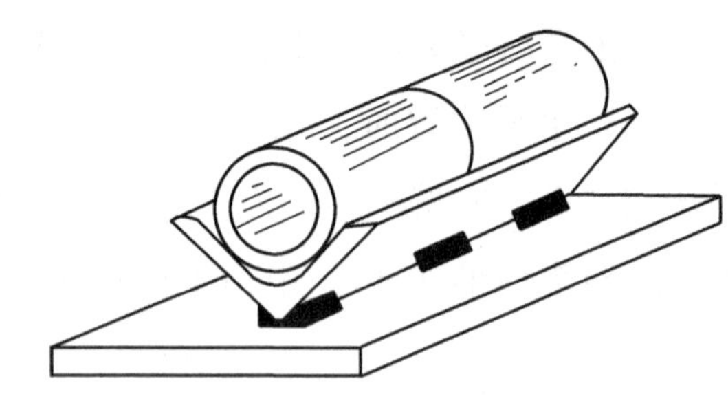
图4-60　管子对接焊件装配胎具

（2）定位焊　三点定位，各相距120°，如图4-61所示，在坡内进行定位焊，焊点长度为10~15mm，应保证焊透和无缺陷，其焊点两端最好预先打磨成斜坡。

（3）错边量　≤2mm。

（4）焊接位置　管子水平转动。

（5）焊接要求　单面焊双面成形。

3. 焊接材料

定位焊和正式焊接均采用 CO_2 焊进行施焊，选择H08Mn2SiA焊丝，焊丝直径

为 $\phi1.2$mm，注意焊丝使用前对焊丝表面进行清理。CO_2 气体纯度要求达到99.5%。

4. 焊接设备

CO_2 焊半自动弧焊机。

三、操作过程

1. 焊枪角度及焊接方法

采用左焊法，多层多道焊，焊枪角度如图 4-62 所示。

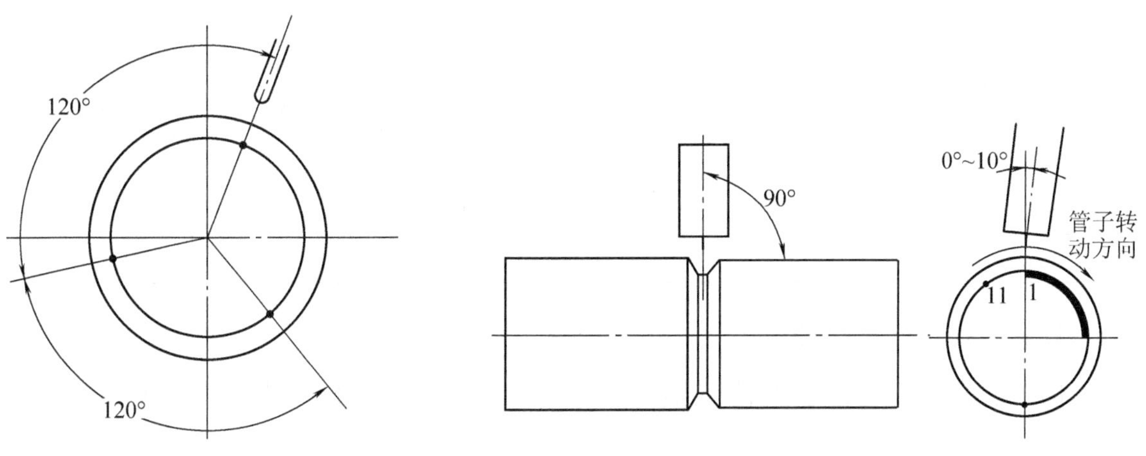

图 4-61　定位焊缝位置　　　图 4-62　焊枪角度

2. 起焊点

将试件置于转动架上，使一个定位焊点位于 1 点位置。

3. 操作示意图

大直径管对接水平转动焊实际操作如图 4-63 所示。

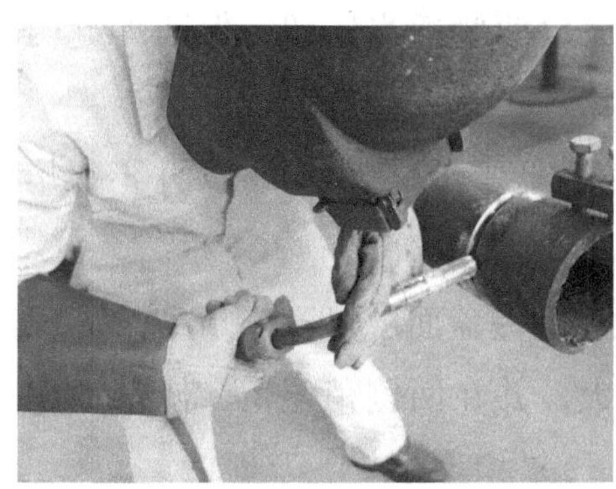

图 4-63　大直径管对接水平转动焊实际操作

4. 焊接操作

（1）焊接参数（表4-20）

（2）打底层焊接　按打底层焊接参数调节焊机，在处于1点处的定位焊缝上引弧，并从右向左焊至11点处断弧。立即用左手将管子按顺时针方向转一角度，将灭弧处转到1点处，再进行焊接。如此不断地重复上述过程，直到焊完整圈焊缝。最好采用机械转动装置，边转边焊；或一人转动管子，一人进行焊接；也可采用右手持焊枪，左手转动的方法，连续完成整圈打底焊缝。

表4-20　大直径管对接水平转动焊焊接参数

焊接层次	焊丝直径/mm	焊丝伸出长度/mm	焊接电流/A	电弧电压/V	CO_2气流量/(L/min)
打底层	1.2	15～20	90～120	18～21	12～15
填充层					
盖面层					

打底层焊接注意事项：

1）管子转动时，必须使熔池保持在水平位置，管子转动的速度就是焊接速度。

2）打底焊缝必须保证反面成形良好，所以焊接过程中要控制好熔孔直径，它应比间隙大0.5～1mm。

3）除净打底焊缝的焊渣、飞溅，修磨焊缝上的局部凸起。

（3）填充层焊接　调整好其焊接参数，按打底方法焊接填充焊道，并注意如下事项：

1）焊枪横向摆动幅度应稍大，并在坡口两侧适当停留，保证焊缝两侧熔合良好，焊缝表面平整，稍下凹。

2）控制好最后一层填充焊缝高度，使其低于母材2～3mm，并不得熔化坡口棱边。

（4）盖面层焊接　调整好其焊接参数，焊完盖面层焊缝，并注意如下事项：

1）焊枪横向摆动幅度应比填充焊时大，并在两侧稍停留，使熔池超过坡口棱边0.5～1.5mm，保证两侧熔合良好。

2）转动管子的速度要慢，保持水平位置焊接，使焊缝外形美观。

四、CO_2 气体保护大直径管对接水平转动焊的评分标准

CO_2 气体保护大直径管对接水平转动焊的评分标准见表 4-21。

表 4-21 CO_2 气体保护大直径管对接水平转动焊的评分标准

考核项目		考核要求	配分	评分标准
焊缝的外观检查	焊缝宽度	≤14mm	4	>14mm，扣 4 分
	焊缝宽度差	≤2mm	4	>2mm，扣 4 分
	焊缝余高	0～4mm	4	>4mm，扣 4 分
	焊缝余高差	≤3mm	4	>3mm，扣 4 分
	错口	≤1mm	4	>1mm，扣 4 分
	背面凹坑	深度≤2mm	4	深度 > 2mm，扣 4 分；深度 ≤ 2mm，每 5mm 扣 1 分
	背面焊缝余高	≤4mm	4	
	咬边	深度≤0.5mm	8	深度 >0.5mm，扣 8 分；深度 < 0.5mm，每 3mm 长扣 2 分
	焊缝成形	要求波纹细、均、光滑	5	酌情扣分
	起焊熔合	要求起焊饱满熔合好	5	酌情扣分
	接头	要求不脱节，不凸高	5	每处接头不良扣 2 分
	夹渣、气孔	缺陷尺寸≤3mm	9	缺陷尺寸 ≤1mm，每个扣 1 分；1mm < 缺陷尺寸 ≤2mm，每个扣 2 分；2mm < 缺陷尺寸 ≤3mm，每个扣 3 分；缺陷尺寸 ≥3mm，每个扣 4 分
	裂纹、烧穿	倒扣分	-20	任出一项，扣 20 分
焊缝内部质量检查		按 GB/T 3323.1—2019《焊缝无损检测 射线检测 第 1 部分：X 和伽马射线的胶片技术》标准对焊缝进行 X 射线检测	40	Ⅰ级片无缺陷不扣分；Ⅰ级片有缺陷扣 5 分；Ⅱ级片扣 10 分；Ⅲ级片扣 20 分；Ⅳ级片扣 40 分

五、想一想

1. 大直径水平旋转管焊接时，相当于哪种焊缝位置？
2. 焊接水平旋转管最关键的问题是什么？
3. 大直径管对接水平焊时，分几层焊接？有什么注意事项？

项目十一　大直径管对接垂直固定焊

一、学习目标

了解大直径管对接垂直固定焊的特点，能够根据现场情况，自己组对，调节焊接电流、送丝速度，采用适当的运条方法，通过单面焊双面成形，实现大直径管对接垂直固定焊。

二、准备

知识的准备

在管对接垂直固定时，其焊缝位置与板对接横焊时相同，焊接方向沿管周向不断变化，焊工要不停地转换焊枪角度和调整身体位置来适应焊缝周向的变化。在管垂直固定焊时，液态金属易于由坡口上侧向坡口下侧堆积。在焊接过程中，焊丝端部在坡口根部的摆动应以斜锯齿摆动为主，以控制焊缝的良好成形。

操作的准备

1. 焊件的准备

1）材料为20钢，焊件及坡口的尺寸如图4-64所示。

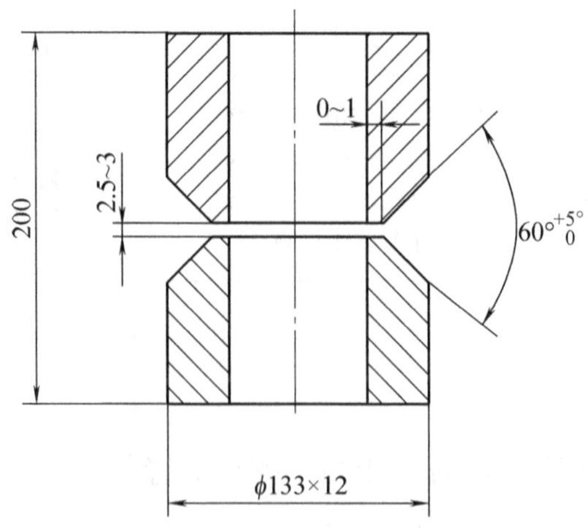

图4-64　试件及坡口的尺寸

2）矫平。

3）清理坡口及坡口正、反两侧各20mm范围内的油污、铁锈、水分及其他污染物，至露出金属光泽，并清除毛刺。

2. 焊件装配技术要求

1）装配要求。装配间隙为2.5～3mm；钝边为0～1mm；焊件错边量为≤1.2mm。

2）定位焊。三点定位，各相距120°，焊点长度为10～15mm，要求焊透和保证无焊接缺陷，并将焊点两端修磨成斜坡。

3）单面焊双面成形。

3. 焊接材料

定位焊和正式焊接均采用CO_2焊进行施焊，选择H08Mn2SiA焊丝，焊丝直径为ϕ1.2mm，注意焊丝使用前对焊丝表面进行清理。CO_2气体纯度要求达到99.5%。

4. 焊接设备

CO_2焊半自动弧焊机。

三、操作过程

1. 焊接参数（见表4-22）

表4-22　大直径管对接垂直固定焊焊接参数

焊接层次	焊接电流/A	电弧电压/V	CO_2气流量/(L/min)	焊丝直径/mm	伸出长度/mm
打底层	110～130	18～20	12～15	1.2	15～20
填充层	130～150	20～22			
盖面层					

2. 焊接层次与焊接方法

1）采用左焊法，焊接层次为三层三道，如图4-65所示。

2）焊件固定。将管子垂直固定于试件固定架上，并将间隙较小的位置（2.5mm）置于起焊位置。

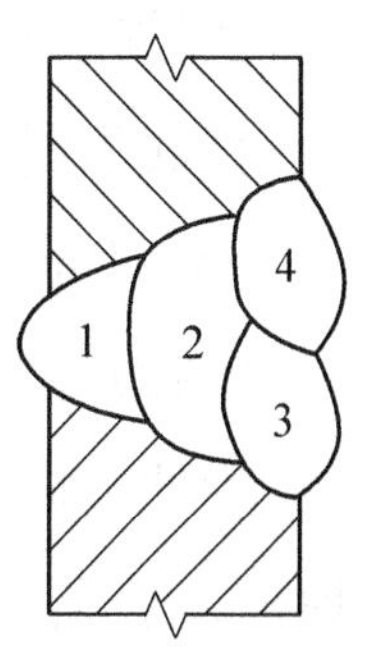

图4-65　焊接层次

3. 操作示意图

大直径管对接垂直固定焊实际操作如图4-66所示。

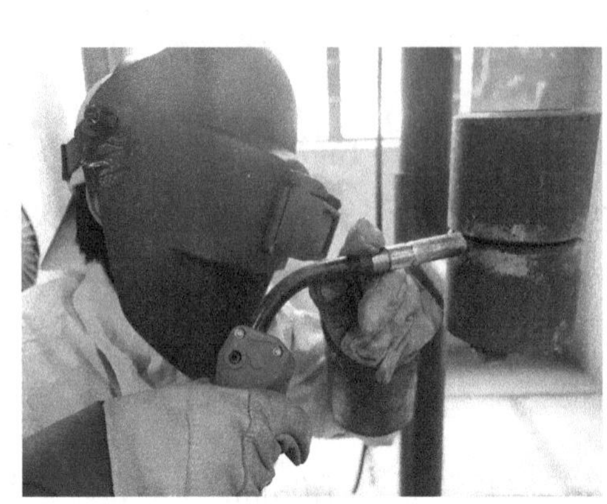

图 4-66　大直径管对接垂直固定焊实际操作

4. 焊接操作

（1）打底层焊接　调试好焊接参数，在焊件右侧定位焊缝上引弧，自右向左开始做小幅度锯齿形横向摆动，待左侧形成熔孔后，转入正常焊接。打底层焊接焊枪的角度如图 4-67 所示。

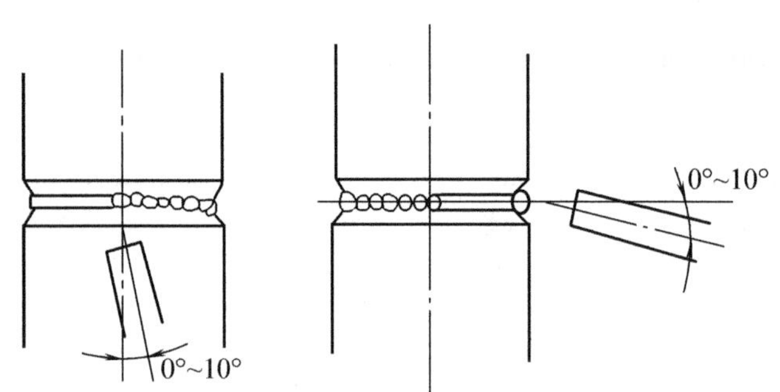

图 4-67　打底层焊接焊枪的角度

打底层焊接时注意事项：

1）打底焊缝主要是保证焊缝的背面成形。焊接过程中，应保证熔孔直径比间隙大 0.5 ~ 1mm，且两边需对称，才能保证焊根背面熔合好。

2）应特别注意打底焊缝与定位焊缝的接头，必须熔合好。

3）为便于施焊，灭弧后允许管子转动位置，此时可不必填满弧坑，但不能移开焊枪，需利用 CO_2 气体来保护熔池到完全凝固，并在熄弧处引弧焊接，直到焊完打底焊缝。

4）除净焊渣、飞溅后，修磨接头局部凸起处。

（2）填充层焊接　调试好焊接参数，自右向左进行焊接，并应注意以下几点：

1）起焊位置应与打底焊缝接头错开。

2）适当加大焊枪的横向摆动幅度，保证坡口两侧熔合好，焊枪角度同打底焊要求。

3）不得熔化坡口棱边，并使焊缝高度低于母材2.5～3mm。

4）除净焊渣、飞溅，并修磨填充焊缝的局部凸起处。

（3）盖面层焊接　用填充层焊接相同的焊接参数和步骤完成盖面层的焊接。

盖面层焊接时的注意事项：

1）为了保证焊缝余高对称，盖面层焊缝分两道，焊枪角度如图4-68所示。

2）焊接过程中，应保证焊缝两侧熔合好，故熔池边缘超过坡口棱边0.5～2mm。

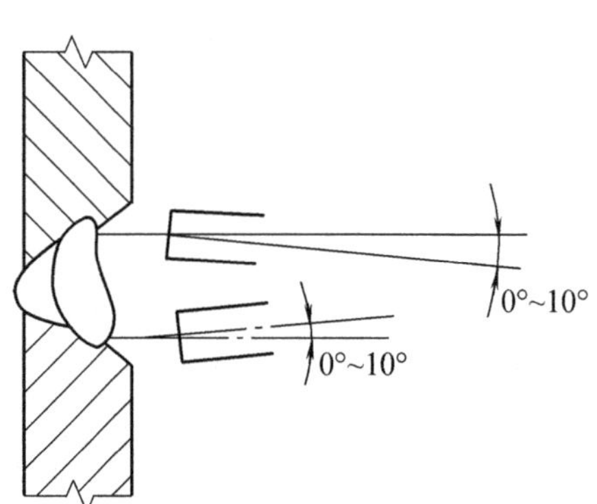

图4-68　盖面层焊接焊枪的角度

四、CO_2 气体保护大直径管对接垂直固定焊的评分标准

CO_2 气体保护大直径管对接垂直固定焊的评分标准见表4-23。

表4-23　CO_2 气体保护大直径管对接垂直固定焊评分标准

考核项目		考核要求	配分	评分标准
焊缝的外观检查	焊缝宽度	≤14mm	4	>14mm，扣4分
	焊缝宽度差	≤2mm	4	>2mm，扣4分
	焊缝余高	0～4mm	4	>4mm，扣4分
	焊缝余高差	≤3mm	3	>3mm，扣3分
	错口	≤1mm	3	>1mm，扣3分
	背面凹坑	深度≤2mm	3	深度>2mm，扣3分；深度≤2mm，每5mm扣1分
	背面焊缝余高	≤4mm	3	>4mm，扣3分
	咬边	深度≤0.5mm	8	深度>0.5mm，扣8分；深度<0.5mm，每3mm长扣2分

（续）

考核项目		考核要求	配分	评分标准
焊缝的外观检查	焊缝成形	要求波纹细、均、光滑	5	酌情扣分
	起焊熔合	要求起焊饱满熔合好	5	酌情扣分
	接头	要求不脱节，不凸高	5	每处接头不良扣 2 分
	夹渣、气孔	缺陷尺寸≤3mm	9	缺陷尺寸≤1mm，每个扣 1 分；1mm＜缺陷尺寸≤2mm，每个扣 2 分；2mm＜缺陷尺寸≤3mm，每个扣 3 分；缺陷尺寸≥3mm，每个扣 4 分
	角变形	≤3°	4	＞3°，扣 4 分
	裂纹、烧穿	倒扣分	－20	任出一项，扣 20 分
冷弯试验		按照“锅炉压力容器焊工考试规则”考核	16	每个试样合格得 8 分，不合格扣 16 分
焊缝内部质量检查		按 GB/T 3323.1—2019《焊缝无损检测 射线检测 第 1 部分：X 和伽马射线的胶片技术》标准对焊缝进行 X 射线检测	24	Ⅰ级片无缺陷不扣分；Ⅰ级片有缺陷扣 5 分；Ⅱ级片扣 10 分；Ⅲ级片扣 20 分；Ⅳ级片扣 40 分

五、想一想

1. 大直径管对接垂直固定焊有何特点？
2. 大直径管对接垂直固定焊分几层焊接？有哪些注意事项？

项目十二 大直径管对接水平固定焊

一、学习目标

了解大直径管对接水平固定焊的特点，能够根据现场情况，自己组对，调节焊接电流、送丝速度，采用适当的运条方法，通过单面焊双面成形，实现大直径管对接垂直固定焊。

二、准备

知识的准备

在船舶、锅炉、化工设备等制造及维修工作中，管子对接占有一定的比重，

有许多水管、油管、蒸汽管等需要焊接。对管子焊接的要求首先是保证焊缝的致密性，即保证管子在工作压力下不渗漏，其次是焊缝背面不允许存在烧穿和漏渣。烧穿所引起的金属流垂，凸出在管子内壁，将影响到液体或气体的流速。

在管对接水平固定焊时，沿管周焊接方向不断变化，经历了平焊、立焊和仰焊三种焊接位置的变化。这就要求在焊接时不断地改变焊枪的角度和焊枪的摆动幅度来控制熔孔的尺寸，选择好焊接参数；实现单面焊双面成形。管子对接主要是保证根部焊透且不烧穿，外观成形良好，致密性符合要求。

操作的准备

1. 焊件的准备

1）材料为 20 钢，尺寸为 ϕ133mm×10mm×100mm，坡口加工角度如图 4-69 所示。

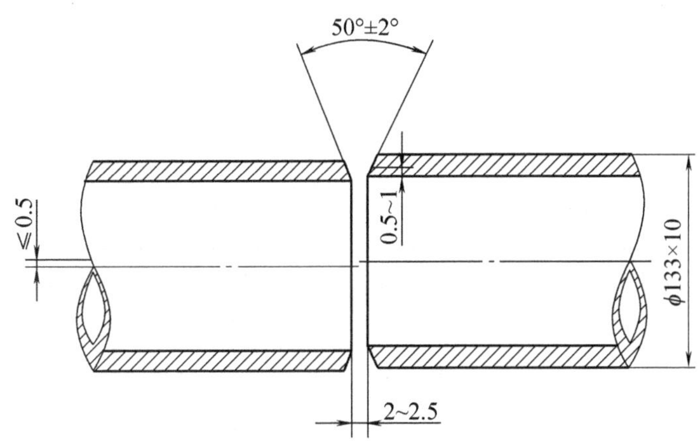

图 4-69　水平固定管子对接的坡口尺寸和装配要求

2）矫平。

3）清理坡口及坡口正、反两侧各 20mm 范围内的油污、铁锈、水分及其他污染物，至露出金属光泽，并清除毛刺。

2. 焊件装配技术要求

1）装配要求。装配间隙为 2～2.5mm，管子的轴线应对直，两轴线偏差（同轴度）不大于 0.5mm，如图 4-69 所示。

钝边为 0～1mm。

焊件错边量≤1.2mm。

2）定位焊。通常采用三点定位焊，位置在3、9、12点位置（以时钟为参照）左右，定位焊要求是焊透根部，反面成形良好。不宜在6点定位焊，因为6点是起始焊点。管径小于76mm的也可两点定位焊，位置在2、10点位置。定位焊缝长度为10~20mm，对定位焊缝要仔细检查，发现缺陷应铲除重焊，如图4-70所示。

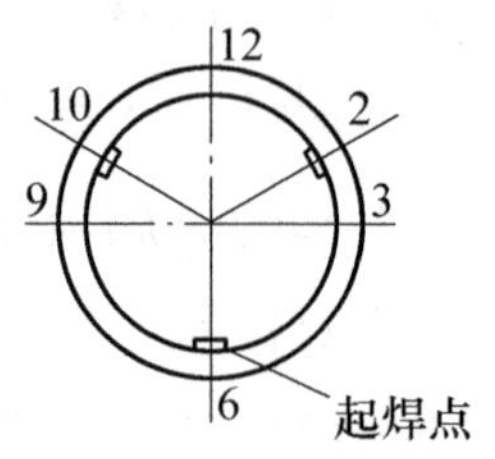

图4-70 定位焊位置

3）单面焊双面成形。

3. 焊接材料

定位焊和正式焊接均采用CO_2焊进行施焊，选择H08Mn2SiA焊丝，焊丝直径为ϕ1.2mm，注意焊丝使用前对焊丝表面进行清理。CO_2气体纯度要求达到99.5%。

4. 焊接设备

CO_2焊半自动弧焊机。

三、操作过程

1. 焊接参数（表4-24）

表4-24 大直径管对接垂直固定焊焊接参数

焊接层次	焊接电流/A	电弧电压/V	CO_2气流量/(L/min)	焊丝直径/mm	伸出长度/mm
打底层	105~115	19~21	12~15	1.2	14~16
填充层	115~125	21~23	12~15	1.2	14~16
盖面层	120~130	21~27	12~15	1.2	14~16

2. 焊接层次与焊接方法

1）采用左焊法，焊接层次为三层四道。

2）在施焊前及施焊过程中，应检查、清理导电嘴和喷嘴，并检查送丝情况。可按顺时针方向焊接，也可按逆时针方向焊接，焊枪与焊接方向、焊件两侧之间的夹角，如图4-71所示。

3. 操作示意图

大直径管对接水平固定焊实际操作如图4-72所示。

4. 焊接操作

采用分两半圈焊接，自下而上单面焊双面成形。

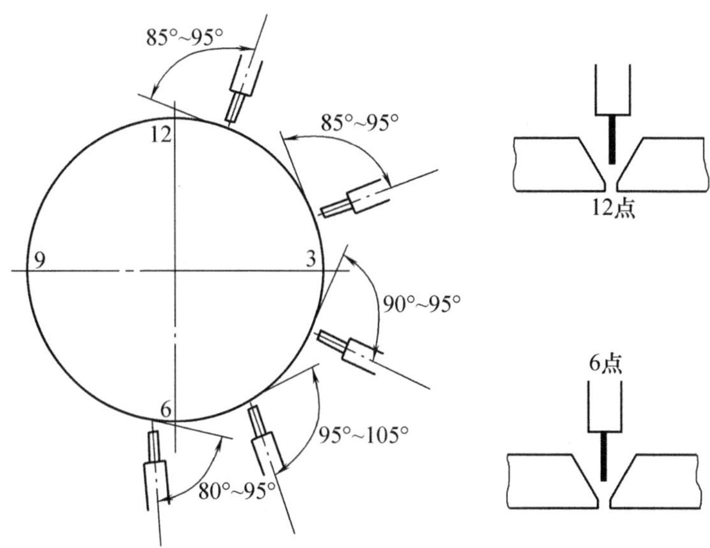

图 4-71　水平固定对接焊丝的位置

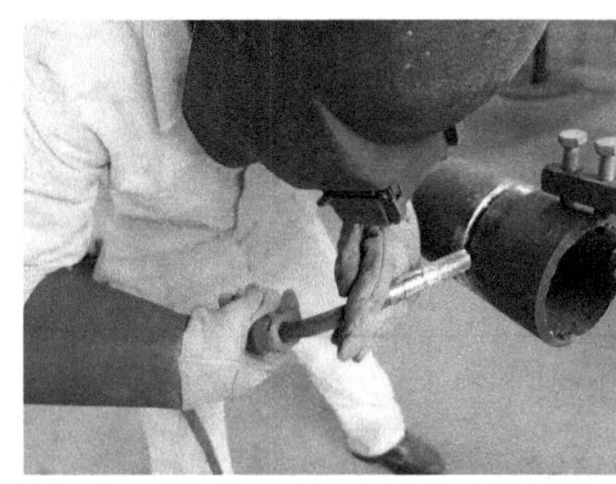

图 4-72　大直径管对接水平固定焊实际操作

（1）打底层焊接　在 6 点过约 10mm 处引弧开始焊接，焊枪做小幅度锯齿形摆动，如图 4-73所示。幅度不宜过大，只要看到坡口两侧母材金属熔化即可，焊丝摆动到两侧稍作停留。为了避免焊丝穿出熔池或未焊透，焊丝不能离开熔池，焊丝宜在熔池前半区域约 1/3 处（图 4-73，l 为熔池长度）做横向摆动，逐渐上升。焊枪前进的速度要视焊接位置而变，在立焊时，要使熔池有较多的冷却时间，避免产生焊瘤。既要控制熔孔尺寸均匀，又要避免熔池脱节现象。焊至 12 点处收弧，相当于平焊收弧。

焊后半圈前，先将 6 点和 12 点处焊缝始末端磨成斜坡状，长度为 10 ~ 20mm。在打磨区域中过 6 点处引弧，引弧后拉回到打磨区端部开始焊接。按照打磨区域的形状摆动焊枪，焊接到打磨区极限位置时听到“噗”的击穿声后，即背面成形

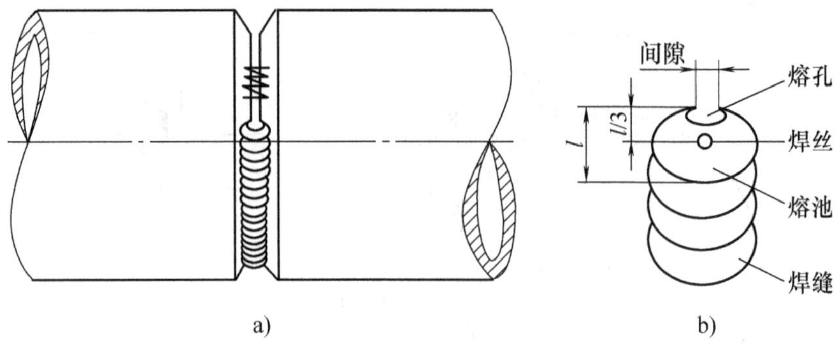

图 4-73　水平固定管子对接的打底层焊接

良好。接着像焊前半圈一样，焊接后半圈，直到焊至距 12 点 10mm 时，焊丝改用直线形或极小幅度锯齿形摆动，焊过打磨区域收弧。

（2）填充层焊接　在填充层焊接前，应将打底层焊缝表面的飞溅物清理干净，并用角磨机将接头凸起处打磨平整，清理好喷嘴，调试好焊接参数后，即可进行焊接。

焊填充层的焊枪同打底层，焊丝宜在熔池中央 1/2 处左右摆动，采用锯齿形或月牙形摆动，如图 4-74 所示。焊丝在两侧稍作停留，在中央部位速度略快，摆动的幅度要参照前层焊缝的宽度。

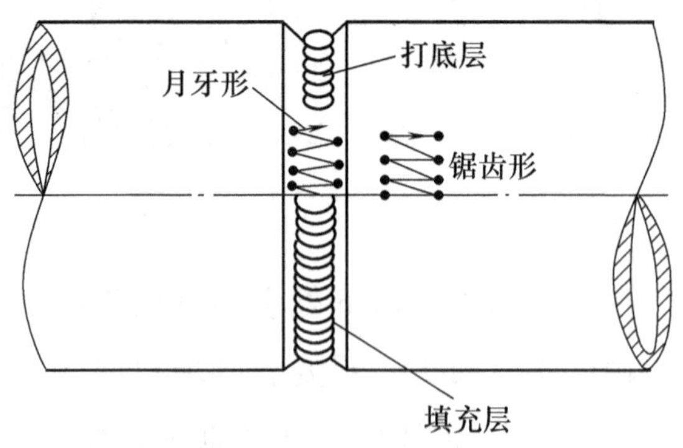

图 4-74　水平管子对接时填充层焊丝的摆动

焊填充层后半圈前，必须对前半圈焊缝的始、末端打磨成斜坡形，尤其是 6 点处更应注意。焊后半圈方法基本上同前半圈，主要是对始、末端要求成形良好。焊完填充层后，焊缝厚度应达到距管子表面 1 ~ 2mm，且不能将管子坡口面边缘熔化。如发现局部高低不平，则应填平磨齐。

（3）盖面层焊接　焊前将填充层焊缝表面清理干净。盖面层焊接操作方法与填充层相同，但焊枪横向摆动幅度应大于填充层，保证熔池深入坡口每侧边缘棱

角0.5～1.5mm。电弧在坡口边缘停留的时间稍短，电弧回摆速度要缓慢。

在接头时，引弧点要在焊缝的中心上方，引弧后稍作稳定，即将电弧拉向熔池中心进行焊接。

在盖面层焊接时，焊接速度要均匀，熔池深入坡口两侧尺寸要一致，以保证焊缝成形美观。

四、CO_2 气体保护大直径管对接水平固定焊的评分标准

CO_2 气体保护大直径管对接水平固定焊的评分标准见表4-25。

表4-25　CO_2 气体保护大直径管对接水平固定焊评分标准

考核项目		考核要求	配分	评分标准
焊缝的外观检查	焊缝宽度	≤14mm	5	>14mm，扣5分
	焊缝宽度差	≤2mm	5	>2mm，扣5分
	焊缝余高	0～4mm	5	>4mm，扣5分
	焊缝余高差	≤3mm	4	>3mm，扣4分
	错口	≤1mm	4	>1mm，扣4分
	背面凹坑	深度≤2mm	3	深度>2mm，扣3分；深度≤2mm，每5mm扣1分
	背面焊缝余高	≤4mm	3	>4mm，扣3分
	咬边	深度≤0.5mm	8	深度>0.5mm，扣8分；深度<0.5mm，每3mm长扣2分
	焊缝成形	要求波纹细、均、光滑	5	酌情扣分
	接头	要求不脱节，不凸高	5	每处接头不良扣2分
	夹渣、气孔	缺陷尺寸≤3mm	9	缺陷尺寸≤1mm，每个扣1分；1mm<缺陷尺寸≤2mm，每个扣2分；2mm<缺陷尺寸≤3mm，每个扣3分；缺陷尺寸≥3mm，每个扣4分
	角变形	≤3°	4	>3°，扣4分
	裂纹、烧穿	倒扣分	-20	任出一项，扣20分
冷弯试验		按照“锅炉压力容器焊工考试规则”考核	16	每个试样合格得8分，不合格扣16分
焊缝内部质量检查		按GB/T 3323.1—2019《焊缝无损检测　射线检测　第1部分：X和伽马射线的胶片技术》标准对焊缝进行X射线检测	24	Ⅰ级片无缺陷不扣分；Ⅰ级片有缺陷扣5分；Ⅱ级片扣10分；Ⅲ级片扣20分；Ⅳ级片扣40分

五、想一想

1. 大直径管对接水平固定焊有何特点?
2. 大直径管对接水平固定焊分几层焊接?操作有何特点?

工程实例　港珠澳大桥

港珠澳大桥是中国境内一座连接香港、广东珠海和澳门的桥隧工程，位于中国广东省珠江口伶仃洋海域内。港珠澳大桥于2009年12月15日动工建设，2017年7月7日实现主体工程全线贯通，2018年10月24日开通运营。港珠澳大桥桥隧全长55km，其中主桥、香港口岸至珠澳口岸41.6km；桥面为双向六车道高速公路，设计速度100km/h。

港珠澳大桥因其超大的建筑规模、空前的施工难度和顶尖的建造技术而闻名世界，主体工程“海中桥隧”长35.578km，其中海底隧道长约6.75km，桥梁长约29.6km。港珠澳大桥海底隧道总共33个沉管，每个沉管由8个管节组成，每个管节长22.5m，重逾9000t，是迄今为止世界上埋深最深、规模最大、单节管道最长的海底公路沉管。上部结构钢箱梁用钢量近40万t，焊接在整个桥梁建造中为主要连接方式。

2018年10月23日，在港珠澳大桥开通仪式上，习近平总书记在亲切会见大桥管理施工人员代表时强调:“港珠澳大桥的建设创下多项世界之最，非常了不起，体现了一个国家逢山开路、遇水架桥的奋斗精神，体现了我国综合国力、自主创新能力，体现了勇创世界一流的民族志气。这是一座圆梦桥、同心桥、自信桥、复兴桥。”桥连港珠澳，风满大湾区。这座世纪之桥是改革开放40年来国家繁荣发展的一个集中缩影，她不仅连接起了内地与香港、澳门，也连接起了中国与世界，连接起了昨天、今天与明天。我们坚信，在珠三角这片中国市场经济最发达和走向国际化最早的地区，港珠澳大桥将有力地集聚三地优势、加强三地联动，一个崭新的、充满活力的大湾区将进一步加速中国对外开放的步伐，为全面深化改革开放写下新的时代注脚。

实训任务书

一、实训课题

CO_2 焊平板对接仰焊

二、实训目的

了解板对板对接仰焊的特点，能够根据现场情况，自己组对，调节焊接电流、送丝速度，采用适当的运条方法，通过单面焊双面成形，实现板对板仰焊。

三、实训学时

2 学时。

四、实训准备

1）CO_2 焊半自动弧焊机。

2）材料为 Q235A，尺寸为 300mm × 100mm × 12mm，坡口加工角度为 30° ± 1°，不留钝边。

3）矫平，装配平整，置反变形量 3°，单面焊双面成形。

4）清理坡口及坡口正、反两侧各 20mm 范围内的油污、铁锈、水分及其他污染物，至露出金属光泽，并清除毛刺。

五、实训步骤与内容

1）将焊件固定在操作台（架）上，从下始端定位焊点处引弧。

2）焊接层次为三层三道（打底层、填充层、盖面层）。

3）打底层焊接时应增加电弧在坡口内侧两端的停靠时间，并减小熔孔尺寸。

4）在盖面层焊完以后，应清理焊缝表面，但不得打磨表面。

六、操作技术要点

1）焊件必须严格进行清理。

2）在施焊前及施焊过程中，应检查、清理导电嘴和喷嘴，并检查送丝情况。

3）电弧不得深入坡口边缘太多，电弧横向摆动要均匀、平稳，以免产生咬边。

七、得分及完成情况分析

外 观 得 分	内 部 得 分

完成情况分析：

实训任务书

一、实训课题

CO_2 焊 T 形角焊接

二、实训目的

能够根据母材选择相应的焊接材料、焊接参数，掌握板-板 T 形角接焊操作方法。

三、实训学时

2 学时。

四、实训准备

1）CO_2 焊半自动弧焊机。

2）板料 2 块，材料为 Q235A 钢，清理板件正、反两侧各 20mm 范围内的油污、铁锈、水分及其他污染物，至露出金属光泽。

3）矫平。将焊件装配成 90° T 形接头，不留间隙，保证立板的垂直度。

五、实训步骤与内容

1）将焊件固定在操作台（架）上，从右始端定位焊点处引弧。

2）对于不等厚度焊件，焊丝的倾角应使电弧偏向厚板，使两板受热均匀。

3）对于等厚度焊件，一般焊丝与水平板夹角为 40°～45°。

六、操作技术要点

1）焊件必须严格进行清理。

2）焊丝的前倾角为 10°～25°。

3）操作时每层的焊脚尺寸应限制在 6～7mm 范围内，以防止焊脚过大熔敷金属下垂，而在立板上咬边，水平板上产生焊瘤等缺陷。

七、得分及完成情况分析

外 观 得 分	内 部 得 分

完成情况分析：

实训任务书

一、实训课题

CO_2 焊板管插入式水平固定角焊

二、实训目的

了解板管插入式水平固定角焊的特点，能够根据现场情况，自己组对，调节焊接电流、送丝速度，采用合适的运条方法，应用 T 形接头平焊、立焊、仰焊的操作技能，通过单面焊双面成形实现板管插入式水平固定焊接。

三、实训学时

2 学时。

四、实训准备

1） CO_2 焊半自动弧焊机。

2） 材料为 20 钢。

3） 矫平。

4） 清理坡口及坡口正、反两侧各 20mm 范围内的油污、铁锈、水分及其他污染物，至露出金属光泽，并清除毛刺。

五、实训步骤与内容

1） 将焊件固定在操作台（架）上，从右始端定位焊点处引弧。

2） 装配要求，管子应垂直于管板。

3） 定位焊一点定位，焊点长度约 10mm ~ 15mm，要求焊透，焊脚不能过高。

六、操作技术要点

1） 焊件必须严格进行清理；本实例因管壁较薄，焊脚高度不大，故可采用单道焊或二层二道焊（一层打底焊和一层盖面焊）。

2） 将管板试件固定于焊接固定架上，保证管子轴线处于水平位置，并使定位焊缝不得位于时钟 6 点位置。

3） 调整好焊接参数，在 7 点处引弧，沿逆时针方向焊至 3 点处断弧，不必填满弧坑，但断弧后不能移开焊枪。

七、得分及完成情况分析

外 观 得 分	内 部 得 分

完成情况分析：

实训任务书

一、实训课题

CO_2 焊平板对接横焊

二、实训目的

了解板对板对接横焊的特点，能够根据现场情况，自己组对，调节焊接电流、送丝速度，采用合适的运条方法，采用横焊技术，实现板-板对接。

三、实训学时

2 学时。

四、实训准备

1）CO_2 焊半自动弧焊机。

2）板料 2 块，材料为 Q235A 钢，清理板料正、反两侧各 20mm 范围内的油污、铁锈、水分及其他污染物，至露出金属光泽。

3）矫平，装配平整，置反变形量 5°～6°，单面焊双面成形。

五、实训步骤与内容

1）将焊件固定在操作台（架）上，从右始端定位焊点处引弧。

2）横焊时采用左焊法，三层六道，按 1～6 顺序焊接。

3）整个填充层厚度应低于母材 1.5～2mm，且不得熔化坡口棱边。

4）收弧时必须填满弧坑，并使弧坑尽量短。

六、操作技术要点

1）焊件必须严格进行清理。

2）将接头处焊缝打磨成斜坡。

3）在打磨了的焊缝最高处引弧，并以小幅度锯齿形摆动，当接头区前端形成熔孔后，继续焊完打底焊缝。

七、得分及完成情况分析

外 观 得 分	内 部 得 分

完成情况分析：

实训任务书

一、实训课题

CO_2 焊平板对接立焊

二、实训目的

了解平板对接立焊的特点，根据现场情况，选择合理的焊接电流和运条方法，掌握板对接立焊技术。

三、实训学时

2 学时。

四、实训准备

1）CO_2 焊半自动弧焊机。

2）板料 2 块，材料为 Q235A 钢，清理板料正、反两侧各 20mm 范围内的油污、铁锈、水分及其他污染物，至露出金属光泽。

3）矫平，装配平整，置反变形量 3°，单面焊双面成形。

五、实训步骤与内容

1）将焊件固定在操作台（架）上，从下始端定位焊点处引弧。

2）焊接层次为三层三道（打底层、填充层、盖面层）。

3）填充层焊接、盖面层焊接采用月牙形摆动方式。

4）收弧时一定要填满弧坑。

六、操作技术要点

1）焊件必须严格进行清理。

2）打底层焊接时，采用直线移动向下立焊方式进行，严格控制焊丝的操作角度保持不变，并控制熔孔直径比间隙大 0.5mm 左右。

3）防止咬边，焊枪沿焊缝两边的摆动应保证熔池熔化范围超出棱边 1 ~ 2mm，并保持摆动速度均匀。

七、得分及完成情况分析

外 观 得 分	内 部 得 分

完成情况分析：

实训任务书

一、实训课题

CO_2 焊平敷焊

二、实训目的

熟练掌握气体保护焊焊机连线及操作（开机、关机、调节电流，调节送丝速度、送气机构等）。

三、实训学时

2 学时。

四、实训准备

1） CO_2 焊半自动弧焊机。

2） 调节焊接参数，气体流量。

3） 按要求清理 Q235A 钢焊接位置及两侧 20mm 范围内的污渍。

4） 正确装配。

五、实训步骤与内容

1） 将焊件固定在操作台（架）上，从右始端引弧。

2） 采用直接短路法引弧。

3） 直接焊接形成的焊缝宽度稍窄，焊缝偏高，熔深要浅些。

4） 收弧时，先停止送丝，电弧继续燃烧，弧长逐渐增大，经过一定时间后切断焊接电源，电弧熄灭。

5） 接头时，在斜面顶部引弧，引燃电弧后，将电弧移至斜面底部转一圈，返回引弧处后再继续向左焊接。

六、操作技术要点

1） 焊件必须严格进行清理，接头时，也应将接头处清理打磨干净，方能施焊。

2） 收弧操作时动作要快，若熔池已凝固才引弧，则可能产生未熔合及气孔等缺陷。

3） 引弧前保持焊丝端头与焊件之间 2 ~ 3mm 的距离（不要接触过紧），喷嘴与焊件之间 10 ~ 15mm 的距离。

七、得分及完成情况分析

外 观 得 分	内 部 得 分

完成情况分析：

实训任务书

一、实训课题

CO_2 焊骑坐式管板焊接

二、实训目的

了解骑坐式管板焊的特点，并根据现场情况，自己组对，调节焊接电流、送丝速度，实现骑坐式管板焊接。

三、实训学时

2 学时。

四、实训准备

1）CO_2 焊半自动弧焊机。

2）材料为 Q235A 钢。

3）矫平。

4）清理管子焊接端外壁 40mm 处，孔板内壁及其四周 20mm 范围内油、锈、水分及其他污物，至露出金属光泽。

五、实训步骤与内容

1）将焊件固定在操作台（架）上，从右始端定位焊点处引弧。

2）定位焊　焊件组对时，一定要保证管板相互垂直，采用一点定位。

3）采用与焊件相同的焊丝，在坡口内进行定位焊，焊点长度为 10 ~ 15mm，且必须焊透和无缺陷。

4）焊点两端应预先打磨成斜坡形，以便接头。

六、操作技术要点

1）焊件必须严格进行清理。

2）打底层焊接，在与定位焊点相对称的位置起焊，并在坡口内的孔板上起弧，进行预热，并压低电弧在坡口内形成熔孔，熔孔尺寸一般以深入上坡口 0.8 ~ 1mm 为宜。焊枪做上、下小幅摆动，电弧在坡口根部与孔板边缘应稍作停留。

3）盖面层焊接，必须保证管子不咬边，焊脚对称。焊接参数选择好以后，为了保证余高均匀，采用两道盖面，且在焊接过程中，熔池边缘需超过坡口棱边 0.5 ~ 2mm。

七、得分及完成情况分析

外观得分	内部得分

完成情况分析：

实训任务书

一、实训课题

CO_2 焊大直径管对接水平转动焊

二、实训目的

理解大直径管对接水平转动焊的特点，掌握水平旋转管时的焊枪位置和焊接参数的选用，实现大直径管 U 形坡口对接水平转动焊。

三、实训学时

2 学时。

四、实训准备

1）CO_2 焊半自动弧焊机。

2）材料为 20 钢。

3）矫正。

4）清除管子坡口面及其端部内、外表面 20mm 范围内的油、锈及其他污物，至露出金属光泽。

五、实训步骤与内容

1）将焊件固定在操作台（架）上，从右始端定位焊点处引弧。

2）三点定位，各相距 120°，在坡内进行定位焊，焊点长度为 10 ~ 15mm，应保证焊透和无缺陷，其焊点两端最好预先打磨成斜坡。

3）错边量≤2mm。

六、操作技术要点

1）焊件必须严格进行清理。

2）打底层焊接在处于 1 点处的定位焊缝上引弧，并从右向左焊至 11 点处断弧，立即用左手将管子按顺时针方向转一角度，将灭弧处转到 1 点处，再行焊接。

3）管子转动时，须使熔池保持在水平位置，管子转动的速度就是焊接速度。

4）转动管子的速度要慢，保持水平位置焊接，使焊缝外形美观。

七、得分及完成情况分析

外 观 得 分	内 部 得 分

完成情况分析：

实训任务书

一、实训课题

CO_2 焊插入式管板焊接

二、实训目的

掌握 CO_2 焊的坡口形式，能够根据实际情况选择合适的坡口形式，并根据现场情况，自己组对，调节焊接电流、送丝速度，在掌握板-板 T 形角接的基础上，实现垂直俯位的插入式管板焊接。

三、实训学时

2 学时。

四、实训准备

1）CO_2 焊半自动弧焊机。

2）板矫平。

3）清理管子焊接端外壁 40mm 处，孔板内壁及其四周 20mm 范围内油、锈、水分及其他污物，至露出金属光泽。

4）管子应垂直于孔板。

五、实训步骤与内容

1）将焊件固定在操作台（架）上，从下始端定位焊点处引弧。

2）采用单层单道左向焊法。

六、操作技术要点

1）焊件必须严格进行清理。

2）在定位焊点的对面引弧，从右向左沿管子外圆焊接，焊至距定位焊缝约 20mm 左右处收弧，磨去定位焊缝，将焊缝始端及收弧处磨成斜面。

3）将焊件转 180°，在收弧处引弧，完成余下 1/2 焊缝。

4）封闭焊缝，填满弧坑，并使接头不要太高。

七、得分及完成情况分析

外 观 得 分	内 部 得 分

完成情况分析：

第五单元 埋弧焊

知识目标

1）了解埋弧焊的特点，熟悉I形、V形坡口板对接及角接的特点。

2）会选用型号、尺寸合适的焊接材料。

3）理解相应的评分标准和要求。

能力目标

1）熟悉埋弧焊机的操作使用，能够根据实际情况，调节恰当的焊接参数。

2）掌握埋弧焊操作技能。

素养目标

1）具备必要的劳动保护和安全生产意识。

2）具有诚实守信、爱岗敬业的职业精神和劳动素养。

3）具备较强的人际沟通和团队合作能力。

企业场景

压力容器是一种能够承受压力的密闭容器。图5-1所示为压力容器焊接生产现场。压力容器的用途极为广泛，它在工业、民用、军工等许多部门以及科学研究的许多领域都具有重要的地位和作用。其中以在化学工业与石油化学工业中用最多，仅在石油化学工业中应用的压力容器就占全部压力容器总数的50%左右。压力容器在化工与石油化工领域，主要用于传热、传质、反应等工艺过程，以及贮存、运输有压力的气体或液化气体；在其他工业与民用领域亦有广泛的应用，如空气压缩机。压力容器因其板材厚度大，一般适用埋弧焊进行焊接，如图5-2

所示。本单元主要介绍各类埋弧焊操作技术。

图 5-1　压力容器焊接生产现场

图 5-2　压力容器埋弧焊

项目一　平敷埋弧焊

一、学习目标

埋弧焊

了解埋弧焊的特点，熟悉埋弧焊机的操作，掌握平敷埋弧焊技能。

二、准备

知识的准备

埋弧焊是目前广泛使用的一种生产率较高的机械化焊接方法。它与焊条电弧焊相比，虽然灵活性差一些，但焊接质量好、效率高、成本低，劳动条件好。埋弧焊可分为自动埋弧焊和半自动埋弧焊两种。

埋弧焊有以下特点。

（1）焊接生产率高　埋弧焊所用焊接电流大，加上焊剂和熔渣的隔热作用，热效率高、熔深大。

（2）焊接质量好　焊剂和熔渣的存在不仅防止空气中的氮、氧侵入熔池，而且使熔池较慢凝固，使液态金属与熔化的焊剂间有较多时间进行冶金反应，减少了焊缝中产生气孔、裂纹等缺陷的可能性。焊剂还可以向焊缝渗合金，提高焊缝金属的力学性能。另外，焊缝成形美观。

（3）劳动条件好　焊接过程的机械化使操作显得更为便利，而且烟尘少，没有弧光辐射，劳动条件得到改善。

（4）难以在空间位置施焊　因为采用颗粒状焊剂，一般仅适用于平焊位置。

（5）对焊件装配质量要求高　操作人员不能直接观察电弧与坡口的相对位置，当焊件装配质量不好时易焊偏而影响焊接质量。

（6）不适合焊接薄板和短焊缝　埋弧焊主要适用于中厚板的焊接，是大型焊接结构生产中常用的一种焊接技术。它不仅能焊接低碳钢、合金钢、不锈钢，还可以焊接耐热钢及铜合金、镍基合金等非铁金属，但不适用于铝、钛等氧化性强的金属及其合金的焊接。

操作的准备

1. 焊件的准备

1）板料1块，材料为Q235A钢，焊件的尺寸长×宽×厚为500mm×125mm×10mm，如图5-3所示。

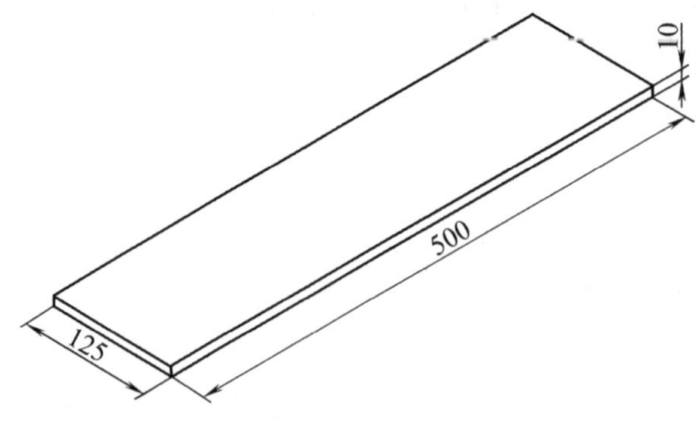

图5-3　板件备料图

2）矫平。

3）清理板料正、反两侧油污、铁锈、水分及其他污染物，至露出金属光泽。

4）沿500mm长度方向每隔50mm划一道粉线作为平敷埋弧焊焊缝准线。

2. 焊接材料

焊剂HJ431，焊前进行烘干；焊丝H08A，ϕ4mm。

3. 焊接设备

MZ-1000型自动埋弧焊机。

三、操作过程

1. 焊接参数（见表5-1）

表5-1 平敷埋弧焊时的焊接参数

焊丝及其直径/mm	焊接电流/A	电弧电压/V	焊接速度/(m/h)
H08A ϕ4	640～680	34～36	36～40

2. 焊接操作

（1）引弧前的操作步骤

1）检查焊机外部接线（图5-4）是否正确。

2）调整轨道位置，将焊接小车放在轨道上。

3）将装好焊丝的焊丝盘夹在固定位置上，然后把准备好的焊剂装入焊剂漏斗内。

4）接通焊接电源和控制箱电源。

5）调整焊丝位置，并按动控制盘上的焊丝向下或焊丝向上按钮，使焊丝对准待焊处中心，并与焊件表面轻轻接触。

6）调整导电嘴到焊件间的距离，使焊丝的外伸长度适中。

7）将开关转到焊接位置上。

8）按照焊接方向，将自动焊车的换向开关转到向前或向后的位置上。

9）调节焊接参数。选择H08A焊丝，ϕ4mm；焊接电流640～680A；焊接电压34～36V；焊接速度36～40m/h。通过电弧电压调整器调节电弧电压；通过焊接速度调整器调节焊接速度，通过电流增大和电流减小按钮来调节焊接电流。在焊接过程中，电弧电压和焊接电流两者常需配合调节，以得到工艺规定的焊接参数。

10）将焊接小车的离合器手柄向上扳，使主动轮与焊接小车减速器相连接。

11）开启焊剂漏斗阀门，使焊剂堆敷在始焊部位。

（2）引弧　按下起动按钮，自动接通焊接电源，同时将焊丝向上提起，随即焊丝与焊件之间产生电弧，被不断拉长，当电弧电压达到给定值时，焊丝开始向下送进。当焊丝的送给速度与焊丝熔化速度同步后，焊接过程稳定。此时，焊接小车也开始沿轨道移动，焊机进入正常的焊接。

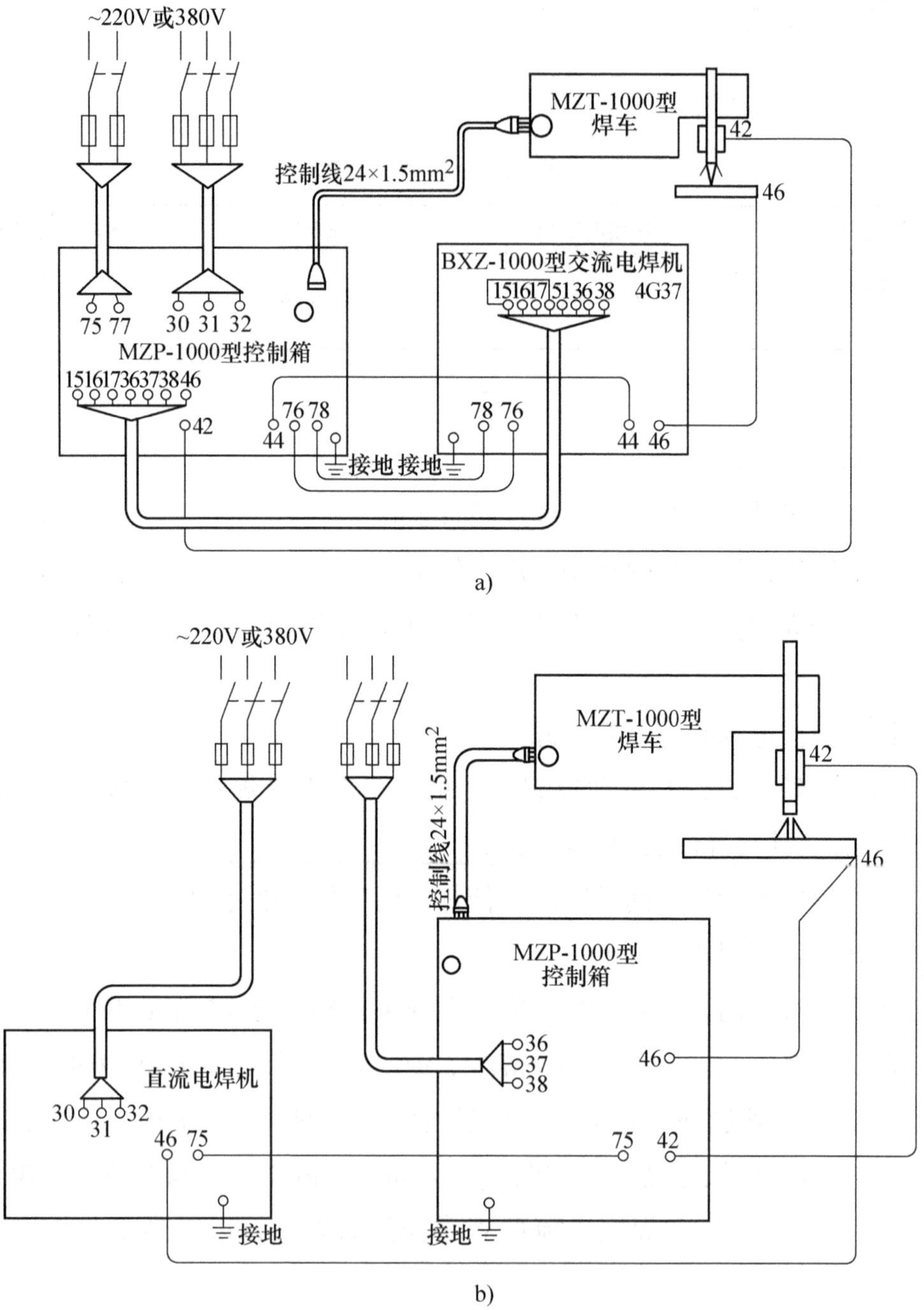

a)

b)

图 5-4 MZ-1000 型自动埋弧焊机的外部接线图

a）采用交流弧焊电源 b）采用直流弧焊电源

如果按起动按钮后，焊丝不能上抽引燃电弧，而把机头顶起，表明焊丝与焊件接触太紧或接触不良，需要适当剪断焊丝或清理接触表面，再重新引弧。

（3）焊接 在焊接过程中，应注意观察焊接电流和电弧电压表的指针及焊

接小车的行走路线，随时进行调整，以保证工艺参数的匹配和防止焊偏，并注意焊剂漏斗内的焊剂量，必要时需立即添加，以免影响焊接工作的正常进行。焊接长焊缝时，还要注意观察焊接小车的焊接电源电缆和控制线，防止其在焊接过程中被焊件及其他物品挂住，使焊接小车不能前进，引起焊瘤烧穿等缺陷。

（4）收弧

1）关闭焊剂漏斗的闸门。

2）分两步按下停止按钮：第一步先按下一半，这时手不要松开，使焊丝停止送进，此时电弧仍继续燃烧，电弧慢慢拉长，弧坑逐渐填满，待弧坑填满后，再将停止按钮按到底，此时焊接小车将自动停止并切断焊接电源。这步操作要特别注意：按下停止开关一半的时间若太短，焊丝易粘在熔池中或填不满弧坑；太长则容易烧焊丝嘴，需反复练习，积累经验，才能掌握。

3）扳下焊接小车离合器手柄，用手将焊接小车沿轨道推至适当位置。

4）收回焊剂，清除渣壳，检查焊缝外观。

5）工件焊完后，必须切断一切电源，将现场清理干净，整理好设备，并确信没有引燃火种后，才能离开现场。

四、平敷埋弧焊评分标准

平敷埋弧焊的评分标准见表5-2。

表5-2　平敷埋弧焊的评分标准

<table>
<tr><th colspan="2">考核项目及内容</th><th>考核要求</th><th>配分</th><th>评分标准</th></tr>
<tr><td rowspan="3">焊缝的外观检查</td><td>焊缝宽度差</td><td>≤2mm</td><td>30</td><td>＞2mm，扣30分</td></tr>
<tr><td>焊缝平直程度</td><td>≤2mm</td><td>30</td><td>＞2mm，扣30分</td></tr>
<tr><td>夹渣、气孔</td><td>缺陷尺寸≤3mm</td><td>40</td><td>缺陷尺寸≤1mm，每个扣5分；缺陷尺寸≤2mm，每个扣8分；缺陷尺寸≤3mm，每个扣10分；缺陷尺寸≥3mm，每个扣15分</td></tr>
</table>

五、想一想

1. 简述平敷埋弧焊的特点及适用场合。

2. 平敷埋弧焊时焊接参数如何选择？

项目二　I形坡口板-板对接埋弧焊

一、学习目标

了解埋弧焊I形坡口板-板对接的特点，掌握板厚14mm的Q235钢带焊剂垫的埋弧焊对接技能。

二、准备

知识的准备

埋弧焊由于使用的焊接电流较大，对于厚度在12mm以下的板材，可以不开坡口，采用单面焊接，即可达到全焊透的要求。厚度大于12～20mm的板材，为了达到全焊透的目的，在单面焊后，焊件背面应清根，再进行焊接。

对于厚度较大的板材，应开坡口后再进行焊接。坡口形式与焊条电弧焊基本相同，由于埋弧焊的特点，采用较厚的钝边，以免焊穿。埋弧焊焊接接头的基本形式与尺寸，应符合国家标准GB/T 985.2—2008《埋弧焊的推荐坡口》的规定。

操作的准备

1. 焊前准备

1）材料为Q235A钢板2块，尺寸如图5-5所示。

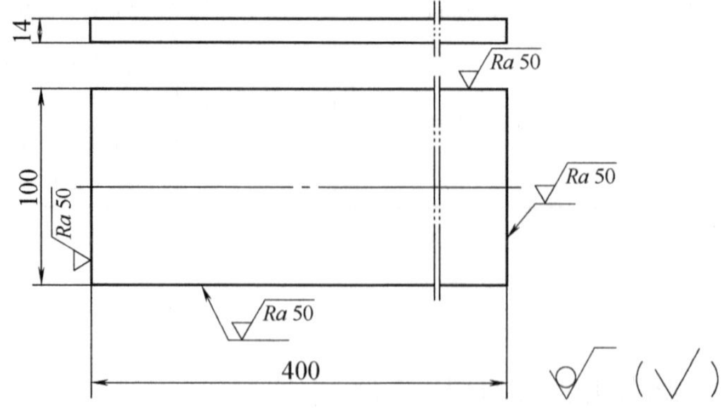

图5-5　板件备料图

2）矫平。

3）清理板件正、反表面20mm范围内的油污、铁锈、水分及其他污染物，直至露出金属光泽。

2. 焊件装配技术要求

1）装配平整，如图5-5所示。

2）装配间隙为2~3mm。

3）预置反变形量3°。

4）错边量≤1.2mm。

焊件两端加装引弧板及引出板，引弧板尺寸为100mm×100mm×10mm。

3. 焊接材料

选择H08A焊丝，焊丝直径为ϕ4mm，焊剂HJ431，使用前在250℃下烘干2h，定位焊用焊条E4315，ϕ4mm。焊接材料应按规定要求去除表面的油、锈等污物。

4. 焊接设备

MZ-1000型自动埋弧焊机。

三、操作过程

1. 焊接参数（表5-3）

表5-3 焊接参数

焊件厚度/mm	装配间隙/mm	焊缝	焊丝直径/mm	焊接电流/A	电弧电压/V 直流反接	焊接速度/(m/h)
14	2~3	背面焊	4	700~750	32~34	30
		正面焊		800~850		

2. 焊接顺序

将焊件放在水平位置焊剂垫上进行平焊，并采用二层二道双面焊，焊完正面焊缝后清渣，再焊接反面焊缝。

3. 正面焊

调试好焊接参数，在间隙小端（2mm）起焊，操作步骤如下。

（1）装焊剂垫 焊剂垫的焊剂牌号与工艺要求的焊剂相同，要求与焊件贴合，并且压力均匀，防止出现漏渣和液态金属下淌而造成焊穿。焊件装在焊剂垫上，如图 5-6 所示。

（2）焊丝对中 调节焊接小车轨道中线与试件中线相平行，往返拉动焊接小车，使焊丝始终处于整条焊缝的间隙中心线上。

（3）引弧 将小车推至引弧板端，锁紧小车行走离合器，按动送丝按钮，使焊丝与引弧板可靠接触。打开焊剂漏斗阀门输送焊剂直至覆盖住焊丝伸出部分，按起动按钮开始焊接，观察并调整焊接电流表与电压表读数与焊接参数相符。焊剂在焊接过程中必须覆盖均匀，不应过厚，也不应过薄而漏出弧光。小车行走速度应均匀，防止电缆缠绕，阻碍小车的行走。

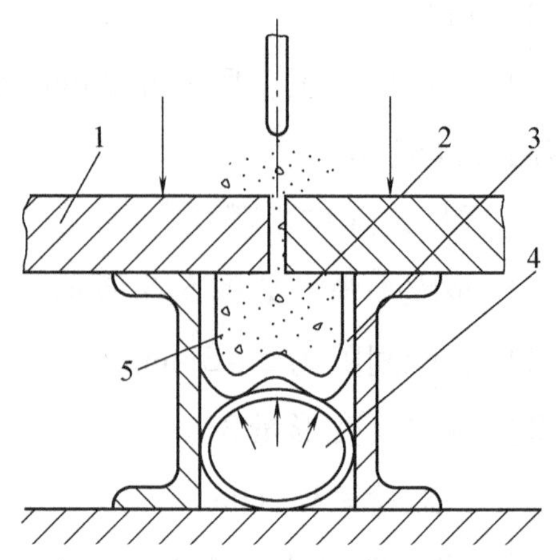

图 5-6 焊件装在焊剂垫上示意图

1—焊件 2—焊剂 3—帆布

4—充气软管 5—焊剂垫

（4）收弧 当熔池全部达到引出板后，开始收弧：先关闭焊剂漏斗，再按下一半停止按钮，使焊丝停止给送，小车停止前进，但电弧仍在燃烧，以使焊丝继续熔化来填满弧坑，并以按下这一半按钮的时间长短来控制弧坑填满的程度。然后继续将停止按钮按到底，熄灭电弧，结束焊接。

（5）清渣 焊完每一层焊缝后，必须清除渣壳，回收焊剂，检查焊缝质量，背面焊缝熔深要求达到焊件厚度的 40% ~ 50%，如果熔深不够，则应加大间隙，增加焊接电流或减小焊接速度。

4. 背面焊

其焊接步骤和要求同正面焊，但需注意以下两点。

1）防止未焊透或夹渣，要求正面焊缝的熔深达 60% ~ 70%，通常用加大电流方式实现，这也是正面焊的电流比较大的原因。

2）在焊接背面焊缝时不再垫焊剂垫，直接进行焊接，此时可以凭经验通过观察熔池背面焊接过程中的颜色来估计熔深。背面焊焊件装配如图 5-7 所示。

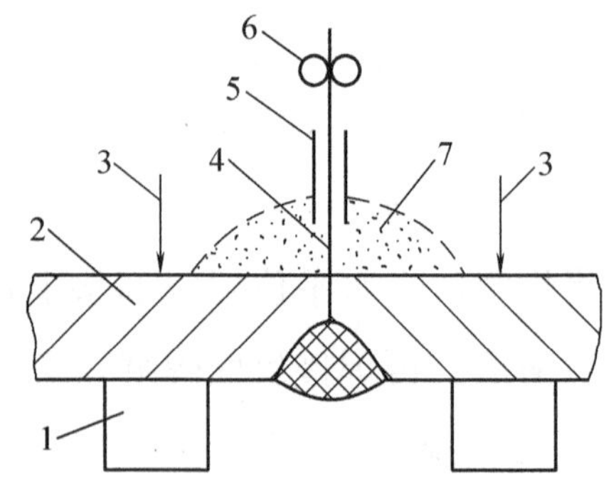

图 5-7 背面焊焊件装配示意图

1—支撑垫 2—焊件 3—压紧力 4—焊丝

5—导电嘴 6—送丝滚轮 7—预放焊剂

四、I 形坡口板-板对接埋弧焊的评分标准

I 形坡口板-板对接埋弧焊的评分标准见表 5-4。

表 5-4　I 形坡口板-板对接埋弧焊的评分标准

考核项目及内容		考核要求	配分	评分标准
焊缝的外观检查	焊缝宽度差	≤3mm	5	每超 1mm 扣 2 分
	焊缝余高	1～4mm	5	每超 1mm 扣 2 分
	咬边	深度≤0.5mm	5	深度 > 0.5mm，扣 5 分；深度 < 0.5mm，每 3mm 长扣 2 分
	焊缝成形	要求波纹细、均、光滑	5	酌情扣分
	未焊透	深度≤1.5mm	5	深度 > 1.5mm，扣 5 分；深度 < 1.5mm，每 3mm 长扣 2 分
	起焊熔合	要求起焊饱满熔合好	5	酌情扣分
	弧坑	无	5	一处扣 2 分
	接头	要求不脱节，不凸高	5	每处接头不良扣 2 分
	夹渣、气孔	缺陷尺寸≤3mm	5	缺陷尺寸≤1mm，每个扣 1 分；1mm < 缺陷尺寸≤2mm，每个扣 2 分；2mm < 缺陷尺寸≤3mm，每个扣 3 分；缺陷尺寸≥3mm，每个扣 5 分
	背面焊缝余高	1～4mm	5	每超 1mm 扣 2 分
	错边	≤1.2mm	5	>1.2mm 扣 5 分
	角变形	≤3°	5	>3°扣 5 分
	裂纹、焊瘤、烧穿	倒扣分	-20	任出一项，扣 20 分
焊缝内部质量检查		按 GB/T 3323.1—2019《焊缝无损检测　射线检测　第 1 部分：X 和伽马射线的胶片技术》标准对焊缝进行 X 射线检测	40	Ⅰ级片无缺陷不扣分；Ⅰ级片有缺陷扣 5 分；Ⅱ级片扣 10 分；Ⅲ级片扣 20 分；Ⅳ级片扣 40 分

五、想一想

1. 埋弧焊在什么情况下需要开坡口？
2. 埋弧焊焊接薄板时，如何选择正确的焊接参数？

项目三 V形坡口板-板对接埋弧焊

一、学习目标

熟悉埋弧焊机的使用，能够根据实际情况，选用恰当的焊接参数，实现厚板的板-板对接双面焊。

二、准备

操作的准备

1. 焊件的准备

1）板料2块，材料为Q235A钢，板料及坡口的尺寸如图5-8所示。

2）矫平。

3）清理板料正、反两侧各20mm范围内的油污、铁锈、水分及其他污染物，直至露出金属光泽。

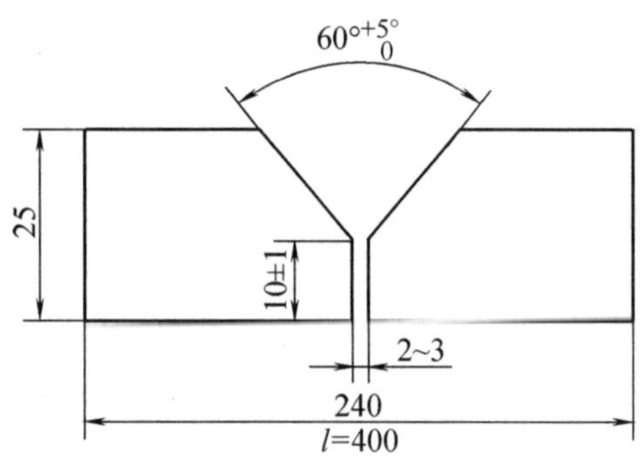

图5-8 板料及坡口尺寸

2. 焊件装配技术要求

1）装配平整，如图5-9所示。

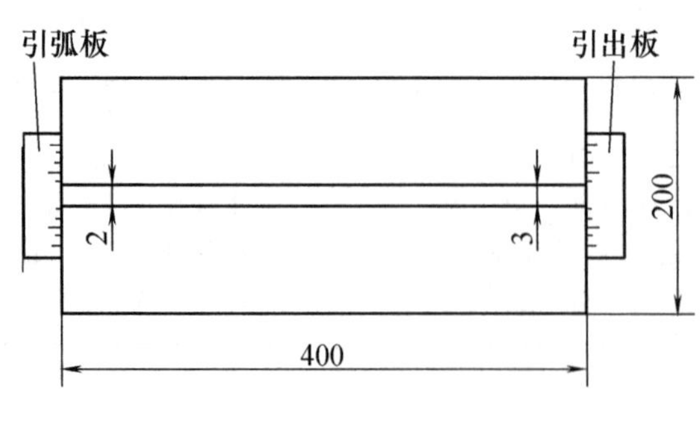

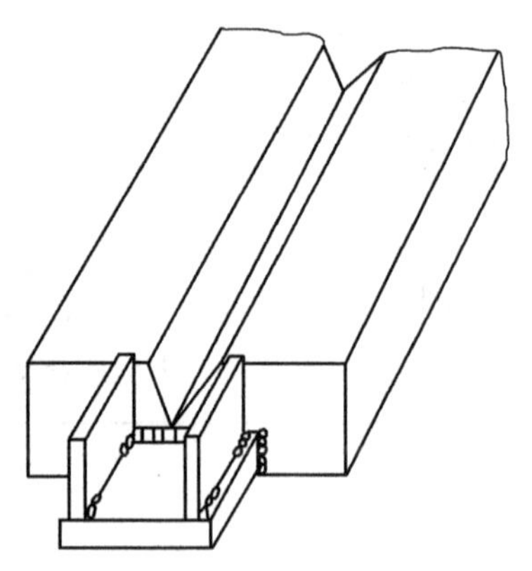

图5-9 装配及定位焊要求

2）装配间隙为2～3mm。

3）预置反变形量3°~4°。

4）错边量≤1.5mm。

5）焊件两端装焊引弧板及引出板，引弧板尺寸为100mm×100mm×10mm二块，引弧两侧挡板为100mm×100mm×6mm四块。

3. 焊接材料

选择H10Mn2（H08A）焊丝，焊丝直径为ϕ4mm，焊剂HF301（HJ431），定位焊用焊条E4315，ϕ4mm。焊接材料应按规定要求烘干及去除表面的油、锈等污物。

4. 焊接设备

MZ-1000型自动埋弧焊机。

三、操作过程

1. 焊接参数（表5-5）

表5-5　焊接参数

名　　称	焊丝直径/mm	焊接电流/A	电弧电压/V	焊接速度/(m/h)	间隙/mm
正面	4	600~700	34~38	25~30	2~3
背面		650~750	36~38		

2. 焊接顺序

在先焊V形坡口的正面焊缝时，应将焊件水平置于焊剂垫上，并采用多层多道焊，焊完正面焊缝后清根，将焊件翻面，再焊接反面焊缝，反面焊缝为单层单道焊。

3. 正面焊

调试好焊接参数，在间隙小端（2mm）起焊，操作步骤如下。

（1）焊丝对中　置焊接小车轨道中线与试件中线相平行（或相一致），往返拉动焊接小车，使焊丝都处于整条焊缝的间隙中心。

（2）引弧焊接　将小车推至引弧板端，锁紧小车行走离合器，按动送丝按钮，使焊丝与引弧板可靠接触，给送焊剂，覆盖住焊丝伸出部分。

按起动按钮开始焊接，观察并调整焊接电流表与电压表读数与焊接参数相符。焊剂在焊接过程中必须覆盖均匀，不应过厚，也不应过薄而漏出弧光。小车行走速度应均匀，防止电缆缠绕，阻碍小车的行走。

（3）收弧　当熔池全部达到引出板后，开始收弧：先关闭焊剂漏斗，再按下一半停止按钮，使焊丝停止给送，小车停止前进，但电弧仍在燃烧，以使焊丝继续熔化来填满弧坑，并以按下这一半按钮的时间长短来控制弧坑填满的程度。然后继续将停止按钮按到底，熄灭电弧，结束焊接。

（4）清渣　焊完每一层焊缝后，必须清除渣壳，检查焊缝，不得有缺陷，焊缝表面应平整或稍下凹，与两坡口面的熔合应均匀，焊缝表面不能上凸，特别是在两坡口处不得有死角，否则易产生未熔合或夹渣等缺陷。

若发现层间焊缝熔合不良时，应调整焊丝对中，增加焊接电流或降低焊接速度。施焊时层间温度不得过高，一般应小于200℃。

盖面焊缝的余高应为0～4mm，每侧的熔宽为（3±1）mm。

4. 反面焊

其焊接步骤和要求同正面焊。为保证反面焊缝焊透，焊接电流应大些，或使焊接速度稍慢一些。焊接参数的调整既要保证焊透，又要使焊缝尺寸符合规定要求。

四、V形坡口板-板对接埋弧焊的评分标准

V形坡口板-板对接埋弧焊的评分标准见表5-6。

表5-6　V形坡口板-板对接埋弧焊的评分标准

考核项目		考核要求	配分	评分标准
焊缝的外观检查	焊缝宽度差	≤3mm	5	每超1mm扣2分
	焊缝余高	1～4mm	5	每超1mm扣2分
	咬边	深度≤0.5mm	5	深度>0.5mm，扣5分；深度<0.5mm，每3mm长扣2分
	焊缝成形	要求波纹细、均、光滑	5	酌情扣分
	未焊透	深度≤1.5mm	5	深度>1.5mm，扣5分；深度<1.5mm，每3mm长扣2分
	起焊熔合	要求起焊饱满熔合好	5	酌情扣分
	弧坑	无	5	一处扣2分
	接头	要求不脱节，不凸高	5	每处接头不良扣2分

（续）

<table>
<tr><th colspan="2">考核项目</th><th>考核要求</th><th>配分</th><th>评分标准</th></tr>
<tr><td rowspan="5">焊缝的外观检查</td><td>夹渣、气孔</td><td>缺陷尺寸≤3mm</td><td>5</td><td>缺陷尺寸≤1mm，每个扣1分；1mm < 缺陷尺寸≤2mm，每个扣2分；2mm < 缺陷尺寸≤3mm，每个扣3分；缺陷尺寸≥3mm，每个扣5分</td></tr>
<tr><td>背面焊缝余高</td><td>1～4mm</td><td>5</td><td>每超1mm扣2分</td></tr>
<tr><td>错边</td><td>≤1.2mm</td><td>5</td><td>>1.2mm扣5分</td></tr>
<tr><td>角变形</td><td>≤3°</td><td>5</td><td>>3°扣5分</td></tr>
<tr><td>裂纹、焊瘤、烧穿</td><td>倒扣分</td><td>－20</td><td>任出一项，扣20分</td></tr>
<tr><td colspan="2">焊缝内部质量检查</td><td>按GB/T 3323.1—2019《焊缝无损检测 射线检测 第1部分：X和伽马射线的胶片技术》标准对焊缝进行X射线检测</td><td>40</td><td>Ⅰ级片无缺陷不扣分；Ⅰ级片有缺陷扣5分；Ⅱ级片扣10分；Ⅲ级片扣20分；Ⅳ级片扣40分</td></tr>
</table>

五、想一想

1. 埋弧焊焊接厚板时，如何选择焊接顺序？
2. 双面埋弧焊接时，如何选择正、反面的焊接参数？

项目四 角焊缝埋弧焊

一、学习目标

熟悉埋弧焊机的使用，能够根据实际情况，选用恰当的焊接参数，实现厚板的角焊缝埋弧焊。

二、准备

知识的准备

角焊缝主要出现在T形接头和搭接接头中，按其焊接位置可分为船形焊和横角焊两种。

船形焊的焊接形式如图5-10所示。焊接时，由于焊丝处在垂直位置，熔池处在水平位置，熔深对称，焊缝成形好，能保证焊接质量，但易得到凹形焊缝。对于重要的焊接结构，如锅炉钢架，要求此焊缝的计算厚度应不小于焊缝厚度的60%，否则必须补焊。当焊件装配间隙超过 1.5mm 时，容易发生熔池金属流失和烧穿等现象，因此对装配质量要求较严格。当装配间隙大于 1.5mm 时，可在焊缝背面用焊条电弧焊封底，用石棉垫或焊剂垫等来防止熔池金属的流失。在确定焊接参数时，电弧电压不能太高，以免焊件两边产生咬边。

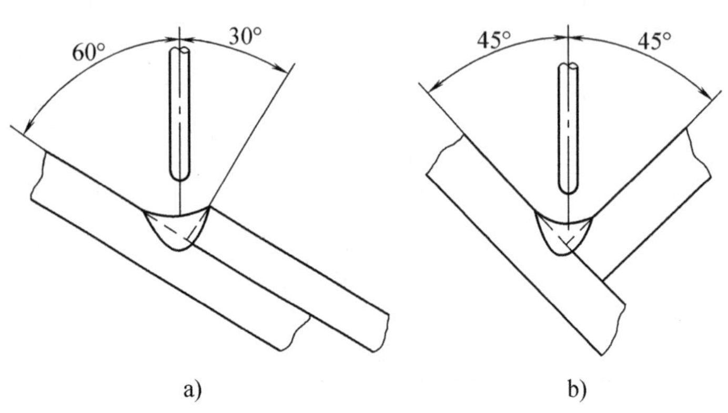

图 5-10　船形焊

a）搭接接头船形焊　b）T 形接头船形焊

横角焊的焊接形式如图 5-11 所示。由于焊件太大，不易翻转或其他原因不能在船形焊位置上进行焊接，才采用横角焊，即焊丝倾斜。横角焊的优点是对焊件装配间隙的敏感性较小，即使间隙较大，一般也不会产生金属溢流现象。其缺点是单道焊缝的焊脚最大不能超过 8mm。当焊脚要求大于 8mm 时，必须采用多道焊或多层多道焊。角焊缝的成形与焊丝和焊件的相对位置关系很大，当焊丝位置不当时，易产生咬边、焊偏或未熔合等现象。因此，焊丝位置要严格控制，一般焊丝与水平板的夹角 α 应保持在 45°～75°，通常为 60°～70°，并选择距竖直面适当的距离。电弧电压不宜太高，这样可使焊剂的熔化量减少，防止熔渣溢流。使用细焊丝能保证电弧稳定，并可以减小熔池的体积，防止熔池金属溢流。

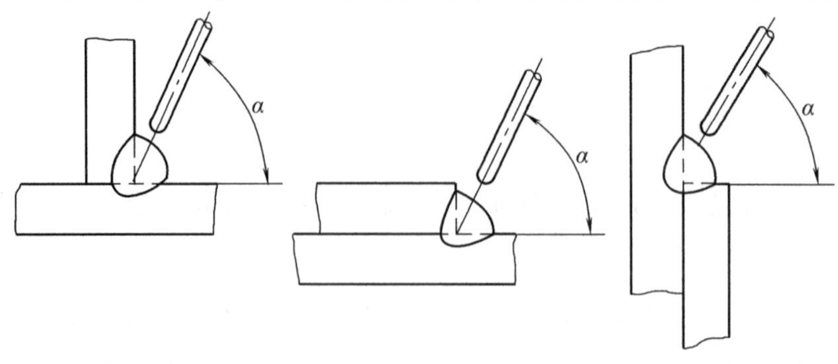

图 5-11　横角焊

操作的准备

1. 焊件的准备

1）板料2块，材料为Q345钢，板料尺寸如图5-12所示。

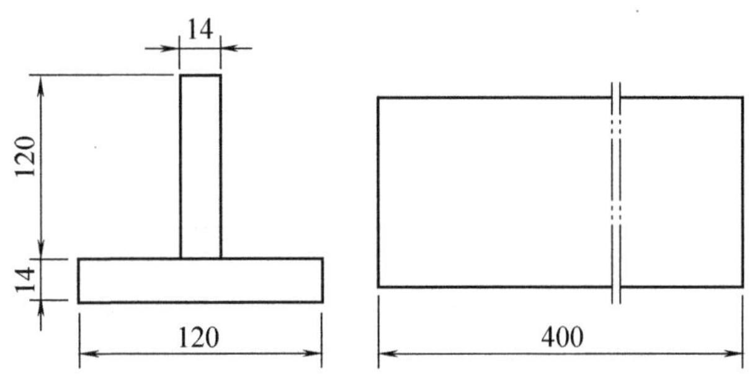

图5-12　焊件备料图

2）引弧板及引出板各一块，尺寸为100mm × 100mm × 10mm，材料为Q345钢。

3）船形焊焊丝选用H08A，ϕ3mm，ϕ4mm；横角焊焊丝选用H08A，ϕ2mm，ϕ3mm，ϕ4mm。

2. 焊件装配技术要求

装配间隙为1.5～2mm，预置反变形量为3°～4°。焊件两端装引弧板及引出板，装配定位焊如图5-13所示。

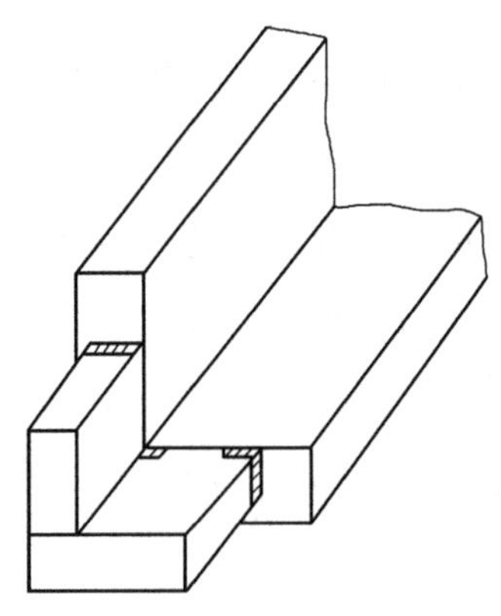

图5-13　装配定位焊示意图

3. 焊接材料

船形焊焊丝选用H08A，ϕ3mm，ϕ4mm；横角焊焊丝选用H08A，ϕ2mm，

ϕ3mm，ϕ4mm。焊剂 HJ301，定位焊用焊条 E4315，ϕ4mm。焊接材料应按规定要求烘干及去除表面的油、锈等污物。

4. 焊接设备

自动埋弧焊机和焊条电弧焊机。

三、操作过程

1. 焊接参数（表 5-7）

表 5-7　焊接参数

焊接方法	焊角尺寸 /mm	焊丝直径 /mm	焊接电流 /A	电弧电压 /V	焊接速度 /(cm/min)	备　注
船形焊	8	3 4	550～600 575～625	34～36 34～36	50 50	装配间隙小于 1～1.5mm，否则需采取防液态金属流失措施
横角焊	7	2 3 4	375～400 500 675	30～32 30～32 32～35	47 80 83	使用细颗粒焊剂时需用交流焊机

2. 焊接顺序

先采用定位焊把焊件两端的引弧板及引出板按要求焊好，焊接电流 180～210A。

（1）船形角焊缝焊接

1）船形焊相当于 90°V 形坡口内对接焊，焊件厚度相同，所以只需将焊丝对中，熔合区始终位于两板正水平位置，即可获得较好的焊缝质量，如图 5-14 所示。

2）装配间隙不得超过 1.5mm，否则液态金属会流溢。

3）焊接参数中焊接电压不能过大，以免产生咬边。

（2）横角焊缝焊接

1）横角焊是在焊件不易翻转或不能在船形位置焊接时采用的，如图 5-15 所示。

2）横角焊对装配间隙的敏感性小。

3）焊丝与垂直面夹角在 20°～30°之间。

4）应尽可能采用较细的焊丝和焊剂，以便减小熔池的体积，防止熔池金属流溢。

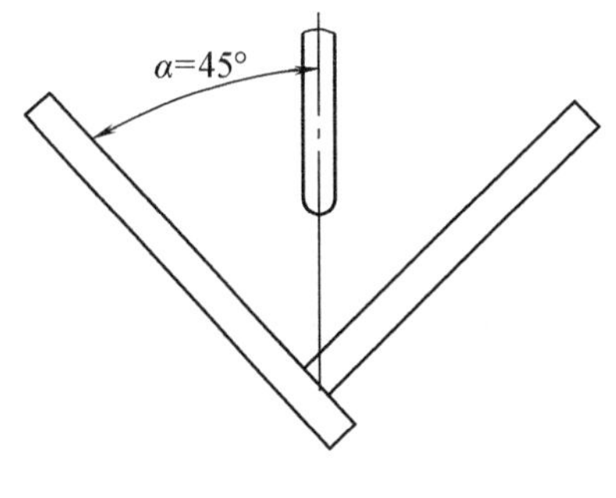

图 5-14 船形焊

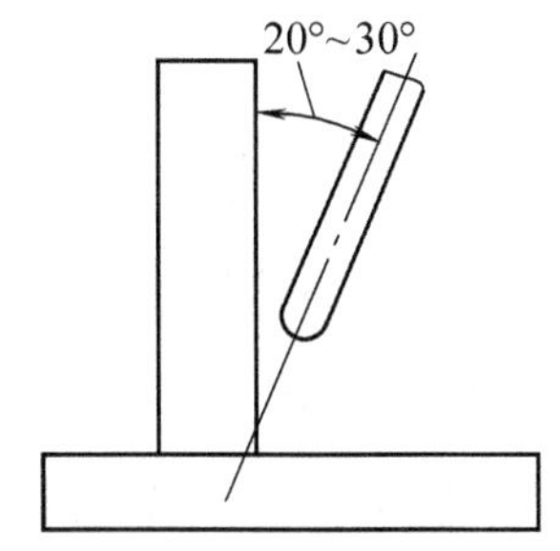

图 5-15 横角焊

四、角焊缝埋弧焊的评分标准

角焊缝埋弧焊的评分标准见表 5-8。

表 5-8 角焊缝埋弧焊的评分标准

考核项目及内容		考核要求	配分	评分标准
焊缝的外观检查	焊脚尺寸	6~9mm	8	超差 0.5mm 扣 2 分
	两板之间夹角	88°~92°	8	超差 1°扣 2 分
	咬边	深度≤0.5mm	8	深度 > 0.5mm，扣 5 分；深度 < 0.5mm，每 3mm 长扣 2 分
	焊缝成形	要求波纹细、均、光滑	5	酌情扣分
	未焊透	深度≤1.5mm	8	深度 > 1.5mm，扣 5 分；深度 < 1.5mm，每 3mm 长扣 2 分
	起焊熔合	要求起焊饱满熔合好	5	酌情扣分
	弧坑	无	5	一处扣 2 分
	接头	要求不脱节，不凸高	5	每处接头不良扣 2 分
	夹渣、气孔	缺陷尺寸≤3mm	8	缺陷尺寸≤1mm，每个扣 1 分；1mm < 缺陷尺寸≤2mm，每个扣 2 分；2mm < 缺陷尺寸≤3mm，每个扣 3 分；缺陷尺寸≥3mm，每个扣 5 分
	裂纹、焊瘤、烧穿	倒扣分	-20	任出一项，扣 20 分
焊缝内部质量检查		按 GB/T 3323.1—2019《焊缝无损检测 射线检测 第 1 部分：X 和伽马射线的胶片技术》标准对焊缝进行 X 射线检测	40	Ⅰ级片无缺陷不扣分；Ⅰ级片有缺陷扣 5 分；Ⅱ级片扣 10 分；Ⅲ级片扣 20 分；Ⅳ级片扣 40 分

五、想一想

1. 角焊缝可以分为哪几种焊法？
2. 船形焊和横角焊各有什么特点？
3. 船形焊和横角焊时的焊接电流如何选择？在多少范围内？

工程实例 中国 C919 大型客机

中国 C919 大型客机是中国首款按照最新国际适航标准，具有自主知识产权的干线民用飞机，专为短程到中程的航线设计，于 2008 年开始研制。C 是 China 的首字母，也是中国商飞英文缩写 COMAC 的首字母，第一个“9”的寓意是天长地久，“19”代表的是中国首型中型客机最大载客量为 190 座。2017 年 5 月 5 日下午两点，在上海浦东国际机场完成首飞。

从 2007 年国家对大飞机项目立项到 2008 年 C919 名称发布，从设计图样到 2015 年底的总装下线、2017 年的首飞，这架飞机从无到有，承载了亿万国人对中国航空事业的期待。

C919 的背后离不开焊接技术的支撑。除了传统的焊接工艺，一些先进的焊接技术被应用于航空航天工业，如激光焊接技术、电子束焊接技术，搅拌摩擦焊技术。激光焊接技术在航空航天的工业中主要用于武器装备与飞行器的结构的制过程之中。飞行器的合金飞行舵翼必须使用激光焊接技术才能进行完美焊接。电子束焊接技术主要用在飞行器的腹、鳍、框、架以及继电器、波纹管等部分。现在，电子束焊接技术已经成为大型飞机制造公司的标准配置，是制造飞机主、次承力结构件和机翼骨架的必选技术之一，也是衡量飞机制造技术的凭证。搅拌摩擦焊技术在航空航天业的应用主要包括以下几个方面：机翼、机身、尾翼；飞机燃料箱；运载火箭、航天飞机的低温燃料筒；军用和科学研究火箭和导弹；熔焊结构件的修理等。

实训任务书

一、实训课题

埋弧焊实训

二、实训目的

了解常用埋弧焊机各组成部分机构特点、工作原理、焊接参数调节方法，初步掌握MZ-1000型埋弧焊机的操作方法。

三、实训学时

6学时。

四、实训准备

了解MZ-1000型埋弧焊机的各个组成部分，重点是焊机的结构、各部分的工作情况、调整范围和方法；分析MZ-1000型埋弧焊机的工作原理，重点理解引弧过程中送丝发电机——电动机的工作状态和变化过程。

五、实训步骤与内容

1. 焊前准备

1）用钢丝刷对焊缝两侧各20mm范围内的铁锈、氧化皮进行清理；用棉纱将试板的油污和水分擦净；焊剂事先进行烘干，焊丝用砂纸除锈并擦掉油污；根据焊丝直径换上相同孔径的导电嘴。

2）合上焊接变压器和控制电源的闸刀开关，控制电源的转换开关扭到“通”的位置。按照预先选择好的焊接参数在控制盘上进行调整（根据板厚，大致选一组焊接参数进行试焊）。为启动焊接做好准备工作。

3）按“焊丝向上”或“焊丝向下”按扭使焊丝回抽或下送，调节到焊丝端头与焊件表面轻轻接触、顶住，既不太松又不太紧。

4）打开焊剂漏斗开关，预送焊剂到引弧区。

2. 焊接

1）按下“启动”按扭，主接触器动作，焊接电源接通，开始引燃电弧（可观察引弧过程中送丝速度和方向的变化）。

2）待电弧稳定后，合上焊车的离合器，焊车开始沿焊接方向行走，正常焊接过程开始。

3. 停焊

1）按下“停止”按扭的一半（“停止”是两次按钮），送丝电动机断电停转，焊丝停止送进，电弧逐渐烧长自然熄灭。

2）将“停止”按扭按到底，主接触器断开，切断焊接电源，小车停止，焊接工作停止。

3）关闭焊剂开关，将焊丝稍稍回抽后移开焊车，清理焊剂、焊渣。

4）若不再继续焊接，则逐级切断电源。

操作时要特别注意，不要将“停止”按扭一下按到底，否则由于送丝电动机的惯性，焊丝将会继续下送一段，容易插到熔池中去“黏住”，若发生这种情况，必须剪断焊丝后才能移动焊车。

六、操作技术要点

1）实训时必须携带实训指导书，实训前必须仔细阅读实训指导书，熟悉实训目的和实训内容。

2）实训时各组应明确分工，认真做好各项数据记录。

七、得分及完成情况分析

外 观 得 分	内 部 得 分

完成情况分析：

第六单元 钨极氩弧焊

知识目标

1）掌握钨极氩弧焊的原理及特点。

2）掌握钨极氩弧焊的不同接法及其应用。

3）了解氩弧焊设备、参数、电极类型。

能力目标

1）熟悉氩弧焊设备的调试和参数的选择。

2）能够熟练操作手工氩弧焊焊接不同材料、不同位置的焊件。

素养目标

在实践操作中，培养学生掌握自主选择焊接参数、电极接法、焊前清理、焊后检测的完整焊接技术，注重学生独立分析、解决问题的能力培养，提高学生的安全环保意识。

企业场景

锅炉是一种能量转换器，它是利用燃料燃烧释放的热能或其他热能将工质水或其他流体加热到一定参数的设备。如图6-1所示，水冷壁是锅炉的主要受热部分，它由数排钢管组成，分布于锅炉炉膛的四周。它的内部为流动的水或蒸汽，外界接收锅炉炉膛火焰的热量。水冷壁钢管对焊接质量要求高，主要采用碳钢制造，成本低，焊接性好，通常采用TIG焊打底来保证根部质量。

图6-1　锅炉水冷壁

项目一　碳钢的氩弧焊水平固定管对接打底焊

氩弧焊

一、学习目标

掌握钨极氩弧焊的原理及特点，能够根据实际工作情况正确调节焊接参数，熟练应用氩弧焊进行碳钢水平固定管对接的打底焊，并获得高质量的焊缝。

二、准备

知识的准备

氩弧焊是以氩气作为保护气的一种不熔化极气体保护电弧焊方法，简称TIG焊。

氩气是一种惰性气体，无色无味，在高温下不分解吸热，与金属材料不发生反应，其密度比空气大，比热容和热导率比空气低，通常储存在能承受一定压力的钢制气瓶中。

氩弧焊的焊接过程如图6-2所示。

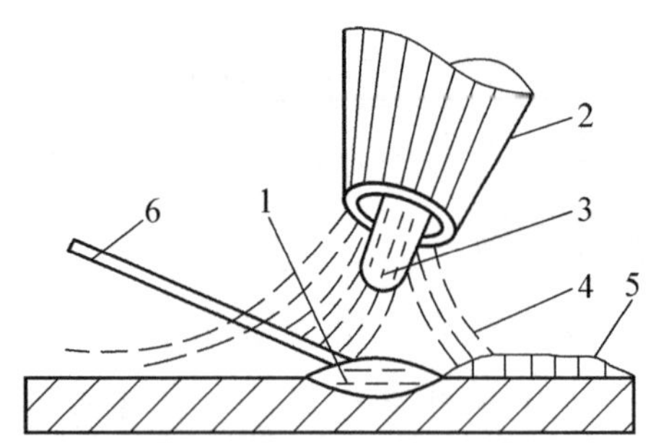

图6-2　氩弧焊的焊接过程

1—熔池　2—喷嘴　3—钨极

4—气体　5—焊缝　6—焊丝

氩弧焊具有如下特点。

（1）焊缝质量较高　由于氩气可在空气与焊件间形成稳定的隔绝层，保证高温下被焊金属中合金元素不会被氧化烧损，同时氩气不溶解于液态金属，故能有效地保护熔池金属，获得较高的焊接质量。

（2）焊接变形与应力小　由于氩弧焊热量集中，电弧受氩气流的冷却和压缩作用，使热影响区变窄，焊接变形和应力小，特别适宜于薄板的焊接。

（3）焊接范围广　几乎所有的金属材料都可进行氩弧焊。通常，多用于焊接不锈钢、铝、铜等有色金属及其合金，有时还用于厚度较大焊接构件的打底焊。

（4）操作技术易于掌握　采用氩气保护无焊渣，且为明弧焊接，电弧、熔池可见性好，电弧燃烧稳定，飞溅小，适合各种位置焊接，容易实现机械化和自动化。

在碳钢的焊接中，由于氩弧焊成本高、生产率低，因此很少选用，但由于氩弧焊的焊缝质量高，返修率低，故它通常用于碳钢管道的打底焊操作中。本项目介绍普通低碳钢的水平固定管对接的打底焊操作。

操作的准备

1. 焊件的准备

1）碳钢钢管2根，材料为Q235B，直径ϕ80mm，壁厚8mm。

2）矫平。

3）钨极氩弧焊对于污染非常敏感，母材坡口及附近必须彻底清理干净，不允许有油污、水分、灰尘、镀层、氧化膜等。用砂轮将坡口附近20～30mm范围内打磨至露出金属光泽，然后用丙酮去除油污。

2. 焊件装配技术要求

1）管道对口平整，为了保证根部充分焊透，装配时应留有一定间隙。

2）开V形坡口，坡口角度60°±1°，预留0.5～1mm钝边，先焊位置预留2°～3°的反变形角，根部间隙为0.5～1mm，无错边量。

3. 焊接材料

选择H08Mn2SiA焊丝，焊丝直径为ϕ2mm，注意使用前应对焊丝表面进行清理。氩气纯度要求达到99.99%以上。

4. 焊接设备

手工钨极氩弧焊机。

5. 电极接法

直流正接法。

三、操作过程

1. 定位焊

管道组对时要垫稳，防止焊口处在焊接时承受重力。焊口不得强力组对，焊点分布在管立焊处的对称两点位置，焊缝长10～20mm，高2～3mm，焊后应仔细检查焊缝质量。焊点不应在有障碍处或操作困难处，发现缺陷需将焊点清除重焊。

2. 焊接参数

选用钨极直径2mm，焊丝直径ϕ2mm，焊接电流70～100A，氩气流量6～7L/min。

3. 焊接

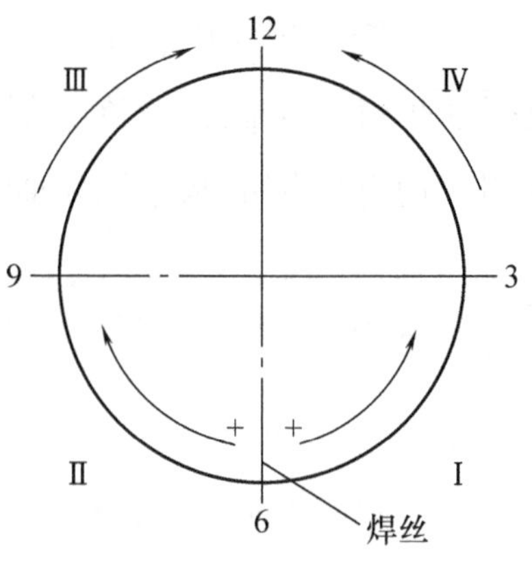

图 6-3　打底焊顺序

打底焊顺序如图 6-3 所示。焊接时下半圆采用内填丝，可避免出现凹陷、未焊透、背面成形不良等缺陷。上半圆采用外填丝，可以预防焊瘤。在 6 点左侧 5～10mm 处引弧，采用内填丝连续送丝方式。焊丝在管内侧，与切线呈 10°～20°角。在熔池上方稍高于管内壁 0.5mm 左右处，正是电弧的顶端，依靠焊丝稍托住熔池匀速前进，不使铁液下坠，确保内口铁液饱满。焊丝滴送时要注意观察熔孔大小：熔孔太大则焊速过慢，内部焊缝成形过高；熔孔太小则焊速过快，内部焊缝成形过低，要始终保持熔孔大小一致。焊丝跟随焊枪做同步摆动。焊接时可使用摇摆法施焊，即喷嘴支撑在坡口面上做旋转运动，钨极做往复摆动，不但摆幅能控制，弧长也能保持不变。将近 3 点时，将电弧引至坡口处熄弧。检查焊缝质量，确认无问题后，焊接左半圆。

在左半圆焊接前，将接头处打磨成斜坡形，从 6 点接头使原焊缝重叠 3～5mm，用同样方法焊接 6 点到 9 点处停弧。检查焊缝质量，确认仰焊部位无缺陷后，再从 9 点开始立焊和平焊，在 12 点左右 5～10mm 处停弧，以便接头。反过来再从 3 点焊至平焊接头。上半圆采用外填丝断续送丝的填丝方式。焊丝应填在熔池前方坡口处，不要填在管口内，以防止铁液下坠起瘤。一道焊缝应一次焊成，不允许中途停止。

收弧时，在熄弧前向熔池连送两滴铁液，待熔池弧坑被填满后，再将电弧引至坡口一次熄灭。待焊缝金属冷却后再移开焊炬。

接头处均应修磨成斜坡形，在接头前方 5～10mm 处引弧，再将电弧拉回，直到把原焊缝 3～5mm 熔化又形成新的熔孔，焊丝方可输送，直至整条打底层焊完。

4. 注意事项

1）严格控制熔池温度。

2）提高引弧和收弧的技巧。

3）可采用内充气保护。

4）间隙大小不一致的处理，先焊间隙小的位置，后焊间隙大的位置。

5）内填丝时，为了省力，可将焊丝折成弯形或弧形。

四、想一想

1. 氩弧焊的特点有哪些?
2. 如果是低合金钢或者不锈钢，打底的时候和普通碳钢打底有何不同?

项目二 铝及铝合金平敷焊

铝合金具有密度低、力学性能佳、加工性能好、无毒、易回收、导电性、传热性及抗腐蚀性能优良等特点，在船用行业、化工行业、航空航天、金属包装、交通运输等领域广泛使用。如图 6-4 所示，战斗机的乘员舱、前机身、中机身、后机身、垂尾、襟翼、升降副翼和水平尾翼都是用铝合金制做的。民用客机采用的铝合金甚至约占机体结构重量 80%，主要采用 TIG/MIG 焊完成。本项目介绍铝合金 TIG 焊的平敷焊操作。

图 6-4 战斗机结构

一、学习目标

理解氩弧焊两种不同电源极性的应用，能够正确调节氩弧焊的参数，实现铝及铝合金的平敷焊操作。

二、准备

知识的准备

氩弧焊时，焊接电弧正、负极的导电和产热机构与电极材料的热物理性能有密切关系，从而对焊接工艺有显著影响。一般 TIG 焊按照电源种类的不同可分为直流 TIG 焊和交流 TIG 焊。

一、直流 TIG 焊

直流 TIG 焊按电源极性的不同接法，又可分为直流正接法与直流反接法。

1. 直流正接法

焊件接到电源正极上，钨极接在电源负极上称为直流正接法。直流正接时，焊件接正极，焊件接受电子轰击放出的全部动能和逸出功，产生大量的热，因此熔池深而窄，生产率高，焊件的收缩和变形都小。钨极接阴极，钨极的熔点高，在高温时电子发射能力强，电弧燃烧稳定性好。因此除焊接铝、镁及其合金外，一般均采用直流正接法进行焊接。

2. 直流反接法

焊件接到电源负极上，钨极接在电源正极上称为直流反接法。此时，焊件和钨极的导电和产热情况与直流正接时相反。在 TIG 焊中，由于直流反接熔深浅，效率低，钨极损耗大，因此很少采用。但在焊接铝、镁等金属时，由于铝、镁及其合金的表面存在一层致密难熔的氧化膜覆盖在焊接熔池表面，如不及时清除，焊接时会造成未熔合，在焊缝表面还会形成皱皮或产生内气孔、夹渣，直接影响焊接质量。而当直流反接时，焊件表面的阴极斑点被能量密度高、质量大的正离子撞击，致使表面氧化膜破碎，使焊件得到清理，这种现象称为阴极破碎作用，如图 6-5 所示。

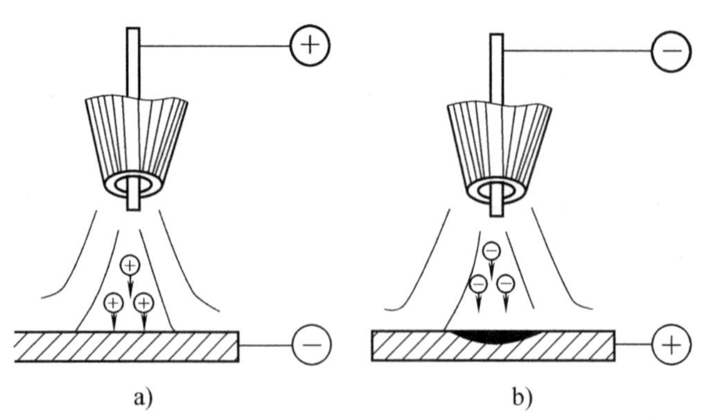

图 6-5　阴极破碎作用示意图

a）直流反接　b）直流正接

二、交流 TIG 焊

交流 TIG 焊时，电流极性每半个周期交换一次，因而兼备了直流正接法和直

流反接法两者的优点，既具有清理金属表面氧化膜的阴极破碎作用，又可减轻钨极的烧损，在一定程度上提高工作效率。因此，用交流 TIG 焊焊接铝、镁及其合金，能获得满意的焊接效果。

操作的准备

1. 焊件的准备

1）铝合金板料 1 块，材料为 3A21，板料的尺寸为 200mm×100mm×2.5mm。

2）矫平。

3）清理板料正、反两侧各 20mm 范围内的油污、氧化膜、水分及其他污染物，至露出金属光泽。

2. 焊接材料

选择 HS331 焊丝，焊丝直径为 ϕ2mm，注意焊丝使用前对焊丝表面进行清理保温。氩气纯度要求达到 99.99%。

3. 焊接设备

手工钨极氩弧焊机。

4. 电极接法

交流接法。

三、操作过程

1. 焊件与焊丝清理

铝合金材料的表面氧化铝薄膜必须清除干净。清理方法有以下两种。

（1）化学清理法　首先用汽油或丙酮去除油污，然后将焊件和焊丝放在碱性溶液中浸蚀，取出后用热水冲洗，再将焊件和焊丝放在质量分数为 30%～50% 的硝酸溶液中进行中和，最后用热水冲洗干净并烘干。

（2）机械清洗法　在去除油污后，用钢丝刷或砂布将焊接处和焊丝表面清理至露出金属光泽。也可用刮刀清除焊件表面的氧化膜。

2. 焊接参数

选用钨极直径 ϕ2mm，焊丝直径 ϕ2mm，焊接电流 70～100A，氩气流量 6～7L/min。

3. 焊接操作

（1）引弧　手工钨极氩弧焊通常采用高频引弧器进行引弧。这种引弧的优点是钨极与焊件保持一定距离而不接触，就能在施焊点上直接引燃电弧，可使钨极端头保护完整，钨极损耗小，以及引弧处不会产生夹钨缺陷。

没有引弧器时，可用纯铜板或石墨板作引弧板。将引弧板放在焊件接口旁边或接口上面，在其上引弧，使钨极端头加热到一定温度后（约 1s），立即移到待焊处引弧。这种引弧适合普通功能的氩弧焊机。但是，在钨极上与纯铜板（或石墨板）接触引弧时，会产生很大的短路电流，很容易烧损钨极端头，因此，这种方法目前已很少使用。

（2）在铝板上平敷焊　电弧引燃后，要保持钨极端头到焊接处一定距离并稍作停留，使母材上形成熔池后，再送进焊丝，焊接方向采用左焊法。焊枪与焊件表面成 80°左右的夹角，填充焊丝与焊件表面的夹角以 10° ~ 15°为宜，如图 6-6 所示。

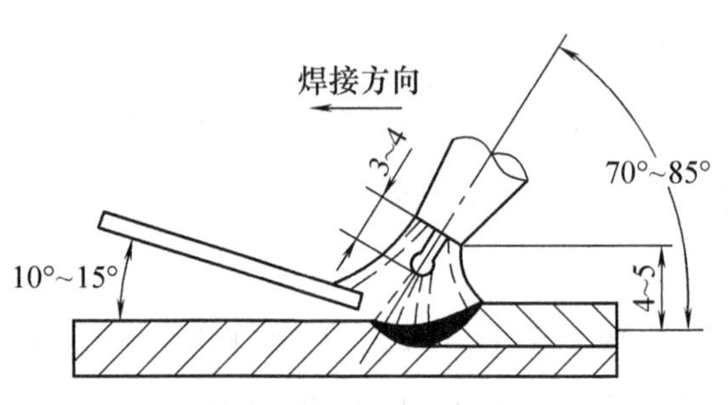

图 6-6　焊枪、焊件与焊丝的相对位置

焊接过程中，焊丝的送进方法有两种，一种是左手捏住焊丝的远端，靠左臂移动送进，但送丝时易抖动，不推荐使用。另一种方法是以左手的拇指、食指捏住焊丝，并用中指和虎口配合托住焊丝下部（便于操作的部位）。需要送丝时，将弯曲捏住焊丝的拇指和食指伸直，即可将焊丝稳稳地送入焊接区，然后借助中指和虎口托住焊丝，迅速弯曲拇指、食指，向上倒换捏住焊丝，如此重复，直到焊完。填充焊丝时，焊丝的端头切勿与钨极接触，否则焊丝会被钨极沾染，熔入熔池后形成夹钨。焊丝送入熔池的落点应在熔池的前缘上，被熔化后，将焊丝移出熔池，然后再将焊丝重复地送入熔池。但是填充焊丝不能离开氩气保护区，以免灼热的焊丝端头被氧化，降低焊缝质量。若中途停顿或焊丝用完再继续焊接时，要用电弧把起焊处的熔池金属重新熔化，形成新的熔池后再加焊丝，并与原焊道重叠 5mm 左右。在重叠处要少添加焊丝，以避免接头过高。

在铝合金板的长度方向焊接平敷焊缝，焊缝与焊缝间距为 20 ~ 30mm。每个焊件焊后要检查焊接质量。焊缝表面要呈清晰和均匀的鱼鳞波纹。

（3）收弧　收弧方法不正确时，容易产生弧坑裂纹、气孔和烧穿等缺陷。因此，应采取衰减电流的方法，即电流自动由大到小地逐渐下降，以填满弧坑。

一般氩弧焊机都配有电流自动衰减装置，收弧时，通过焊枪手把上的按钮断续送电来填满弧坑。若无电流衰减装置时，可采用手工操作收弧，其要领是逐渐

减少焊件热量，如改变焊枪角度、稍拉长电弧、断续送电等。收弧时，填满弧坑后慢慢提起电弧直至灭弧，不要突然拉断电弧。

当熄弧后，氩气会自动延时几秒钟停气（因焊机具有提前送气和滞后停气的控制装置），以防止金属在高温下发生氧化。

四、钨极氩弧平敷焊的评分标准

钨极氩弧平敷焊的评分标准见表6-1。

表6-1　钨极氩弧平敷焊的评分标准

考核项目		配分	评分标准
外观检查	焊缝高度（h）	5	0.5mm$\leqslant h \leqslant$3mm 得5分，每差0.5mm扣1分
	焊缝高低差（h_1）	6	$h_1 \leqslant$1mm 得6分，每增加1mm扣2分
	焊缝宽度 c	4	$c \leqslant$12mm 得4分，12mm $< c <$ 15mm 得2分，$c >$ 15mm 得0分
	焊缝宽度差（c_1）	6	$c_1 \leqslant$1mm 得6分，每增加0.5mm扣2分
	焊缝边缘直线度误差	5	$\leqslant$3mm 得5分
	咬边	10	无咬边10分，深度$\leqslant$0.5mm，每2mm扣1分，深度$>$0.5mm得0分
	表面成形	14	优14分
			良9分
			中4分
			差0分
按GB/T 3323.1—2019《焊缝无损检测　射线检测　第1部分：X和伽马射线的胶片技术》标准对焊缝进行X射线检测		50	Ⅰ级片无缺陷50分，Ⅰ级片有缺陷$>$35分；Ⅱ级片无缺陷30分，Ⅱ级片有缺陷$>$15分，Ⅲ级片0分

五、想一想

1. 氩弧焊有哪几种电极接法？各有何特点？
2. 铝合金表面清理的方法有哪几种？如何清理？

项目三　铝及铝合金平对接焊

换热器是一种广泛应用于汽车、航空、石油化工、冶金、医药、食品、轻工、机械工程等行业的一种通用设备，按其传热面的形状和结构可以分为管型、板型（图6-7）和其他形式换热器。由于铝合金具有良好的低温韧性，目前被广泛用于制造换热器的空分装置，其焊接方法主要采用TIG焊，所涉及的焊接类型有平板对接、板板角接、管板角接及管对接焊接。本项目介绍铝合金的平板对接焊接的操作方法。

图6-7　板型换热器结构

一、学习目标

了解氩弧焊的设备，能够合理选择氩弧焊的材料和工艺参数，掌握氩弧焊的平对接焊技术。

二、准备

知识的准备

1. 钨极氩弧焊设备

图6-8所示为NSA-500-1型手工钨极氩弧焊外部接线图。

2. 钨极氩弧焊的焊接参数

手工钨极氩弧焊的主要焊接参数有钨极直径、焊接电流、电弧电压、焊接速度、电源种类和极性、氩气流量、喷嘴直径、喷嘴与焊件间的距离、钨极伸出长度等。

手工钨极氩弧焊焊接过程方框图如图6-9所示。

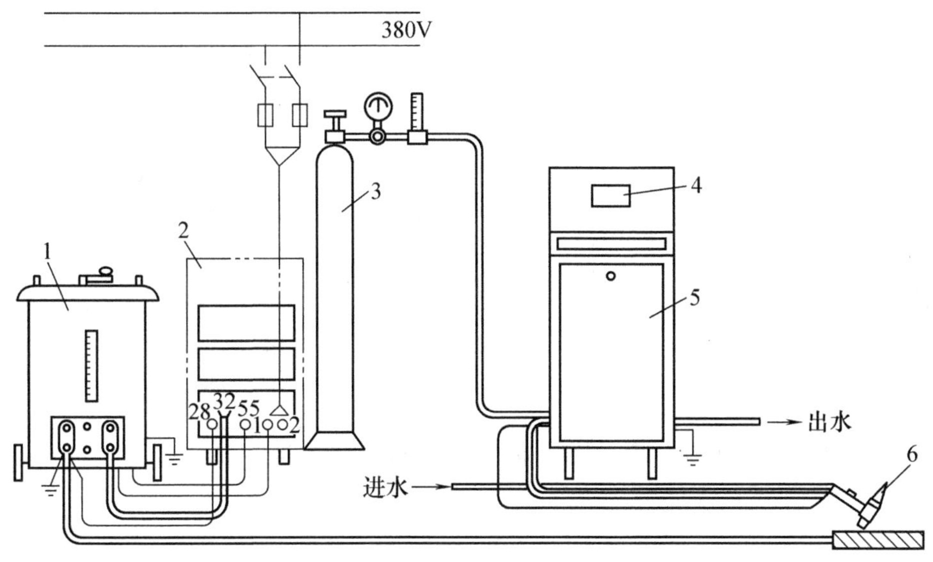

图 6-8 NSA-500-1 型手工钨极氩弧焊外部接线图

1—焊接变压器 2—控制箱（后面） 3—氩气瓶 4—电流表 5—控制箱（前面） 6—焊枪

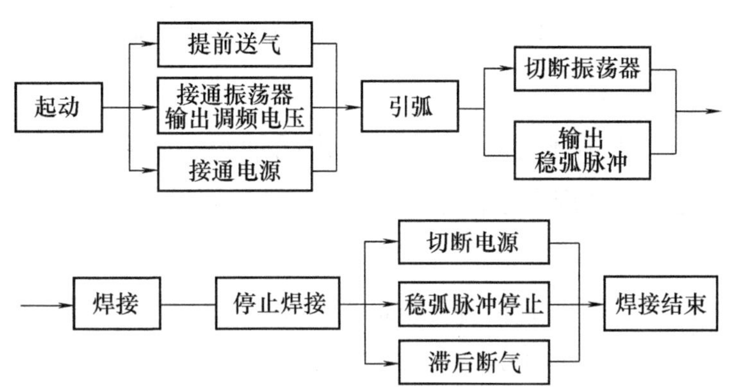

图 6-9 手工钨极氩弧焊焊接过程方框图

以下列举铝及铝合金的手工钨极氩弧焊主要焊接参数，见表 6-2。

表 6-2 铝及铝合金手工钨极氩弧焊焊接参数

板厚 /mm	坡口			焊丝直径 /mm	钨极直径 /mm	喷嘴直径 /mm	焊接电流 /A	氩气流量 /(L/min)	焊接层数 (正/反)
	形式	间隙 /mm	钝边 /mm						
1	I	0.5～2	—	1.5～2	1.5	5～7	30～60	4～6	1
1.5	I	0.5～2	—	2	1.5	5～7	40～70	4～6	1
2	I	0.5～2	—	2～3	2	6～7	60～80	4～6	1
3	I	0.5～2	—	3	3	7～12	120～140	6～10	1

（续）

板厚/mm	坡口			焊丝直径/mm	钨极直径/mm	喷嘴直径/mm	焊接电流/A	氩气流量/(L/min)	焊接层数（正/反）
	形式	间隙/mm	钝边/mm						
4	I	0.5～2	—	3～4	3	7～12	120～140	6～10	1～2/1
5	V70°	1～3	—	4	3～4	12～14	120～140	9～12	1～2/1
6	V70°	1～3	2	4	4	12～14	180～240	9～12	2/1
8	V70°	2～4	2	4～5	4～5	12～14	220～300	9～12	2～3/1
10	V70°	2～4	2	4～5	4～5	12～14	260～320	12～15	3～4/1～2
12	V70°	2～4	2	4～5	5～6	14～16	280～340	12～15	3～4/1～2

注：焊接电流适于纯铝，焊接铝镁、铝锰合金时，其电流值可降低20～40A。

操作的准备

1. 焊件的准备

1）铝合金板料2块，材料为3A21，板料的尺寸为200mm×50mm×2.5mm。

2）矫平。

3）清理板料正、反两侧各20mm范围内的油污、氧化膜、水分及其他污染物，至露出金属光泽，清理方法同前。

2. 焊接材料

选择HS331焊丝，焊丝直径为ϕ2mm，注意焊丝使用前对焊丝表面进行清理保温。氩气纯度要求达到99.99%。

3. 焊接设备

手工钨极氩弧焊机。

4. 电极接法

交流接法。

三、操作过程

1. 定位焊

根据焊件的厚度，采取I形坡口对接，不留间隙组对。定位焊时先焊焊件两端，然后在中间加定位焊点。定位焊可以不添加焊丝，直接利用母材的熔合进行定位。也可以添加焊丝进行定位焊，但必须待焊件边缘熔化形成熔池

再加入焊丝，定位焊缝宽度应小于最终焊缝宽度。定位焊之后，必须校正焊件保证不错边，并做适当的反变形，以减小焊后变形。

2. 焊接参数

选用钨极直径 2mm，焊丝直径 2mm，焊接电流 50 ~ 80A，氩气流量 5 ~ 6L/min。

3. 焊接操作

由于铝合金本身的物理和化学性质及其所处的工艺条件，焊接时容易出现下列问题。

（1）易氧化　在铝合金表面生成难熔的氧化铝薄膜，阻碍金属之间的熔合。因此，焊前对焊件、焊丝要做必要的清理，焊接时要注意对焊接区域进行气体保护。

（2）易产生气孔　要认真对焊件、焊丝油污和潮气进行清除，控制氢的来源，焊接过程尽可能少中断，采用短弧焊接。

（3）易焊穿　铝合金由固态转变为液态时无颜色变化，焊接时常因熔池温度过高无法察觉而导致焊穿。铝合金的焊接，加热时间要短，焊接速度要快，要控制层间温度。

操作时采用左焊法，焊丝、焊枪与焊件之间角度如图 6-10 所示，钨极伸出长度以3 ~4mm 为宜。起焊时，电弧在起焊处稍停片刻，用焊丝迅速触及焊接部位进行试探，感觉到该部位变软、开始熔化时，立即添加焊丝。焊丝的添加和焊枪的运行动作要配合协调。焊枪应平稳而均匀地向前移动，并保持适当的电弧长度。焊丝端部位于钨极前下方，不可触及钨极。钨极端部要对准焊件接口的中心线，防止焊缝偏移和熔合不良，焊丝端部的往复送丝运动应始终在氩气保护区范围内，以免氧化。

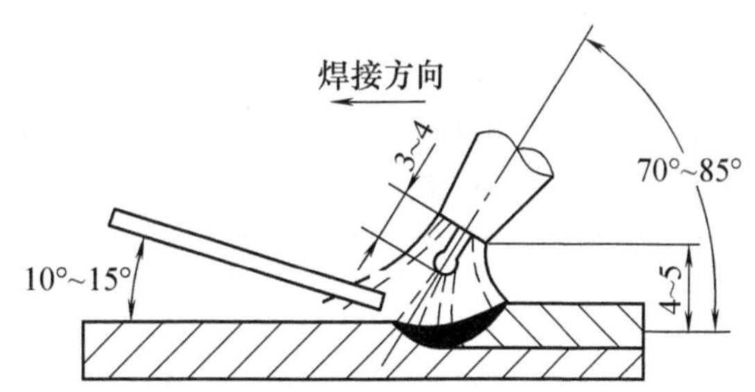

图 6-10　焊枪、焊件与焊丝的相对位置

焊接过程中，若局部接口间隙较大时，应快速向熔池添加焊丝，然后移动焊枪。如果发现有下沉趋向时，必须断电熄弧片刻，再重新引弧继续焊接。

收弧时，要多送一些焊丝填满弧坑，防止发生弧坑裂纹。

四、钨极氩弧平对接焊的评分标准

钨极氩弧平对接焊的评分标准见表6-3。

表6-3 钨极氩弧平对接焊的评分标准

考核项目		配分	评分标准
外观检查	焊缝高度（h）	4	0.5mm≤h≤2mm得4分，每差0.5mm扣1分，h>4mm或h<0mm得0分
	焊缝高低差（h_1）	6	h_1≤1mm得6分，每增加1mm扣2分
	焊缝宽度c	4	c≤12mm得4分，12mm<c<15mm得2分，c>15mm得0分
	焊缝宽度差（c_1）	6	c_1≤1mm得6分，每增加0.5mm扣2分
	焊缝边缘直线度误差	5	≤3mm得5分
	焊后角变形（θ）	5	0°≤θ≤3°得5分
	咬边	10	无咬边10分，深度≤0.5mm，每2mm扣1分，深度>0.5mm得0分
	表面成形	10	优10分
			良6分
			中3分
			差0分
按GB/T 3323.1—2019《焊缝无损检测 射线检测 第1部分：X和伽马射线的胶片技术》标准对焊缝进行X射线检测		50	Ⅰ级片无缺陷50分；Ⅰ级片有缺陷>35分；Ⅱ级片无缺陷30分；Ⅱ级片有缺陷>15分；Ⅲ级片0分

五、想一想

1. 钨极氩弧焊设备主要由哪些部分组成？
2. 铝合金焊接时容易出现哪些缺陷？怎样防止？

项目四 不锈钢薄板平对接焊

高层建筑不锈钢屋顶水箱，如图6-11所示。作为提供大量住户日常用水的一种储水容器，要求在使用过程中不氧化、不生化，免于锈蚀，防止发生水质污染，其直接影响到居民的身体健康，目前通常使用不锈钢薄板制造，具有造型美观，

清洁卫生，任意组合，冷热兼用，抗振防裂，耐腐蚀性强，不污染水质等优点，广泛应用于居民小区、厂房、学校、商业大楼、宾馆、医院等。本项目介绍不锈钢薄板对接的 TIG 焊操作技术。

图 6-11　不锈钢水箱

一、学习目标

了解不锈钢薄板平对接焊的特点，根据实际情况，选择合理的焊接参数，掌握不锈钢薄板平对接焊技术。

二、准备

知识的准备

不锈耐酸钢并不是一种钢，而是一类钢的总称，简称不锈钢，一般具有较好的耐各种腐蚀介质侵蚀的能力。大部分不锈钢都具有较多的合金元素，属于高合金钢，主要含有铬、锰、钒、镍、钛等元素，在医疗、食品、建筑、军事、航海等领域有广泛的应用。

不锈钢薄板通常采用 TIG 焊焊接，其焊接操作技术并不难掌握。但是，当焊接参数选择不当或保护不良时，会形成明显的外观缺陷，如未焊透、裂纹、氧化烧损、晶间腐蚀和气孔等。

在选择焊接参数时，还需注意选择合适的电极材料。常用的电极材料有以下几种。

1. 钍钨电极

钍钨电极是国外最常用的钨电极。它引弧容易，电弧燃烧稳定，但具有微量放射性。钍钨电极广泛应用于直流电焊接，通常用于碳钢、不锈钢、镍合金和钛金属的直流焊接。

2. 铈钨电极

铈钨电极是目前国内普遍采用的一种电极。其电子发射能力较钍钨高，是理想的取代钍钨的非放射性材料。它适用于直流或交流焊接，尤其在小电流下对有轨管道、细小精密零件的焊接效果最佳。

3. 镧钨电极

镧钨电极可适用于中、大电流的直流焊接和交流焊接。镧钨最接近钍钨的导电性能，不需改变任何的焊接参数就能方便快捷地替代钍钨，可发挥最大的综合使用效果。

4. 锆钨电极

锆钨电极主要用于交流焊接，在需要防止电极污染焊缝金属的特殊条件下使用。在高负载电流下，其表现依然良好，适用于镁、铝及其合金的交流焊接。

5. 钇钨电极

钇钨电极在焊接时弧束细长，压缩程度大，在中、大电流时其熔深最大，可以进行塑性加工制成厚1mm的薄板和各种规格的棒材和线材，主要用于军工和航空航天工业。

操作的准备

1. 焊件的准备

1）板料2块，材料为1Cr18Ni9Ti钢，每块板料的尺寸为300mm×100mm×2mm，用剪板机下料。

2）矫平。

3）为了防止焊缝增碳、产生气孔、降低焊缝的耐蚀性，在焊件坡口两侧各20~30mm内，用汽油、丙酮，或用质量分数为50%的浓碱水、体积分数为15%的硝酸溶液擦洗焊件待焊处表面，将油、垢、漆等污物清理干净，然后用清水冲洗、擦干，严禁用砂轮打磨。

2. 焊件装配技术要求

1）装配平整，单面焊双面成形。

2）坡口为I形，预留4°~5°的反变形角，根部间隙为0~0.5mm，错边量≤0.3mm。

3. 焊接材料

定位焊和正式焊接均采用相同的氩弧焊方法进行施焊，选择H1Cr18Ni9Ti焊丝，焊丝直径为$\phi1$~$\phi2$mm，注意焊丝使用前对焊丝表面进行清理。氩气纯度要求达到99.99%。

4. 焊接设备

手工钨极氩弧焊机。

5. 电极接法

直流正接法。

三、操作过程

1. 定位焊

定位焊时，为了在焊接过程中减小变形，防止定位焊焊缝开裂，定位焊缝数量可以有 3 条，其位置在焊件的两端和中间各一个，其焊接参数见表 6-4。

表 6-4　不锈钢薄板平对接焊手工 TIG 焊焊接参数

焊层	焊接电流/A	焊接速度/(mm/min)	氩气流量/(L/min)	钨极直径/mm	喷嘴直径/mm	钨极伸出长度/mm	喷嘴至焊件距离/mm
定位焊	65～85	80～120	4～6	2	10	5～7	≤12
焊全缝	65～80	80～120	4～6	2	10	5～7	≤12

2. 焊接

不锈钢薄板 I 形坡口平对接手工钨极氩弧焊采用单面焊双面成形，一般都使用短弧左焊法。首先在焊件右端的始焊端定位焊缝处起弧，焊枪不移动，也不加焊丝，对坡口根部进行预热，待焊缝端部及坡口根部熔化并形成一个熔池后，再填加焊丝。填丝时，保持焊丝送丝角度在 15°～20°的范围内，沿着坡口间隙尽量把焊丝端部送入坡口根部。此时，电弧沿坡口间隙深入根部并向左移动施焊。焊接过程中，焊枪、焊丝的角度要保持稳定，随时注意观察熔池的变化，防止产生烧穿、塌陷、未焊透等缺陷。

在焊丝用完或因其他原因而暂时停止焊接时，可以松开焊枪上的按钮开关停止送丝。然后，看焊枪上是否有电流衰减控制功能。当焊枪有电流衰减控制功能时，则仍保持喷嘴高度不变，待焊接电弧熄灭、熔池冷却后再移开焊枪和焊丝；若焊枪没有电流衰减控制功能时，将焊接电弧沿坡口左移后再抬高焊枪灭弧，防止弧坑焊道及焊丝端部高温氧化。

焊接接头时，先将焊缝上的氧化膜打磨干净，然后将接头处的弧坑打磨成缓坡形，在弧坑处引弧、加热，使弧坑处焊道重新熔化，与熔池连成一体，然后再填焊丝，转入正常焊接。

当焊接到焊缝的最左边时（焊件焊缝的终点），首先减小焊枪的角度，将电弧的热量集中在焊丝上，使焊丝的熔化量加大，填满弧坑；然后切断电流开关，焊接电流开始衰减，熔池也在不断地缩小，同时应将焊丝抽离熔池，但又不能使焊丝脱离氩气保护区。在氩气延时 3～4s 后，再关闭气阀，移开焊枪和焊丝。

四、钨极氩弧不锈钢薄板平对接焊的评分标准

钨极氩弧不锈钢薄板平对接焊的评分标准见表 6-5。

表 6-5　钨极氩弧不锈钢薄板平对接焊的评分标准

考核项目		配分	评分标准
外观检查	焊缝高度（h）	4	0mm≤h≤3mm 得 4 分，每差 0.5mm 扣 1 分，h>5mm 或 h<0mm 得 0 分
	焊缝高低差（h_1）	6	h_1≤2mm 得 6 分，每增加 1mm 扣 2 分
	焊缝宽度 c	4	c≤10mm 得 4 分，10mm<c<13mm 得 2 分，c>13mm 得 0 分
	焊缝宽度差（c_1）	6	c_1≤1mm 得 6 分，每增加 0.5mm 扣 2 分
	焊缝边缘直线度误差	3	≤3mm 得 3 分
	焊后角变形（θ）	3	0°≤θ≤3°得 3 分
	咬边	10	无咬边 10 分，深度≤0.5mm，每增加 0.1mm 扣 1 分，深度>0.5mm 得 0 分
	背面凹坑	4	无凹坑 4 分，凹坑深度>0.5mm，得 0 分，凹坑每增加 0.2mm 扣 1 分
	焊缝表面	10	有裂纹、未熔合、夹渣、气孔、焊瘤、未焊透等缺陷扣 10 分
X 射线检测 GB/T 3323—2005		50	Ⅰ级片无缺陷 50 分；Ⅰ级片有缺陷>35 分；Ⅱ级片无缺陷 30 分；Ⅱ级片有缺陷>15 分；Ⅲ级片 0 分

五、想一想

1. 不锈钢的焊前清理为什么不能用机械清理的方法？
2. 常用钨极的种类有哪几种？

项目五　不锈钢水平固定管对接焊

医用制药管道如图 6-12 所示，是医药行业不可或缺的一种设备，主要起到药品制剂的传输作用，要求管道具有良好的生物相容性、良好的力学性能、优异的耐体液腐蚀性能以及良好的焊接性，一般采用不锈钢制造，TIG 焊单面焊双面成

形。为了保证药品的安全无污染，其对焊接质量的要求很高，正、反两面都有严格的检测要求。本项目介绍不锈钢水平固定管对接的 TIG 焊操作技术。

图 6-12　医用制药管道

一、学习目标

了解钨极氩弧焊的电弧特性，能够根据实际情况，熟练调节氩弧焊机的各个参数，掌握氩弧焊的水平固定管对接焊技术。

二、准备

知识的准备

碳钢很少全部选用氩弧焊焊接，主要是因为氩弧焊成本高、生产率低，通常是采用氩弧焊打底，以获得高质量的焊缝。

氩弧焊操作方法有填丝和不填丝两种方法。

（1）不填丝法　管道对口不留间隙，留有 1.5 ~ 2mm 钝边。钝边太大不易熔透，太小则易烧穿。焊接时电弧熔化母材金属的钝边，形成根层焊缝，基本上不填丝，只在熔池温度过高，即将烧穿，或者对口不规则，出现间隙时，才少量填丝。操作时钨极应始终保持与熔池相垂直，以保证钝边熔透。该法焊接速度快，节省填充材料，但存在以下缺点：

1）对口要求严格，稍有错边，容易产生未焊透。

2）由于不加焊丝，根层焊缝很薄，容易烧穿。

3）合金成分比较复杂的钢材，容易出现焊缝背面氧化过烧等缺陷。

因此，焊接时应注意电流不宜过大，焊速不宜过慢，合金元素较高的焊材，应采取管内充氩保护。

（2）填丝法　适用于小直径薄壁管的打底焊接。管道对口时，均需留有一定的间隙。施焊时从管壁外侧或通过间隙从管壁内侧填加焊丝。填丝法焊接的优点有：

1）管内不充氩保护时，对口间隙漏过的氩气起一定的保护作用，改善了背面氧化情况。

2）专用氩弧焊丝可以选用多种合金元素，其脱氧效果好、裂纹倾向较小、焊缝质量高。

3）增加填充焊丝的焊缝比较厚，根层强度高，不易发生过烧等情况。

操作的准备

1. 焊件的准备

1）不锈钢管2根，材料为1Cr18Ni9Ti，直径 ϕ60mm，壁厚4mm。

2）清理管子坡口两侧周围及内外壁各20mm范围内的油污、氧化膜、水分及其他污染物，至露出金属光泽，并涂上白垩水，严禁用砂轮打磨。

2. 焊接材料

选择H0Cr20Ni10Ti焊丝，焊丝直径为 ϕ2mm，注意焊丝使用前，对焊丝表面进行清理保温。氩气纯度要求达到99.99%。

3. 焊接设备

手工钨极氩弧焊机。

三、操作过程

1. 装配与定位焊

氩弧焊焊接管子常采用对接接头，除I形对接接头外，坡口形式多为V形，对壁厚2mm管不开坡口，不留间隙，一次焊完。如果焊接所使用的不锈钢管，管壁厚度4mm，要开V形坡口，坡口角度为65°，钝边为1.5mm，装配间隙1mm。坡口两侧周围及内外壁和焊丝要求清理，最好用丙酮或汽油擦洗一下，达到无油、无污物，以免焊接时产生气孔、夹渣等缺陷。

装配时，管子轴线中心对正、内外壁要齐平，避免产生错位现象。定位焊只需要两点，位于斜平焊位置，定位焊缝长度为10mm，高1~2mm，必须是熔透坡口双面成形的焊缝。

将装配定位好的管子，水平固定在距地面800~850mm的高度，以适合全位置操作，管口两端用锡箔或石棉封闭，进行充氩保护，避免出现背面氧化或夹渣。

2. 焊接参数

选择焊接电流100~120A，电弧长度2~3mm，喷嘴直径 ϕ10mm，氩气流量

7~8L/min，钨极伸出长度5~7mm。

3. 焊接操作

施焊时，分别在前半部和后半部两个半圈进行，从仰焊位置起焊，在平焊位置收弧。起焊点在管中心线后5~10mm，在平焊位置越过管中心线5~10mm收尾，如图6-13所示。

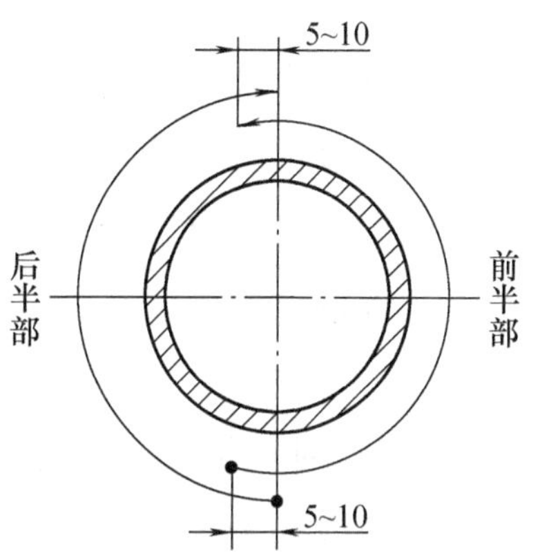

图6-13　水平固定管起弧和收尾操作示意图

起焊时，用右手拇指、食指和中指捏住焊枪，以无名指和小指支撑在管子外壁上。将钨极端头对准待引弧的部位，让钨极端头逐渐接近母材，按动焊枪上的起动开关引燃电弧，并控制弧长2~3mm，对坡口根部起焊处两侧加热2~3s，获得一定大小熔池并往熔池中添加焊丝。送丝速度以焊丝所形成的熔滴与母材充分熔合，并得到熔透正、反两面的焊缝为宜。运弧和送丝要调整好焊枪、焊丝和焊件相互间的角度，该角度应随焊接位置的变化而变化，如图6-14所示。

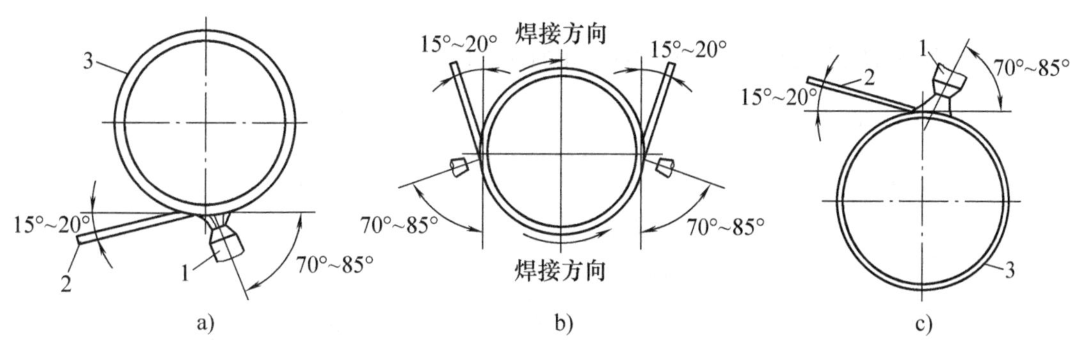

图6-14　焊枪、焊丝与焊管之间的角度及焊接位置的变化关系

a）仰焊位置　b）立焊位置　c）平焊位置

焊接过程中应注意观察、控制坡口两侧熔透状态，以保证管子内壁焊缝成形均匀。焊丝做往复运动，间断地送入电弧内的熔池前方，成滴状加入。焊丝送进要均匀、有规律，焊枪移动要平稳，速度一致。前半部焊到平焊位置时，应减薄填充金属量，使焊缝扁平些，以便后半部重叠平缓。灭弧前应连续送进2~3滴填充金属，填满弧坑以免出现缩孔，还应注意将氩弧移到坡口的一侧熄灭电弧。灭弧后修磨起弧处和灭弧处的焊缝金属使其成缓坡形，以便于后半部的接头。

后半部的起焊位置应在前半部起焊位置向后4~5mm处，引燃电弧。先不加

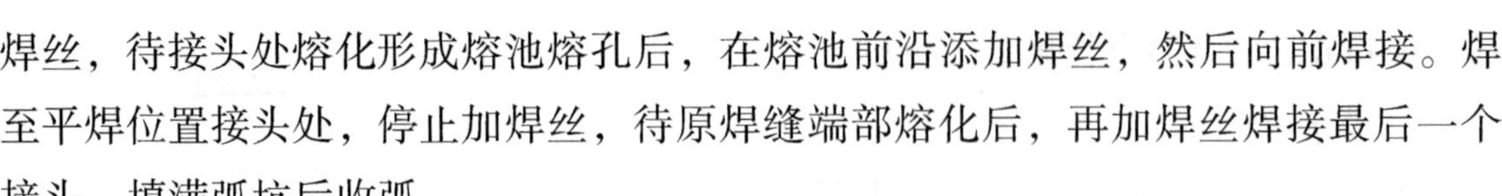

焊丝，待接头处熔化形成熔池熔孔后，在熔池前沿添加焊丝，然后向前焊接。焊至平焊位置接头处，停止加焊丝，待原焊缝端部熔化后，再加焊丝焊接最后一个接头，填满弧坑后收弧。

打底层焊接结束后，进行表面层的焊接，除焊枪横向摆动幅度稍大，焊接速度稍慢，焊接电流稍大些外，其余的操作方法同打底层焊接。

4. 注意事项

1）焊接时钨极端部严禁与焊丝相接触，以免短路。钨极端头变粗后，必须及时修磨，以利于焊缝良好成形。

2）手工钨极氩弧焊要根据焊件的材质选取不同的电源种类和极性，这对保证焊缝质量有重要作用。

3）手工钨极氩弧焊是双手同时操作的焊接方法，这一点有别于手工电弧焊。操作时，双手要配合协调，才能保证焊缝的质量，因此，应加强这方面的基本功训练。

四、钨极氩弧不锈钢水平固定管对接焊的评分标准

钨极氩弧不锈钢水平固定管对接焊的评分标准见表6-6。

表6-6　钨极氩弧不锈钢水平固定管对接焊的评分标准

考核项目		评分标准
外观检查	焊缝高度（h）	0.5mm$\leq h \leq$2mm得4分，每差0.5mm扣1分，$h>$4mm或$h<$0mm得0分
	焊缝高低差（h_1）	$h_1\leq$1mm得6分，每增加1mm扣2分
	焊缝宽度c	$c\leq$12mm得4分，12mm$<c<$15mm得2分，$c>$15mm得0分
	焊缝宽度差（c_1）	$c_1\leq$1mm得6分，每增加0.5mm扣2分
	焊缝边缘直线度误差	≤3mm得3分
	焊后角变形（θ）	$0°\leq\theta\leq3°$得3分
	咬边	无咬边10分，深度≤0.5mm，每增加0.1mm扣1分，深度>0.5mm得0分
	表面成形	优8分
		良5分
		中2分
		差0分

（续）

考核项目	评分标准
按 GB/T 3323.1—2019《焊缝无损检测　射线检测　第1部分：X和伽马射线的胶片技术》标准对焊缝进行X射线检测	Ⅰ级片无缺陷50分；Ⅰ级片有缺陷>35分；Ⅱ级片无缺陷30分；Ⅱ级片有缺陷>15分；Ⅲ级片0分
通球直径	$\phi=90\%$，合格6分，不合格0分

五、想一想

1. 氩弧焊填丝与不填丝两种操作方法各有何特点？
2. 简述水平固定不锈钢管钨极氩弧焊的操作方法。

焊接人物　高凤林：为火箭焊接“心脏”的大国工匠

高凤林是首都航天机械有限公司高凤林班组组长，中华全国总工会兼职副主席。他是航天特种熔融焊接工，长三甲系列运载火箭、长征五号运载火箭的第一颗“心脏”（氢氧发动机喷管）都在他手中诞生。三十多年来，他先后为90多发火箭焊接过“心脏”，占我国火箭发射总数近四成；先后攻克了航天焊接200多项难关，包括为16个国家和地区参与的国际项目攻坚。2014年底他携3项成果参加德国纽伦堡国际发明展，全部摘得金奖。著有论文30多篇，每年授课120多学时以上，听众上千人次。曾荣获全国道德模范、全国劳动模范等荣誉。

实训任务书

一、实训课题

不锈钢薄板 TIG 焊平对接焊

二、实训目的

掌握不锈钢薄板 TIG 焊的操作技术，能够合理选择焊接参数，正确进行装配定位，熟练按照评分要求进行自评和问题分析。

三、实训学时

2 学时。

四、实训准备

1）采用 ZX7-400 型直流氩弧焊机，直流正接。

2）调节焊接参数，气体流量。

3）按要求清理焊丝及不锈钢板焊接位置及两侧 20mm 范围内的污渍。

4）正确组对装配，预制反变形。

五、实训步骤与内容

1）将焊件固定在操作台（架）上，从右始端定位焊点处引弧，预热。

2）采用左焊法短弧焊接，待形成熔池后，开始填入焊丝。

3）观察熔池变化，电弧推动熔池向左侧缓慢移动。

4）收弧时，注意填满弧坑，延时停气。

5）接头时，在弧坑处引弧，使弧坑处焊缝重新熔化，再继续焊接。

六、操作技术要点

1）焊件和焊丝必须严格进行清理，接头时，也应将接头处清理打磨干净后，方能施焊。

2）钨极不得接触焊丝或焊件，以免发生夹钨缺陷。

3）为避免焊缝氧化，焊接时应遵守提前送气，滞后停气。

七、得分及完成情况分析

外 观 得 分	内 部 得 分

完成情况分析：

第七单元 组合焊

知识目标

1）知道手工钨极氩弧焊和焊条电弧焊组合焊接的特点和使用场合。

2）知道手工钨极氩弧焊和 CO_2 焊组合焊接的特点和使用场合。

能力目标

1）熟练掌握手工钨极氩弧焊和焊条电弧焊组合焊接时焊接参数的选择和操作技能。

2）熟练掌握手工钨极氩弧焊和 CO_2 焊组合焊接时焊接参数的选择和操作技能。

素养目标

在教学过程中要培养学生对知识的融会贯通意识，增强学生分析问题和解决问题的能力，在实践中探索，在总结中提升综合能力。

项目一 小管垂直固定焊

企业场景

超超临界燃煤发电技术是一种先进、高效的发电技术，超超临界火电机组如图 7-1 所示，其关键大型部件，如锅炉管等采用 G115 材料制造。G115 焊接容易产生冷、热裂纹和熔透不良等问题，并且难以保证形成力学性能优良和成形美观的焊接接头。通过焊前预热，第一、二层均采用手工钨极氩弧焊，第三层和后续焊层采用焊条电弧焊，焊后进行热处理，可有效解决这些问题。

图 7-1　超超临界火电机组

一、学习目标

了解小管垂直固定组合焊接的特点，采用 V 形坡口，掌握以手工钨极氩弧焊打底、焊条电弧焊填充、盖面的组合焊接。

二、准备

知识的准备

随着焊接技术的发展，手工钨极氩弧焊已广泛地应用于飞机制造、原子能、石油等行业中。在小型压力容器及承压管道的焊接中，因手工钨极氩弧焊电弧热量集中、电弧电压低、燃烧稳定，焊枪使用灵活方便，使用焊丝焊接时可随意地配合电弧控制焊缝根部的熔孔大小和形状，容易保证根部熔合及背面成形良好的要求。同时，由于氩气的保护，根部焊缝无渣、无飞溅，免去了清渣、清飞溅的工序，且使清扫管路系统的工作强度减轻。但钨极载流能力有限，焊接速度低。因此，常采用手工钨极氩弧焊打底、焊条电弧焊填、充盖面的组合焊接。这样既可保证焊缝质量，又可提高生产率，也能达到节约材料的目的。

操作的准备

1. 焊件的准备

1）材料为 20 钢，焊件及坡口尺寸如图 7-2 所示。

2）矫平。

3）清除坡口及两侧内、外表面20mm范围内的油、锈、水分及其他污物，至露出金属光泽。

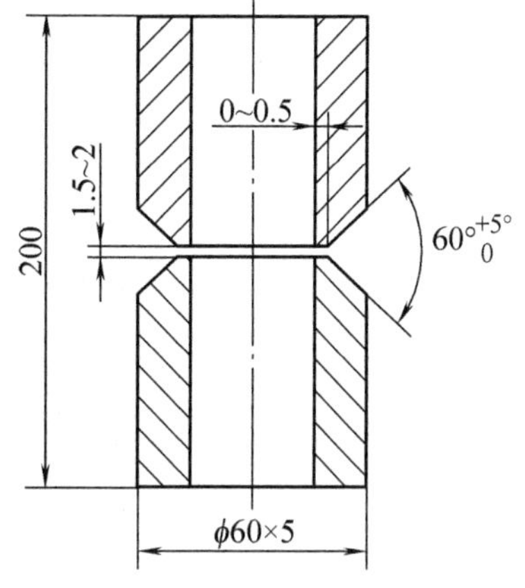

图7-2　焊件及坡口尺寸

2. 焊件装配技术要求

1）锉钝边0～0.5mm。

2）装配平整，装配间隙为1.5～2mm。

3）错边量≤0.5mm。

3. 焊接材料

手工钨极氩弧焊打底焊丝：H08Mn2SiA，直径为ϕ2.5mm。

焊条电弧焊填充、盖面焊条：E4303（或E4315），直径为ϕ2.5mm。

4. 焊接设备

手工钨极氩弧焊：NSA4-300。

焊条电弧焊：ZX5-400。

三、操作过程

1. 定位焊

采用手工钨极氩弧焊一点定位，并保证该处间隙为2mm，与它相隔180°处间隙为1.5mm，将管子轴线垂直并加固定，间隙小的一侧位于右边，定位焊缝长10～15mm，两端应预先打磨成斜坡。焊接材料应与焊接试件相同。

2. 焊接参数（表7-1）

表7-1　焊接参数

焊接方法及层次	焊丝或焊条直径/mm	焊接电流/A	电弧电压/V	氩气流量/(L/min)	钨极直径/mm	喷嘴直径/mm	喷嘴至工件距离/mm
氩弧焊打底（一道）	ϕ2.5	90～95	10～12	8～10	2.5	8	≤12
焊条电弧焊盖面（二道）	ϕ2.5	70～80	22～27	—	—	—	—

3. 操作要点

采用单道手工钨极氩弧焊打底，盖面层为上下两道的焊条电弧焊，单面焊双面成形。

（1）打底层焊接　焊接时的焊枪角度如图7-3所示。在右侧间隙最小处（1.5mm）引弧。先不加焊丝，待坡口根部熔化形成熔滴后，将焊丝轻轻地向熔池里推一下，并向管内摆动，将铁液送到坡口根部，以保证背面焊缝的高度。填充焊丝的同时，焊枪小幅度做横向摆动并向左均匀移动。

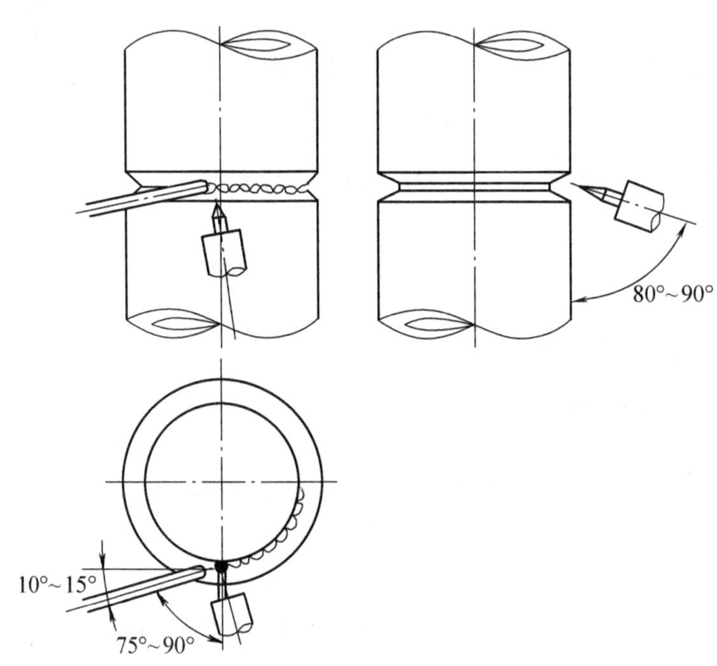

图7-3　打底焊的焊枪角度

在焊接过程中，填充焊丝以往复运动方式间断地送入电弧内的熔池前方，在熔池前呈滴状加入。焊丝送进要有规律，不能时快时慢，这样才能保证焊缝成形美观。

当焊工要移动位置暂停焊接时，应按收弧要点操作。

焊工再进行焊接时，焊前应将收弧处修磨成斜坡并清理干净。在斜坡上引弧，移至离接头8~10mm处，焊枪不动，当获得明亮清晰的熔池后，即可添加焊丝，继续从右向左进行焊接。

小管子垂直固定打底焊，熔池的热量要集中在坡口的下部，以防止上部坡口过热、母材熔化过多、产生咬边或焊缝背面的余高下坠。

（2）盖面层焊接　清除打底层焊缝表面焊渣，修平表面和接头局部上凸部分，按焊接参数进行焊接。盖面层焊缝分下、上两道进行，焊接时由下至上进行

施焊，焊条与焊件的角度如图 7-4 所示。

盖面焊采用直线不摆动运条，自左向右，自下而上。两条焊缝的起头部位要错开一定距离。第一条焊缝应有 1/3 覆盖在母材上，使坡口边缘熔化 1 ~ 2mm，焊缝收口时应将电弧向斜上方带，并熄弧。在焊第二条焊缝时，1/3 应搭接在第一条焊缝上，2/3 落在母材上，并使上坡口边缘熔化 1 ~ 2mm，为防止焊第二条焊缝时产生咬边或铁液下淌现象，要适当增大焊接速度或减小焊接电流，调整焊条角度，以保证外表成形整齐、美观，收弧时应填满弧坑。

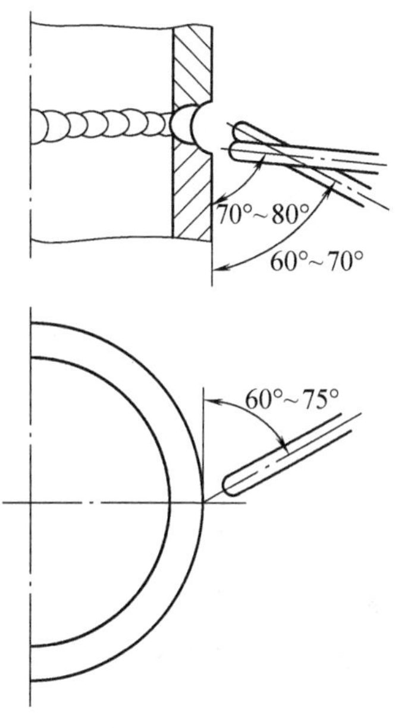

图 7-4 盖面焊时的焊条角度

四、小管垂直固定焊的评分标准

小管垂直固定焊的评分标准见表 7-2。

表 7-2 小管垂直固定焊的评分标准

考核项目		考核要求	配分	评分标准
焊缝外观检查	焊缝宽度差	≤2mm	8	>2mm，扣 5 分
	焊缝余高	0 ~ 2mm	8	>2mm，扣 5 分
	焊缝余高差	≤1mm	8	>1mm，扣 5 分
	错口	≤1mm	8	>1mm，扣 5 分
	咬边	深度≤0.5mm	10	深度>0.5mm，扣 8 分；深度<0.5mm，每 3mm 长扣 2 分
	焊缝成形	要求波纹细、均、光滑	6	酌情扣分
	夹渣、气孔	缺陷尺寸≤3mm	12	缺陷尺寸≤1mm，每个扣 1 分；缺陷尺寸≤2mm，每个扣 2 分；缺陷尺寸≤3mm，每个扣 3 分；缺陷尺寸≥3mm，每个扣 4 分
	裂纹、烧穿	倒扣分	-20	任出一项，扣 20 分
焊缝内部质量检查		按 GB/T 3323—2005《金属熔化焊焊接接头射线照相》标准	40	Ⅰ级片无缺陷不扣分；Ⅰ级片有缺陷扣 5 分；Ⅱ级片扣 10 分；Ⅲ级片扣 20 分；Ⅳ级片扣 40 分

五、想一想

1. 简述小管垂直固定组合焊接的特点。
2. 盖面层焊接时采用几道焊接？每道焊缝焊接时，有何要求？

项目二 中厚壁大直径管焊

企业场景

核废料泛指在核燃料生产、加工和核反应堆用过的不再需要的并具有放射性的废料。如何处置核废料至关重要。目前核废料一般放入核废料处理井中。核废料处理井如图7-5所示，其盖子采用的是316不锈钢材料，为了保证根部焊接质量和焊接效率，采用手工钨极氩弧焊打底，CO_2 焊填充。

图7-5 核废料处理井

一、学习目标

了解中厚壁、大直径管组合焊接的特点，采用V形坡口，水平转动，掌握以手工钨极氩弧焊打底，CO_2 焊填充、盖面的组合焊接。

二、准备

知识的准备

CO_2 焊的生产率是焊条电弧焊的1～3倍，具有成本低、易于操作、焊缝成形好的特点，但是飞溅较大。在石油化工设备、管道的检修及压力容器、压力管道的制造安装中，常采用手工钨极氩弧焊打底，CO_2 焊填充、盖面的组合焊接。手工钨极氩弧焊打底可以保证根部熔合及背面成形良好的要求，还免去了清渣、清飞溅的工序等；采用 CO_2 焊盖面，又可以大大地提高生产率。

在中厚壁、大直径管焊中，通过组合焊接，既可保证焊缝质量，又可提高生产率。

操作的准备

1. 焊件的准备

1）材料为 20 钢，焊件及坡口尺寸如图 7-6 所示。

2）矫平。

3）清除坡口及两侧内外表面 20mm 范围内的油、锈、水分及其他污物，至露出金属光泽。

2. 焊件装配技术要求

1）锉钝边 0～0.5mm。

2）装配平整，装配间隙为 1.5～2mm。

3）错边量≤1.2mm。

3. 焊接材料

手工钨极氩弧焊打底焊丝：H08Mn2SiA，直径为 ϕ2.5mm。

CO_2 焊丝：H08Mn2SiA，直径为 ϕ1.2mm。

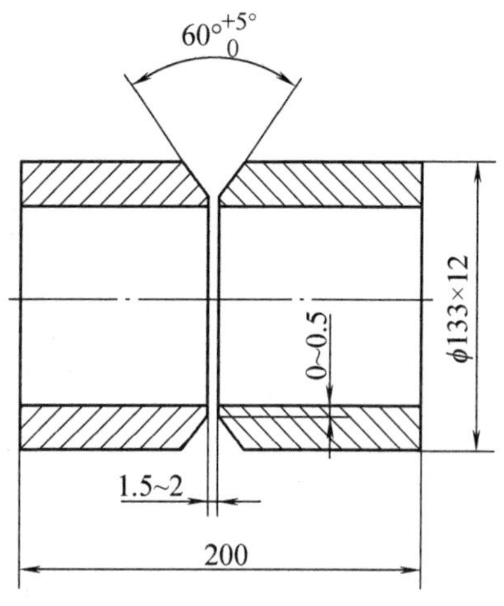

图 7-6 焊件及坡口尺寸

4. 焊接设备

手工钨极氩弧焊：NSA4-400。

CO_2 焊：NBC1-300。

三、操作过程

1. 定位焊

采用 TIG 焊，三点均布定位焊，定位焊焊接材料同焊件焊接材料，焊点长度为 10～15mm，要求焊透和保证无焊接缺陷。

2. 焊接参数（表 7-3）

表 7-3　焊接参数

焊接层次		焊接电流/A	电弧电压/V	气体流量/(L/min)	焊丝直径/mm	钨极直径/mm	喷嘴直径/mm	喷嘴至工件距离/mm	伸出长度/mm
TIG 焊打底		90～95	10～12	8～10	2.5	2.5	8	≤	—
CO_2 焊	填充	130～150	20～22	15	1.2	—	—	—	15～20
	盖面	130～140							

3. 操作要点

采用三层三道焊接，其焊接方法与次序如下。

（1）TIG 焊打底　调整好打底工艺参数后按下述步骤施焊：

1）将焊件置于可调速的转动架上，使间隙为 1.5mm，一个定位焊点位于 O 点位置。

2）打底焊时的焊枪角度及焊件转动方向如图 7-7 所示。

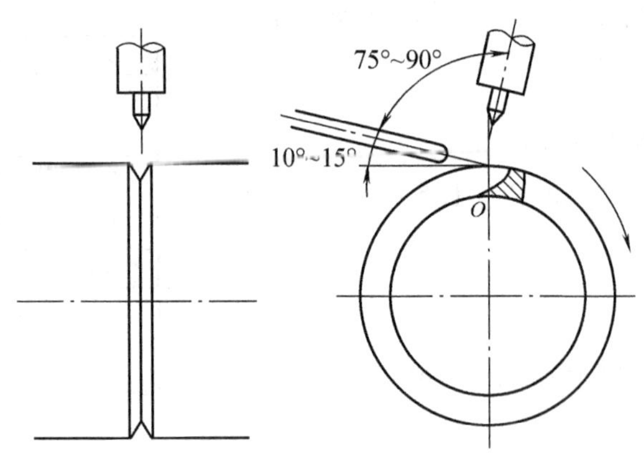

图 7-7　打底焊时焊枪的角度

3）在 O 点定位焊点上引弧，管子不转动也不加焊丝，待管子坡口和定位焊点熔化，并形成明亮的熔池和熔孔后，管子开始转动并填加焊丝。

4）焊接过程中，填充焊丝以往复运动方式间断地送入电弧内熔池前方，成滴状加入，送进要有规律，不能时快时慢，以达美观的成形。

5）焊缝的封闭，应先停止送进和转动，待原来的焊缝部位斜坡面开始熔化时，再填加焊丝，填满弧坑后断弧。

6）焊接过程中的注意事项：电弧应始终保持在 O 点位置，并对准间隙，焊枪可稍做横向摆动，管子的转速与焊接速度相一致。

（2）CO_2 焊填充　调整好填充焊的焊接参数，并按以下步骤施焊：

1）采用左焊法，焊枪角度如图 7-8 所示。

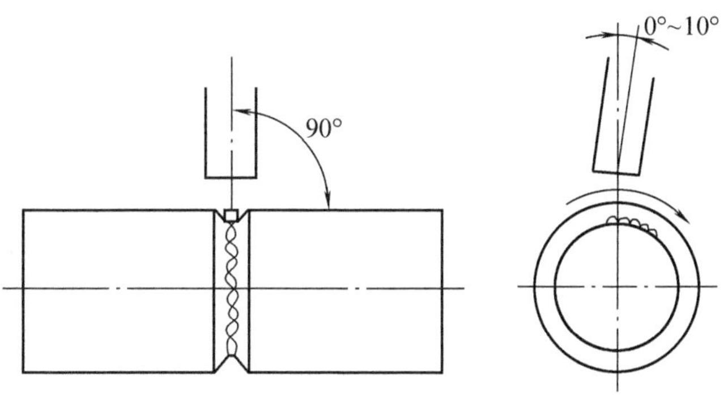

图 7-8　焊枪角度

2）焊枪应横向摆动，并在坡口两侧适当停留，保证焊缝两侧熔合良好，焊缝表面平整，稍下凹。

3）控制填充焊缝高度，应低于母材表面 2～3mm，并不得熔化坡口棱边。

（3）CO_2 焊盖面　按焊接参数要求调节好各参数，并按以下步骤施焊：

1）焊枪摆动幅度应比填充焊时大，并在坡口两侧稍停留，使熔池边缘超过坡口棱边 0.5～1.5mm，保证两侧熔合良好。

2）管子转动速度要慢，保持在水平位置焊接，使焊缝成形美观。

四、中厚壁大直径管焊的评分标准

中厚壁大直径管焊的评分标准见表 7-4。

表 7-4　中厚壁大直径管焊的评分标准

考核项目		考核要求	配分	评分标准
焊缝外观检查	焊缝宽度差	≤2mm	6	>2mm，扣 6 分
	焊缝余高	0～4mm	6	>4mm，扣 6 分
	焊缝余高差	≤3mm	6	>3mm，扣 6 分
	错口	≤1mm	6	>1mm，扣 6 分
	咬边	深度≤0.5mm	10	深度>0.5mm，扣 8 分；深度<0.5mm，每 3mm 长扣 2 分
	焊缝成形	要求波纹细、均、光滑	6	酌情扣分

（续）

考核项目		考核要求	配分	评分标准
焊缝外观检查	接头	要求不脱节，不凸高	6	每处接头不良扣2分
	夹渣、气孔	缺陷尺寸≤3mm	10	缺陷尺寸≤1mm，每个扣1分；1mm < 缺陷尺寸≤2mm，每个扣2分；2mm < 缺陷尺寸≤3mm，每个扣3分；缺陷尺寸≥3mm，每个扣4分
	角变形	≤3°	4	>3°，扣4分
	裂纹、烧穿	倒扣分	-20	任出一项，扣20分
冷弯试验		按照“锅炉压力容器焊工考试规则”考核	16	每个试样合格得8分，不合格扣16分
焊缝内部质量检查		按GB/T 3323—2005《金属熔化焊焊接接头射线照相》标准	24	Ⅰ级片无缺陷不扣分；Ⅰ级片有缺陷扣5分；Ⅱ级片扣10分；Ⅲ级片扣20分；Ⅳ级片扣40分

五、想一想

1. 简述中厚壁大直径管组合焊接的特点。

2. 对TIG焊打底有什么操作要求？对CO_2焊填充和盖面焊接操作有什么要求？

世界技能大赛 焊接项目

世界技能大赛被誉为“世界技能奥林匹克”，由世界技能组织每2年举办一届，其竞技水平代表了当今世界职业技能发展的先进水平。其中中国代表团的焊接项目连续三年获得冠军。

第43届世界技能大赛于2015年8月在巴西圣保罗举行，曾正超夺得焊接项目金牌，中国代表团共取得了5金6银4铜的成绩，实现金牌“零”的突破。

第44届世界技能大赛于2017年10月在阿联酋举行，宁显海夺得焊接项目金牌。

第45届世界技能大赛于2019年8月在俄罗斯喀山举行，赵脯菠夺得焊接项目金牌，实现中国在世技赛该项目上的三连冠！

中国上海获得2021年第46届世界技能大赛举办权。

实训任务书

一、实训课题

CO_2 焊小管垂直固定焊

二、实训目的

了解小管垂直固定组合焊接的特点，采用 V 形坡口，掌握以手工钨极氩弧焊打底，焊条电弧焊填充、盖面的组合焊接。

三、实训学时

2 学时。

四、实训准备

1）CO_2 焊半自动弧焊机。

2）材料为 20 钢。

3）矫正。

4）清除坡口及两侧内、外表面 20mm 范围内的油、锈、水分及其他污物，至露出金属光泽。

五、实训步骤与内容

1）将焊件固定在操作台（架）上，从右始端定位焊点处引弧。

2）锉钝边 0 ~ 0.5mm。

3）错边量 ≤0.5mm。

六、操作技术要点

1）焊件必须严格进行清理。

2）采用手工钨极氩弧焊一点定位，并保证该处间隙为 2mm，与它相隔 180°处间隙 1.5mm，将管子轴线垂直并加固定，间隙小的一侧位于右边，定位焊缝长约 10 ~ 15mm，两端应预先打磨成斜坡。焊接材料应与焊相同。

3）采用单道手工钨极氩弧焊打底，盖面层为上、下两道的焊条电弧焊，单面焊双面成形。

七、得分及完成情况分析

外观得分	内部得分

完成情况分析：

实训任务书

一、实训课题

CO_2 焊中厚壁大直径管焊

二、实训目的

了解中厚壁、大直径管组合焊接的特点，采用 V 形坡口，水平转动，掌握以手工钨极氩弧焊打底，CO_2 焊填充、盖面的组合焊接。

三、实训学时

2 学时。

四、实训准备

1）CO_2 焊半自动弧焊机。

2）材料为 20 钢。

3）清除坡口及两侧内、外表面 20mm 范围内的油、锈、水分及其他污物，至露出金属光泽。

五、实训步骤与内容

1）将焊件固定在操作台（架）上，从右始端定位焊点处引弧。

2）锉钝边 0 ~ 0.5mm。

3）装配平整，装配间隙为 1.5 ~ 2mm。

六、操作技术要点

1）焊件必须严格进行清理。

2）将焊件置于可调速的转动架上，使间隙为 1.5mm 及一个定位焊点位于 0 点位置。

3）在定位焊点上引弧，管子不转动也不加焊丝，待管子坡口和定位焊点熔化，并形成明亮的熔池和熔孔后，管子开始转动并填加焊丝。

七、得分及完成情况分析

外 观 得 分	内 部 得 分

完成情况分析：

中级电焊工技能考试考核题例与提示

理论考核

一、选择题（选择正确答案，将相应字母填入括号，共80题，每题1分）

1. 能够完整地反映晶格特征的最小几何单元称为（　　）。

A. 晶粒　　B. 晶胞　　C. 晶面　　D. 晶体

2. 金属在固态下随温度的改变，由一种晶格转变为另一种晶格的现象称为（　　）。

A. 晶格转变　　B. 晶体转变

C. 同素异构转变　　D. 同素同构转变

3. 碳溶于（　　）的γ-Fe中所形成的组织称为奥氏体。

A. 金属晶体　　B. 密排立方晶格

C. 面心立方晶格　　D. 体心立方晶格

4. 合金组织大多数属于（　　）。

A. 金属化合物　　B. 单一固溶体　　C. 机械混合物　　D. 纯金属

5. 正火与退火相比，主要区别是由于正火冷却速度快，所以获得的组织（　　）比退火高些。

A. 较细，强度、硬度　　B. 较粗，强度、硬度

C. 较细，塑性、硬度　　D. 较粗，塑性、硬度

6. 合金钢的性能主要取决于它的（　　），但可以通过热处理的方法改变其

组织和性能。

A. 工艺性能　　B. 力学性能　　C. 化学成分　　D. 物理性能

7. 对于过共析钢，要消除严重的网状二次渗碳体，以利于球化退火，则必须进行(　　)。

A. 等温退火　　B. 扩散退火　　C. 正火　　D. 安全退火

8. 锻钢时一般加热后获得（　　）组织。

A. 渗碳体　　B. 珠光体　　C. 铁素体　　D. 奥氏体

9. 消除铸件、焊接件及机加工件残余内应力，应在精加工或淬火前进行的退火方式是（　　）。

A. 扩散退火　　B. 去应力退火　　C. 球化退火　　D. 完全退火

10. 当奥氏体晶粒均匀细小时，钢的强度、塑韧性的变化是（　　）。

A. 强度增高，塑韧性降低　　B. 强度降低，塑韧性增高

C. 强度增高，塑韧性增高　　D. 强度降低，塑韧性降低

11. （　　）的基本过程由分解、吸收和扩散三部分组成。

A. 渗碳处理　　B. 化学热处理　　C. 碳氮处理　　D. 热处理

12. 能获得球状珠光体组织的热处理方法是（　　）。

A. 完全退火　　B. 球化退火　　C. 去应力退火　　D. 再结晶退火

13. 电路中某点的电位就是该点与电路中（　　）。

A. 零电位点之间的电压　　B. 零电位点之间的电阻

C. 参考点之间的电压　　D. 参考点之间的电阻

14. 全电路欧姆定律的内容是，全电路中的（　　）与电源的电动势成正比，与整个电路中的电阻成反比。

A. 电阻　　B. 电流强度　　C. 电压　　D. 电感强度

15. 并联电路的总电阻一定比任何一并联电阻的（　　）。

A. 阻值大　　B. 阻值小　　C. 电流的值大　　D. 电流的值小

16. （　　）是利用通电的铁心线圈吸引衔铁从而产生牵引力的一种电器。

A. 电磁铁　　B. 磁阻器　　C. 磁力线　　D. 电抗器

17. 通电导体在磁场中受到电磁力的大小与（　　）。

A. 导体中的电流成正比，与导体在磁场中的有效长度成反比

B. 导体中的电流及导体在磁场中的有效长度成正比

C. 导体中的电流及导体在磁场中的有效长度成反比

D. 导体中的电流成反比，与导体在磁场中的有效长度成正比

18. 空气电离后由（　　）组成。

A. 电子和正离子　B. 原子　C. 分子　D. 中性粒子

19. 钨极氩弧焊在小电流区间焊接时，静特性为（　　）。

A. 平特性区　B. 上升特性区

C. 陡降特性区　D. 缓降特性区

20. 焊条电弧焊时，与电流在焊条上产生的电阻热无关的是（　　）。

A. 焊条长度　B. 焊条金属的电阻率

C. 电流强度　D. 药皮类型

21. 埋弧焊在正常电流密度下焊接时其静特性为（　　）。

A. 平特性区　B. 上升特性区　C. 陡特性区　D. 缓降特性区

22. 焊接薄板时的熔滴过渡形式是（　　）过渡。

A. 粗滴　B. 细滴　C. 喷射　D. 短路

23. 当熔渣碱度为（　　）时称为碱性渣。

A. 1.2　B. 1.4　C. 1.5　D. >1.5

24. 焊缝中的偏析、夹杂、气孔缺陷是在焊接熔池的（　　）过程中产生的。

A. 一次结晶　B. 二次结晶

C. 三次结晶　D. 一次和二次结晶

25. 在焊接热源作用下，焊件上某点的（　　）过程称焊接热循环。

A. 温度随时间变化　B. 速度随时间变化

C. 温度随热场变化　D. 温度随速度变化

26. CO_2 气体保护焊时，用得最多的脱氧剂是（　　）。

A. Si　Mn　B. C　Si　C. Fe　Mn　D. C　Fe

27. 贮存 CO_2 气体的气瓶容量为（　　）L。

A. 10　B. 25　C. 40　D. 45

28. CO_2 气体保护焊时应（　　）。

A. 先通气后引弧　B. 先引弧后通气

C. 先停气后熄弧　D. 先停电后停送丝

29. （　　）CO_2 气体保护焊属于气-渣联合保护。

A. 药芯焊丝　B. 金属焊丝　C. 细焊丝　D. 粗焊丝

30. 贮存 CO_2 气体气瓶外涂（　　）色，并标有“二氧化碳”字样。

A. 白　B. 灰　C. 红　D. 绿

31. 熔化极氩弧焊的特点是（　）。

A. 不能焊铜及铜合金　B. 用钨做电极

C. 焊件变形比 TIG 焊大　D. 不采用高密度电流

32. 氩气和氧气的混合气体用于焊接低碳钢及低合金钢时，氧气的含量可达（　）。

A. 5%　B. 10%　C. 15%　D. 20%

33. 焊接铜及其合金时，采用 Ar + He 混合气体可以改善焊缝金属的（　）。

A. 润湿性　B. 抗氧化性　C. 强度　D. 抗裂性

34. 惰性气体中氩气在空气中的比例最多，按体积约占空气的（　）。

A. 2.0%　B. 1.6%　C. 0.93%　D. 0.78%

35. 在（　）之间产生的等离子弧称为非转移弧。

A. 电极与焊件　B. 电极与喷嘴　C. 电极与焊丝　D. 电极与离子

36. （　）的优点之一是可以焊接极薄的金属构件。

A. 钨极氩弧焊　B. 微束等离子弧焊

C. 熔化极惰性气体保护焊　D. CO_2 气体保护焊

37. 等离子弧焊接应采用（　）外特性电源。

A. 陡降　B. 上升　C. 水平　D. 缓降

38. 利用电流通过液体熔渣所产生的电阻热来进行焊接的方法称为（　）。

A. 电阻焊　B. 电弧焊　C. 氩弧焊　D. 电渣焊

39. 电渣焊可焊的最大焊件厚度要达到（　）。

A. 1m　B. 2m　C. 3m　D. 4m

40. 电渣焊通常用于焊接板厚（　）以上的焊件。

A. 10mm　B. 20mm　C. 30mm　D. 40mm

41. 金属的焊接性是指金属材料对（　）的适应性。

A. 焊接加工　B. 工艺因素　C. 使用性能　D. 化学成分

42. 当采用（　）电渣焊时，为适应厚板焊接，焊丝可做横向摆动。

A. 丝极　B. 板极　C. 熔嘴　D. 管状

43. Q355 钢在（　）焊接时应进行适当预热。

A. 小厚度结构　B. 常温条件下　C. 低温条件下　D. 小细性结构

44. 普通低合金结构钢焊接时最容易出现的焊接裂纹是（　）。

A. 热裂纹　B. 冷裂纹　C. 再热裂纹　D. 层状撕裂

45. 珠光体耐热钢焊接性差是因为钢中加入了（　　）元素。

A. Si　Mn　B. Mo　Cr　C. Mn　P　D. S　Ti

46. 奥氏体型不锈钢中主要元素是（　　）。

A. 锰和碳　B. 铬和镍　C. 钛和铌　D. 铝和钨

47. 球墨铸铁热焊时选用的焊条是（　　）。

A. Z208　B. Z116　C. Z238　D. Z607

48. 手工钨极氩弧焊焊接铝镁合金时，应采用（　　）。

A. HS331　B. HS321　C. HS311　D. HS301

49. 纯铜的熔化极氩弧焊应采用（　　）。

A. 直流正接　B. 直流反接

C. 交流电　D. 交流或直流反接

50. （　　）不是超声波探伤的优点。

A. 灵敏度较高　B. 探伤周期短

C. 成本低　D. 判断缺陷性质准确

51. 焊后残留在焊接结构内部的焊接应力，就称为焊接（　　）。

A. 温度应力　B. 组织应力　C. 残余应力　D. 凝缩应力

52. 对于（　　）的焊接，采用分段退焊的目的是减少变形。

A. 点焊缝　B. 对称焊缝　C. 长焊缝　D. 短焊缝

53. 焊接热过程是一个不均匀加热的过程，以致在焊接过程中出现应力和变形，焊后便导致焊接结构产生（　　）。

A. 整体变形　B. 局部变形

C. 残余应力变形和残余变形　D. 残余变形

54. 焊后（　　）在焊接结构内部的焊接应力，就称为焊接残余应力。

A. 延伸　B. 压缩　C. 凝缩　D. 残留

55. （　　）变形对结构影响较小同时也易于矫正。

A. 弯曲　B. 整体　C. 局部　D. 波浪

56. 由于焊接时温度不均匀而引起的应力是（　　）。

A. 组织应力　B. 热应力　C. 凝缩应力　D. 以上均不对

57. 焊接结构的角变形最容易发生在（　　）的焊接上。

A. V 形坡口　B. I 形坡口　C. U 形坡口　D. X 形坡口

58. 外观检验不能发现的焊缝缺陷是（　　）。

A. 咬肉　　B. 焊瘤　　C. 弧坑裂纹　　D. 内部夹渣

59. 疲劳试验是用来测定焊接接头在交变载荷作用下的（　　）。

A. 强度　　B. 硬度　　C. 塑性　　D. 韧性

60. 磁粉探伤用直流电脉冲来磁化工件，可测的深度为（　　）mm。

A. 3～4　　B. 4～5　　C. 5～6　　D. 6～7

61. 产生焊缝尺寸不符合要求的主要原因是焊件坡口开得不当或装配间隙不均匀及(　　)选择不当。

A. 焊接参数　　B. 焊接方法　　C. 焊接电弧　　D. 焊接热输入

62. 造成凹坑的主要原因是（　　），在收弧时未填满弧坑。

A. 电弧过长及角度不当　　B. 电弧过短及角度不当

C. 电弧过短及角度太小　　D. 电弧过长及角度太大

63. 焊接时，接头根部未完全熔透的现象叫（　　）。

A. 气孔　　B. 焊瘤　　C. 凹坑　　D. 未焊透

64. 焊接时常见的内部缺陷是（　　）。

A. 弧坑、夹渣、夹钨、裂纹、未熔合和未焊透

B. 气孔、咬边、夹钨、裂纹、未熔合和未焊透

C. 气孔、夹渣、焊瘤、裂纹、未熔合和未焊透

D. 气孔、夹渣、夹钨、裂纹、未熔合和未焊透

65. 下列不属于焊缝致密性试验的是（　　）。

A. 水压试验　　B. 气压试验　　C. 煤油试验　　D. 力学性能试验

66. 破坏性检验是从焊件或试件上切取试样，或以产品的（　　）试验，来检查其各种力学性能或腐蚀性能的检验方法。

A. 整体破坏　　B. 局部破坏　　C. 整体疲劳　　D. 局部疲劳

67. 下列不属于破坏性检验的方法是（　　）。

A. 煤油试验　　B. 水压试验　　C. 氨气试验　　D. 疲劳试验

68. 照相底片上，（　　）缺陷常为一条断续或连续的黑直线。

A. 裂纹　　B. 夹渣　　C. 气孔　　D. 未焊透

69. 焊接用的工装既能使焊件处于最有利的位置，同时还能采用最适当的（　　）。

A. 焊条直径　　B. 焊接电流　　C. 焊接设备　　D. 焊接工艺方法

70. 气焊纯铜时，应使焰心至熔池表面保持的距离是（　　）。

A. 1～4mm　　B. 2～5mm　　C. 3～6mm　　D. 4～7mm

71. CG2-150型仿形气割机使用的乙炔压力是（　　）。

A. 低压　　B. 中压　　C. 高压　　D. 临界压力

72. 对施工单位和人员来说绝对不允许不按图样施工，同时也绝对不允许擅自更改(　　)。

A. 交工日期　　B. 施工预算　　C. 施工要求　　D. 施工概算

73. 热焊法气焊铸铁时预热温度为（　　）。

A. 200～350℃　　B. 200～450℃

C. 200～550℃　　D. 200～650℃

74. 为了提高焊接生产的综合经济效益，除掌握材料和能源的消耗之外，还应掌握(　　)。

A. 市场动态信息　　B. 质量反馈信息

C. 焊接生产人员情况信息　　D. 新材料、新工艺、新设备应用信息

75. 卷板机上轴辊数目最多是（　　）。

A. 二根　　B. 三根　　C. 四根　　D. 五根

76. 氧气压力表装上以后，要用扳手拧紧，至少要拧（　　）扣。

A. 3　　B. 4　　C. 5　　D. 6

77. （　　）的目的是使晶核长大速度变小。

A. 热处理　　B. 变质处理　　C. 冷处理　　D. 强化处理

78. 二元合金相图是通过（　　）方法建立起来的。

A. 模拟　　B. 计算　　C. 试验　　D. 分析

79. 铁碳相图上的共析线是（　　）线。

A. *ACD*　　B. *ECF*　　C. *PSK*　　D. *GS*

80. 热处理是将固态金属或合金用适当的方式进行（　　）以获得所需组织结构和性能的工艺。

A. 加热、冷却　　B. 加热、保温

C．保温、冷却　　D. 加热、保温和冷却

二、判断题（共20题，每题1分）

（　　）1. 在一定温度下，从均匀的固溶体中同时析出两种（或多种）不同

晶体的组织转变过程叫共晶转变。

（　　）2. 体心立方晶格的间隙中能容纳的杂质原子或溶质原子往往比面心立方晶格要多。

（　　）3. 渗碳零件必须用中、高碳钢或中高碳合金钢来制造。

（　　）4. 漏磁通是指在一次绕组中产生的交变磁通中，一部分通过周围空气的磁通。

（　　）5. 由于阴极的斑点压力较阳极大，所以反接时的熔滴过渡较正接时困难。

（　　）6. 减少焊缝含氧量最有效的措施是加强对电弧区的保护。

（　　）7. 焊接接头热影响区组织主要取决于焊接热输入，过大的焊接热输入则造成晶粒粗大和脆化，降低焊接接头的韧性。

（　　）8. 等离子弧焊时，为了保证焊接参数的稳定，应采用具有陡降外特性的直流电源。

（　　）9. 等离子弧都是压缩电弧。

（　　）10. NBC-250 型 CO_2 焊机属于半自动焊机。

（　　）11. 焊件上的残余应力都是压应力。

（　　）12. 焊件在焊接过程中产生的应力叫焊接残余应力。

（　　）13. 珠光体耐热钢焊接时的主要工艺措施是预热、焊后缓冷、焊后热处理，采用这些措施主要是防止发生冷裂纹（延迟裂纹）。

（　　）14. 球墨铸铁由于强度和塑性比较好，所以焊接性比灰铸铁好得多。

（　　）15. 焊接钢时，在熔池中添加一些铜，不会促使焊缝产生热裂纹。

（　　）16. 弯曲试验时，侧弯易发现焊缝根部缺陷，而背弯能检验焊层与焊件之间的结合强度。

（　　）17. 焊接检验分为外观检验、破坏检验和非破坏检验。

（　　）18. 任何物体在空间不受任何限制，有 6 个自由度。

（　　）19. 有的企业不编制工艺路线，而用车间分工明细表来顶替，这在生产中是不允许的。

（　　）20. 硬度试验时，在一定载荷、一定尺寸压头的作用下，压痕面积或深度越大，表示金属的硬度越高。

技术考核

一、考核项目名称：V 形坡口板对接立焊（焊条电弧焊）

二、考核说明

（1）焊接方法：焊条电弧焊。

（2）焊件母材钢号：Q345（16MnR）。

（3）焊件类别：考核焊件图样见附图。

1）焊件形式：板对接。

2）焊件尺寸：14mm×250mm×300mm。

3）焊件位置：立位。

（4）焊件坡口形式：V 形坡口。

（5）焊接材料：E5015。

（6）时限：55min。

注：时限指引弧开始至最后焊完熄弧，包括过程清理及最终清理，不包括施焊前的清理、装焊。

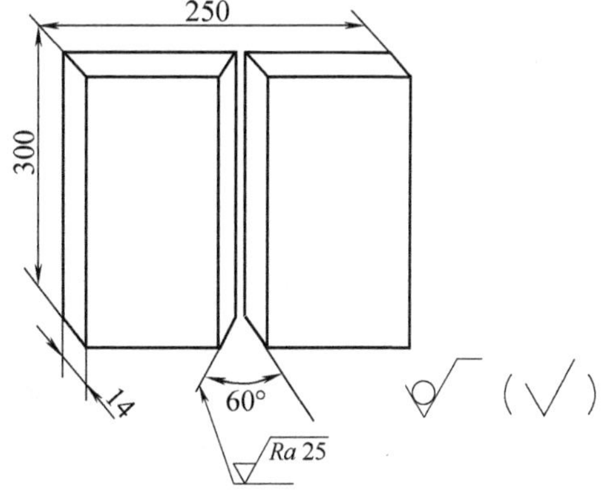

附图　技术考核焊件图样

三、考核技术要求

（1）单面焊双面成行。

（2）钝边高度与间隙自定。

（3）试件坡口两端不得安装引弧板。

（4）焊件一经施焊不得任意更换和改变焊接位置。

（5）点固焊时允许做反变形。

四、考核配分及评分表

考核项目	考核内容	考核要求	配分	评分标准
焊缝的外观质量	1. 焊缝的外形尺寸	1. 焊缝余高 0～4mm，余高差≤3mm 2. 焊缝宽度比坡口每侧增宽 0.5～2.5mm，宽度差≤3mm	15	焊缝外形尺寸有 1 项不符合本考核要求者扣 3 分，直至不得分

（续）

考核项目	考核内容	考核要求	配分	评分标准
焊缝的外观质量	2. 焊缝的表面质量	1. 未焊透深度≤1.5mm，总长度不超过26mm	10	未焊透累计总长度每5mm扣2分。未焊透深度>1.5mm或累计总长度>26mm，此焊件按不及格论
		2. 焊缝咬边深度≤0.5mm，焊缝两侧咬边累计总长度不超过40mm	10	焊缝两侧咬边累计总长度每5mm扣1分。咬边深度>0.5mm或累计总长度>40mm，此项不得分
		3. 背面凹坑≤2mm，累计总长度不超过26mm	10	背面凹坑累计总长度每5mm扣2分。背面凹坑深度>2mm或累计总长度>26mm，此项不得分
	3. 焊缝的表面状态	1. 焊缝的表面应是原始状态，不允许有加工或补焊、返修焊等 2. 焊缝表面不得有裂纹、未熔合、夹渣、气孔和焊瘤等缺陷		焊缝表面若有加工或补焊、返修焊等，扣除该焊件焊缝外观质量的全部配分 焊缝表面若有裂纹、未熔合、夹渣、气孔和焊瘤等缺陷，均按不及格论
焊后变形		试件焊后变形的角度 $\theta \leq 3°$，焊件的错边量≤1.2mm	5	焊后变形角度>3°扣3分；错边量>1.2mm扣2分
焊缝的内部质量		焊件经X射线检测后，焊缝的质量达到GB/T 3323.1—2019标准中的Ⅲ级	30	Ⅰ级片30分；Ⅱ级片25分；Ⅲ级片18分；Ⅳ级片以下的不及格
焊缝的抗弯曲性能		将试样冷弯至50°后，其拉伸面上任何1个横向（沿试样宽度方向）裂纹或缺陷长度不得>1.5mm，任何1个纵向（沿试样长度方向）裂纹或缺陷长度不得>3mm	20	面弯经补样后才合格扣8分；背弯经补样后才合格扣12分；两个试样均不合格，此项不得分
安全文明生产		按国家颁布的安全生产法规中有关本工种规定或企业自定有关规定考核		根据现场记录，视违反规定程度扣1～10分
时限		焊件必须在考核时限内完成		在考核时限内完成不加分；超出考核时限的时间≤5min扣2分；5min < 超出考核时限的时间≤10min扣5分；超出考核时限10min为不及格

五、考核注意事项

（1）看清题目内容，了解技术要求。

（2）选择合适的焊条直径，仔细检查焊条的质量。

（3）开机前认真检查各个接线部位的牢靠性以及是否正确。

（4）选择好合适的焊接规范。

（5）用砂纸或钢丝刷将焊件待焊处打光，直至露出金属光泽。

（6）定位焊时注意根部间隙，做好反变形。

（7）认真做到操作中的“一看、二听、三准”。

理论考核题例答案

一、选择题

1. B	2. C	3. C	4. C	5. B	6. A	7. C	8. D	9. B
10. C	11. A	12. B	13. A	14. B	15. B	16. A	17. B	18. A
19. A	20. D	21. A	22. D	23. D	24. A	25. A	26. A	27. C
28. A	29. A	30. B	31. C	32. D	33. A	34. C	35. B	36. B
37. A	38. D	39. B	40. B	41. A	42. A	43. C	44. A	45. B
46. B	47. A	48. A	49. B	50. D	51. C	52. C	53. C	54. D
55. A	56. A	57. A	58. D	59. A	60. C	61. A	62. A	63. D
64. D	65. D	66. A	67. B	68. A	69. D	70. C	71. B	72. C
73. D	74. C	75. C	76. C	77. B	78. C	79. C	80. D	

二、判断题

1. ×	2. √	3. ×	4. ×	5. ×	6. ×	7. √	8. ×	9. √
10. √	11. ×	12. ×	13. √	14. √	15. ×	16. ×	17. ×	18. √
19. ×	20. ×							

参考文献

[1] 雷世明. 焊接方法与设备 [M]. 3版. 北京：机械工业出版社，2014.

[2] 劳动和社会保障部教材办公室. 焊工工艺与技能训练 [M]. 北京：中国劳动社会保障出版社，2001.

[3] 李亚江，刘鹏，刘强，等. 气体保护焊工艺及应用 [M]. 北京：化学工业出版社，2005.

[4] 王新民. 焊接技能实训 [M]. 北京：机械工业出版社，2004.

[5] 孙景荣. 实用焊工手册 [M]. 北京：化学工业出版社，2002.

[6] 彭友禄. 焊接工艺 [M]. 北京：人民交通出版社，2002.

[7] 中国机械工程学会焊接学会. 焊接手册：焊接方法及设备 [M]. 北京：机械工业出版社，2001.

[8] 杨跃. 典型焊接接头电弧焊实作 [M]. 2版. 北京：机械工业出版社，2016.

[9] 托德·布雷德格姆. 如何焊接操作技巧与规范 [M]. 杨占鹏，等译. 北京：机械工业出版社，2013.

[10] 劳动和社会保障部教材办公室. 焊工技能训练 [M]. 北京：中国劳动社会保障出版社，2005.